中国水利教育协会　组织

全国水利行业"十三五"规划教材（职工培训）

找水技术
与成井工艺

主　编　刘福臣

中国水利水电出版社

www.waterpub.com.cn

·北京·

内 容 提 要

本书全面系统地介绍了地下水类型、运动—排泄—赋存规律、不同类型的蓄水构造；结合大量的野外找水经验，详细介绍水文地质找水方法、电阻率法、电阻率剖面法、激发极化法、放射性探测法、甚低频电磁法、瞬变电磁法、地质雷达、声频大地电场法、自然电场法、充电法等各种找水技术的原理、方法、步骤，给出了大量的找水应用案例；同时介绍管井、大口井、辐射井、截潜流等取水工程的布置、设计、施工方法等成井工艺。

本书重在理论联系实际，内容简要，实用性强，案例丰富，主要面向基层找水工作者，可作为全国基层水利人员岗位技术培训、等级考试教材及日常工作的必备工具书，亦可作为勘查技术与工程、水文与水资源工程、水利工程等相关专业师生参考书。

图书在版编目（CIP）数据

找水技术与成井工艺 / 刘福臣主编. -- 北京 ： 中
国水利水电出版社，2018.9
全国水利行业"十三五"规划教材. 职工培训
ISBN 978-7-5170-6870-9

Ⅰ．①找… Ⅱ．①刘… Ⅲ．①找水—职工培训—教材
②水井—成井工艺—职工培训—教材 Ⅳ．①P641.75
②TU991.12

中国版本图书馆CIP数据核字(2018)第209240号

书　　名	全国水利行业"十三五"规划教材（职工培训） **找水技术与成井工艺** ZHAOSHUI JISHU YU CHENGJING GONGYI
作　　者	主　编　刘福臣
出版发行	中国水利水电出版社 （北京市海淀区玉渊潭南路1号D座　100038） 网址：www. waterpub. com. cn E-mail：sales@waterpub. com. cn 电话：(010) 68367658（营销中心）
经　　售	北京科水图书销售中心（零售） 电话：(010) 88383994、63202643、68545874 全国各地新华书店和相关出版物销售网点
排　　版	中国水利水电出版社微机排版中心
印　　刷	北京合众伟业印刷有限公司
规　　格	184mm×260mm　16开本　13.25印张　314千字
版　　次	2018年9月第1版　2018年9月第1次印刷
印　　数	0001—2000册
定　　价	**39.00元**

前言

为贯彻中央水利工作方针以及可持续发展治水思路的要求，不断提高基层水利职工的业务技术水平、学历层次和综合素质，改善其专业结构，进一步解决基层水利职工文化业务素质不高和专业技术人才短缺的问题，按照紧贴实际、注重实效的原则，中国水利教育协会组织编写了全国水利行业"十三五"规划教材（职工培训），本书是该系列教材之一。

地下水受岩性、构造、地貌、气候、水文等因素控制，地下水富水性严重不均，开发利用难度大。多年来由于找水技术、成井工艺落后，地下水勘探手段和方法不当，盲目定井、挖井，花费了大量人力、物力，造成了巨大的经济损失。编者多年从事地下水资源评价、水文地质勘察、找水定井等教学科研工作，在找水理论与实践方面积累了一些经验，在参考其他专家、学者研究成果的基础上，结合多年来的野外找水定井经验，归纳和总结了这方面的知识和内容，编写成本书奉献给读者。

本书由从事多年找水的专家教授、国家注册岩土工程师、基层水利工作者共同编写完成，由刘福臣任主编，王国华、刘勇、王娟、刘利、赵鲁斌任副主编。山东水利职业学院刘福臣编写绪论、第四章；山东省即墨市建筑工程管理处王国华编写第一章、第二章；聊城市位山灌区工程处刘勇编写第三章、第九章；日照市环境保护局岚山分局王娟编写第五章、第十章；山东水利职业学院刘利编写第六章、第七章；山东水利职业学院赵鲁斌编写第八章；全书由刘福臣负责统稿。

本书在编写的过程中，参考和学习了许多同行专家和学者的著作、研究成果，在此，对他们所提供的参考资料表示衷心感谢。由于全国各地的地质条件不同，地层结构、岩性相差很大，不同地区的地下水分布规律不同，尤其在山丘区找水定井难度大，加上编者掌握的技术资料不全、水平有限，错误和不妥之处在所难免，敬请读者提出宝贵意见。

编者

2017 年 12 月于山东日照

目　录

绪　　论

一、本书的研究对象与主要任务

我国是一个地域辽阔、地形复杂、多山分布的国家，山区（包括山地、高原和丘陵）约占全国面积的 69％，平原和盆地约占 31％。地形特点是西高东低，北方分布的大型平原和盆地成为地下水储存的良好场所。地下水资源作为水资源的重要组成部分，其分布受地形及其主要补给源——降水量的制约。在我国的北方，由于地理、气候条件的特殊性，形成大面积的干旱、半干旱地区，水资源比较贫乏。在这些地区，水资源不但比较贫乏，而且时空分布上极不均匀。所以在干旱缺雨、地表水贫乏的北方地区，地下水往往成为唯一可供利用的水源。因此，在这些地区开发地下水具有极其重要的意义。

地下水因储存于地表以下岩石空隙中，所以与地表水相比，用地下水作为供水水源具有以下优点：

（1）由于埋藏在地下岩石空隙中的地下水，经过岩石（或土）的过滤及上覆隔水层的保护，水质远较地表水清洁，一般不需要处理即可使用。

（2）地下水的水质、水量受气候的影响较小，故在一般干旱季节能保持较稳定的供水能力。因此在很多缺少地表水的地区，如干旱半干旱地区、山区、沙漠等地区，地下水常常是唯一的供水水源。

（3）地下水水温较低，常年变化不大，特别适宜于冷却水和空调用水。

（4）地下水的分布较为普遍，便于就地开采，成为山区村庄分散供水的主要水源。

据有关资料统计，我国总人口的 75％饮用地下水。北方地区由于干旱少雨，地表水较少，地下水为主要供水水源，如北京、西安、沈阳、太原、济南、石家庄等很多大城市都在开采地下水作为供水水源，至于一般的中小城市和广大的农村地区，对地下水的利用则更加普遍。

从地下水的开发过程来看，首要的问题是要找到地下水源，即要找到适合打井的位置，所以说，水井位置选择的准确与否，直接关系到地下水开发的成功与失败。长期以来，由于地下水勘探技术力量的薄弱，导致打井成功率低，不但造成人力、物力的浪费，更造成经济方面的重大损失。

本书的研究对象是地下水，其主要任务是调查研究以下几个方面的问题：

（1）地下水的类型、特征、运动、排泄规律等。

（2）通过地质分析，寻找可能的蓄水构造和含水层，为确定井位提供地质依据。

（3）采取电测深、电测深剖面法、激发极化法等多种物探手段，配合地质分析，确定井位、打井深度，预估井的出水量。

（4）选择合理的打井机械及合理的成井工艺，合理开采地下水。

二、我国在地下水勘探、开发利用方面取得的成就

我国是世界上最早开发利用地下水的国家之一。据传说及文字记述，远在距今 4000 多年的黄帝时代就有了利用地下水的历史，到了尧、舜、禹时期，水井已得到广泛的应用。如《周书》中就有"黄帝穿井"的记载，在济南就有舜建造井的传说。我国不但是开采地下水最早的国家之一，而且是最早开发矿水的国家之一。据古书记载，远在春秋战国时期，四川一带的居民就掌握了"汲卤煎盐"的技术，并开凿了大量的"盐井"以开采深层的卤水。至明、清时期不但在井的结构以及提水工具方面有了较大的发展，如在井的结构方面有土井、砖井与石井之分，在提水工具方面有桔槔、辘轳和水车之分，而且在井的深度方面也有了较大的发展，如清时期（1835 年）在自贡建造的盐井深度达到 1001.4m，为当时世界第一口超深井。

在地下水开发利用方面，我们的祖先曾创造了光辉的历史，为人类社会的发展做出了卓越的贡献。但由于封建社会和殖民者的长期统治，阻碍了我国地下水科学的发展，无论是基础理论还是方法技术，一直未形成独立的学科，长期落后于世界水平。

中华人民共和国成立前，我国只有少数的地质工作者做过少量的地下水方面的调查研究工作。地下水的勘察方法也只限于落后的民间找水方法，除少数城市有供水用的机井外，大部分地区还是以大口井、民井的方式开采地下水。由于找水技术和成井工艺落后，严重限制了地下水事业的发展，地下水的开发十分落后，规模非常小，全国井灌面积仅有 1760 万亩。

中华人民共和国成立后，党和人民政府十分重视水文地质工作，建立了全国性的水文地质队伍，兴办了水文地质专业教育并建立了科研机构，开展了全国性的水文地质调查工作，并在西北缺水地区及基岩缺水山区展开了找水工作，加强了水文地质钻探工作等。由于党和人民政府的重视，地下水事业得到了突飞猛进的发展。如找水技术水平的提高：从中华人民共和国成立以后单一的电阻率法找水发展到目前的电法、电磁法、放射性法、遥感法等多种途径的找水方法，使得找水的成功率大大提高。

中华人民共和国成立初期，我国还没有专业的打井队伍，所使用的打井设备大部分都是从地质队伍淘汰的，设备陈旧。这一阶段所建造的水井，直径一般都小于 127mm，深度一般都小于 100m。井径细、深度浅，也是影响地下水开发的一个重要因素，以至于在一些地下水埋藏较深的地区就无法进行地下水开采。20 世纪 70 年代以来，我国在地下水开发方面加大了力度，不但投入了新型的钻探设备，如冲击钻、回转钻等，而且成立了专门的钻井队伍，除专业的打井队伍外，乡镇打井队伍也像雨后春笋般发展起来。全国共建造机井 300 万余眼，开采地下水量 760 亿 m³/年，其中北方地区占 660 亿 m³/年，占北方地区用水量的 30%。地下水的开发，使得北方地区经济的发展有了一定程度的保证。

尽管在地下水开发方面已取得了巨大的成就，但从现实需求和未来发展来讲，还存在一些问题和差距，如我国偏远地区及被污染地区，至今仍然有数十万人生活用水还很困难，片麻岩、花岗岩贫水岩组的找水问题及富水地区地下水的合理开采问题等依然存在，所以还要加强对地下水开发及管理方面的研究。

三、本书的主要研究内容

全书分为十章，各章主要内容如下：

第一章　地下水概论：主要介绍地下水的概念；地下水的物理、化学、水理性质；地下水类型及特征；地下水的循环。

第二章　地下水含水层及蓄水构造：主要介绍含水层及含水岩组；蓄水构造类型；风化壳蓄水构造；水平岩层蓄水构造；单斜型蓄水构造；褶曲型蓄水构造；断裂型蓄水构造；接触型蓄水构造；岩脉蓄水构造；粗粒岩石蓄水构造等。

第三章　水文地质找水：主要介绍水文地质找水方法；第四系平原区地质找水；变质岩山丘区地质找水；岩溶地区地质找水；找水经验等。

第四章　电阻率法找水：主要介绍电法勘探找水分类；岩石的电阻率及其影响因素；电阻率法找水原理；垂向电测深法找水；电测深野外工作；电测深曲线类型和曲线解释；电测深法在山区找水中的应用；电测深法在平原地区找水中的应用；电测找水野外常见干扰及处理措施；地形及特殊地质条件对电测深找水的影响；电阻率法找水的局限性等。

第五章　电阻率剖面法找水：主要介绍四极对称剖面法；复合四极对称剖面法；联合剖面法；中间梯度法等。

第六章　激发极化法找水：主要介绍激发极化法的基本原理；激发极化法野外工作方法；激发极化法参数的测定；激发极化法在找水中的应用；激发极化法找水野外常见干扰及处理措施等。

第七章　放射性探测法找水：主要介绍放射性探测法找水原理；放射性测量方法。

第八章　其他物探方法找水：主要介绍甚低频电磁法、瞬变电磁法、地质雷达、声频大地电场法、自然电场法、充电法等。

第九章　成井工艺：主要介绍井孔钻进；破壁与疏孔；井管的安装；管外填封；洗井技术；井的验收与管理等。

第十章　地下水其他取水工程：主要介绍大口井、辐射井、截潜流工程。

第一章　地　下　水　概　论

　　地下水是赋存在地表以下岩土空隙中的水，主要来源于大气降水、冰雪融水、地面流水、湖水及海水等，经土壤渗入地下形成的。地下水与大气水、地表水是统一的，共同组成地球水圈，在岩土空隙中不断运动，参与全球性陆地、海洋之间的水循环，只是其循环速度比大气水、地表水慢得多。

　　地下水是宝贵的自然资源，可作为生活饮用水和工农业生产用水。一些含特殊组分的地下水称为矿泉水，具有医疗保健作用。含盐量多的地下水如卤水，可作为化工原料。地下热水可用来取暖和发电。

第一节　地　下　水　概　念

一、岩土的空隙

　　组成地壳的岩石，无论是松散沉积物还是坚硬的基岩，都有空隙。空隙的大小、多少、均匀程度和连通情况，决定着地下水的埋藏、分布和运动。因此，研究地下水必须首先研究岩土中的空隙。

　　将岩土空隙作为地下水储存场所和运动通道研究时，根据岩土空隙的成因不同，通常把空隙分为三类：松散沉积物颗粒之间的空隙称为孔隙；非可溶岩中的空隙称为裂隙；可溶岩产生的空隙小者称为溶隙，大者称为溶洞（图1-1）。

　　（a）孔隙　　　　　　　　　　（b）裂隙　　　　　　　　　　（c）溶隙

图1-1　岩土空隙

（一）孔隙

　　松散岩石是由大小不等的颗粒组成的，颗粒或颗粒集合体之间的空隙，称为孔隙。岩石中孔隙体积的多少是影响其储容地下水能力大小的重要因素。

　　1. 孔隙度

　　孔隙体积的多少可用孔隙度表示。孔隙度是指某一体积岩石（包括孔隙在内）中孔隙体积所占的比例。孔隙度是一个比值，可用小数或百分数表示。

2. 影响孔隙度的因素

孔隙度的大小主要取决于分选程度及颗粒排列情况，另外颗粒形状及胶结充填情况也影响孔隙度。对于黏性土，结构及次生孔隙常是影响孔隙度的重要因素。

（1）岩土的密实程度。岩土越松散，孔隙度越大。然而松散与密实只是表面现象，其实质是组成岩土的颗粒的排列方式不同。不妨设想一种理想的情况，即颗粒为大小相等的球体，根据几何计算，当球作四面体形式排列（最密实状态）时，其孔隙度只有 25.95%。

（2）颗粒的均匀程度。颗粒的均匀性常常是影响孔隙度的主要因素，颗粒大小越不均匀，其孔隙度越小，这是由于大的孔隙被小的颗粒所填充的结果。

（3）颗粒的形状。一般松散岩土颗粒的浑圆度直接影响岩土的孔隙度。例如棱角状且排列疏松的黏土颗粒，其孔隙度达 40%～50%，而颗粒近似圆形的砂，孔隙度为 30%～35%。

（4）颗粒的胶结程度。当松散岩土被泥质或其他物质胶结时，其孔隙度就大幅度降低。

综上所述，岩土的孔隙度是受多种因素影响，当岩土越松散、分选越好、浑圆度越好、胶结程度越差时，孔隙度才越大；反之，孔隙度则越小。

（二）裂隙

固结的坚硬岩石，包括沉积岩、岩浆岩和变质岩，一般不存在或只保留一部分颗粒之间的孔隙，而主要受构造运动及其他内外地质营力作用影响产生的空隙，称为裂隙。

1. 裂隙率

裂隙的多少以裂隙率表示。裂隙率是裂隙体积与包括裂隙在内的岩石体积的比值。除了这种体积裂隙率，还可用面裂隙率或线裂隙率说明裂隙的多少。

2. 裂隙的类型

按裂隙的成因可分成岩裂隙、构造裂隙和风化裂隙。

（1）成岩裂隙。成岩裂隙是岩石在成岩过程中由于冷凝收缩（岩浆岩）或固结干缩（沉积岩）而产生的。岩浆岩中成岩裂隙发育较多，尤以玄武岩中柱状节理最有代表性。

（2）构造裂隙。构造裂隙是岩石在构造变动中受力而产生的。这种裂隙具有方向性，大小悬殊（由隐蔽的节理到大断层），分布不均。构造裂隙按受构造力的不同，又可分为张裂隙和扭裂隙。张裂隙由张应力形成，常成张开型，断面上呈锯齿状且延伸不远。扭裂隙由剪应力形成，常成闭合型，断面上平直且延伸较远。

（3）风化裂隙。风化裂隙是风化营力作用下，岩石破坏产生的裂隙，主要分布在地表附近。岩石受风化时，一方面使岩石中原有的成岩裂隙和构造裂隙扩大变宽，另一方面沿着岩石的脆弱面产生新的裂隙。

（三）溶隙

可溶的沉积岩，如岩盐、石膏、石灰岩和白云岩等，在地下水溶蚀下会产生空洞，这种空隙称为溶隙（穴）。

1. 溶隙的形成

溶隙是具有溶解性质的水在不断的交替运动中，对透水的可溶性岩石进行溶解而形成空隙的地质现象。水中的二氧化碳与水化合形成碳酸，碳酸对石灰岩发生作用就形成易溶于水的重碳酸钙。因此，当水中含有二氧化碳时，水将对石灰岩产生溶蚀作用而形成溶隙。

2. 溶隙率

溶穴的体积与包括溶穴在内的岩石体积的比值即为溶隙率。溶穴的规模悬殊,大的溶洞可宽达数十米,高数十米乃至百余米,长达几千米至几十千米,而小的溶孔直径仅几毫米。岩溶发育带岩溶率可达百分之几十,而其附近岩石的岩溶率几乎为零。

自然界岩石中空隙的发育状况远较上面所说的复杂。例如,松散岩石固然以孔隙为主,但某些黏土干缩后可产生裂隙,而这些裂隙的水文地质意义,甚至远远超过其原有的孔隙。固结程度不高的沉积岩,往往既有孔隙,又有裂隙。可溶岩石,由于溶蚀不均一,有的部分发育溶穴,而有的部分则为裂隙,有时还可保留原生的孔隙与裂缝。因此,在研究岩土的空隙时,不仅要研究空隙的多少,更重要的是还要研究空隙本身的大小、空隙间的连通性和分布规律。松散土的孔隙大小和分布都比较均匀,且连通性好;岩石裂隙无论其宽度、长度和连通性差异均很大,分布不均匀;溶隙大小相差悬殊,分布很不均匀,连通性更差。

二、水在岩石中的存在形式

地壳岩石中存在着以下各种形式的水:气态水、结合水、重力水、毛细水与固态水(图1-2)。

图1-2 水在岩石中的存在形式
1—气态水;2—吸着水;3—薄膜水;
4—土颗粒;5—重力水或毛细水

(1)气态水。呈水蒸气状态储存和运动于未饱和的岩石空隙之中,可以随空气的流动而运动,即使空气不运动时,气态水本身亦可由绝对湿度大的地方向绝对湿度小的地方迁移。当岩石空隙内水汽增多而达到饱和时,或是当周围温度降低而达到零点时,水汽开始凝结成液态水而补给地下水。由于气态水的凝结不一定在蒸发地区进行,因此也会影响地下水的重新分布,但气态水本身不能直接开采利用,亦不能被植物吸收。但气态水与液态水可以相互转化,两者之间保持动态平衡。

(2)结合水。松散岩石颗粒表面及坚硬岩石空隙壁面带有电荷,由于静电引力作用,岩石颗粒表面便吸引水分子。受到岩石颗粒表面的吸引力大于其自身重力的那部分便是结合水。结合水被吸附在岩石颗粒表面,不能在重力影响下运动。最接近固体表面的水叫强结合水(或称吸着水)。颗粒表面各种形式的水与分子力关系其密度平均均为 $2g/cm^3$ 左右,溶解盐类能力弱,具有较大的抗剪强度,不能流动,但可转化为气态水而移动。

结合水的外层,称为弱结合水(或称薄膜水,如图1-3所示)。在包气带中,因结合水的分布是不连续的,所以不能传递静水压力,而处在地下水面以下的饱水带时,当外力大于结合水的抗剪强度时,则结合水便能传递静水压力。

(3)重力水。岩石颗粒表面的水分子增厚到一定程度,重力对它的影响超过颗粒表面对它的吸引力，则这部分水分子就受重力的影响而向下运动，形成重力水。重力水存在于岩石较大的空隙中，具有液态水的一般特性，能传递静水压力，并具有溶解岩石中可溶盐的能力，从井中吸出或从泉中流出的水都是重力水。重力水是本书研究的主要对象。

（4）毛细水。毛细水在表面张力的作用下，在岩石的细小空隙中能上升一定的高度，这种既受重力又受表面张力作用的水，称为毛细水。毛细水是基本上不受静电引力场作用的水，这种水同时受表面张力和重力作用，当两力作用达到平衡时便按一定高度停留在毛细管孔隙中。由于毛细管水上升，在潜水面以上形成一层毛细管水带，毛细管水会随着潜水面的升降而升降。毛细管水只能垂直运动，可以传递静水压力。

（5）固态水。以固态形式存在于岩石空隙中的水称为固态水，在多年冻结区或季节冻结区可以见到这种水。

（6）矿物结合水。存在于矿物结晶内部或其间的水，称为矿物结合水。

图1-3 颗粒表面各种形式的水与分子力的关系
a—水分子；b—土颗粒

上述各种形态的水在地壳中的分布是很有规律的（图1-4），在地面以下接近地表的部分岩土比较干燥，实际上已有气态水与结合水存在，向下，岩石有潮湿感觉，但仍无水

图1-4 各种形态的水在岩层中的分布
1—湿度不足带（分布有气态水、吸着水）；2—湿度饱和带（分布有气态水、吸着水、薄膜水）；
3—毛细管带；4—无压重力水带；5—黏土层；6—承压重力水带

7

滴，再向下开始遇到毛细带，再向下便遇到重力水带，水井中的水面便是重力水带的水面，在此高度以上的，统称为包气带，以下的叫做饱水带。

第二节 地下水的物理、化学、水理性质

地下水在由地表渗入地下的过程中，聚集了一些盐类和气体，形成地下水以后，又不断地在岩石空隙中运动，经常与各种岩石相互作用，溶解和溶滤了岩石中的某些成分，如各种可溶盐类和细小颗粒，从而形成了一种成分复杂的动力溶液，并随着时间和空间的变化而变化。

一、地下水的物理性质

地下水的物理性质包括颜色、透明度、气味、味道、温度、密度、导电性和放射性等。

（1）颜色。地下水一般是无色的，但由于化学成分和含量不同，以及悬浮杂质的存在，而常常呈现出各种颜色。

（2）透明度。常见的地下水多是透明的，但其中如含有一些固体和胶体悬浮物，则地下水的透明度会有所改变。为了测定透明度，可将水样倒入一个高60cm、带有放水嘴和刻度的玻璃管中，把管底放在1号铅字（专用铅字）的上面。打开放水嘴，一直到能清楚地看到管底的铅字为止，读出管底到水面的高度。

（3）气味。一般地下水是无味的，当其中含有某种气体成分或有机物质时，会产生一定的气味，如地下水含有硫化氢时，则有臭鸡蛋气味，有机质使地下水有鱼腥味。

（4）味道。地下水的味道取决于它的化学成分及溶解的气体。

（5）温度。地下水温度变化范围很大。地下水温度的差异，主要受各地区的地温条件所控制。通常地温随埋藏深度不同而异，埋藏越深，水温越高，而且具有不同的温度变化规律。

（6）密度。一般情况下，纯水的密度为 $0.981g/cm^3$。地下水的密度决定于水中所溶盐分的含量。水中溶解的盐分越多，密度越大，有的地下水密度可达 $1.2\sim1.3g/cm^3$。

（7）导电性。地下水的导电性取决于其中所含电解质的数量和质量，即各种离子的含量。离子含量越多，离子价越高，则水的导电性越强。此外，水温对导电性也有影响。

（8）放射性。地下水在特殊储藏条件下，受到放射性矿物的影响，具有一定的放射性。例如堆放废弃的核燃料，会使周围岩土体及其中的水体也带有放射性。

二、地下水的化学性质

（一）化学成分

地下水不是纯水，是化学成分十分复杂的天然溶液。组成地壳的87种稳定元素中，在地下水中已发现70余种。地下水中溶解的化学成分，常以离子、化合物、分子以及游离气体状态存在。地下水中常见的化学成分有以下几种。

1. 主要的气体成分

地下水中常见的气体成分有 O_2、N_2、CO_2、CH_4 及 H_2S 等。通常情况下，地下水中气体含量不高，每公升水中只有几毫克到几十毫克。但是，地下水中的气体成分却很有意义：一方面，气体成分能够说明地下水所处的地球化学环境；另一方面，地下水中的有些气体会增加水溶解盐类的能力，促进某些化学反应。

（1）氧气（O_2）。地下水中的氧主要来源于大气中的氧和水生植物光合作用析出的氧，它们随大气降水和地表水渗入补给地下水。浅层地下水中氧的含量较多，越往深处含量越少以至消失。溶解氧含量多的地下水，其氧化作用强，能腐蚀、氧化金属建筑材料。

（2）硫化氢（H_2S）。硫化氢一般存在于深部地下水中，是在微生物作用下由硫酸盐还原而成的。在地面局部地区如沼泽地区，可能存在缺氧封闭的还原环境，有机质分解生成 H_2S，因而也使局部浅层地下水含有较多的 H_2S，并呈酸性。这样的地下水对混凝土有侵蚀性。

（3）二氧化碳（CO_2）。地下水普遍含有游离 CO_2。浅层地下水游离 CO_2 含量为 $15\sim40mg/L$，很少超过 $150mg/L$，主要来源于土壤中有机质氧化产生的 CO_2。另一部分来源于大气中的 CO_2。

2. 主要的离子成分

地下水中分布最广、含量较多的离子共 7 种：氯离子（Cl^-）、硫酸根离子（SO_4^{2-}）、重碳酸根离子（HCO_3^-）、钠离子（Na^+）、钾离子（K^+）、钙离子（Ca^{2+}）及镁离子（Mg^{2+}）。

（1）氯离子（Cl^-）。氯离子在地下水中广泛分布，低矿化水中氯离子的含量可从每升数毫克到数百毫克；高矿化水中氯离子的含量可从每升数克到数十克。

（2）硫酸根离子（SO_4^{2-}）。低矿化水中硫酸根离子含量一般从每升数毫克到数百毫克；中等矿化水中硫酸根离子是含量最多的阴离子。因此，在含黄铁矿较多的煤系地层地区和金属硫化物矿床附近，地下水常含有大量的硫酸根离子。硫酸根离子含量大于 $250mg/L$ 的地下水，对混凝土具有结晶类腐蚀性作用。

（3）重碳酸根离子（HCO_3^-）。重碳酸根离子广泛存在于地下水中，但含量不高，一般在 $1g/L$ 以内，是低矿化水中含量最多的阴离子。在沉积岩地区主要来源于碳酸类岩石如石灰岩、白云岩、泥灰岩的溶解，在火成岩和变质岩地区铝硅酸盐风化溶解也生成重碳酸根离子。

（4）钠离子（Na^+）。钠离子在地下水中广泛分布。低矿化水中含量为每升数毫克至数十毫克；高矿化水中每升可达数十克，是其中最主要的阳离子成分。在沉积岩地区钠离子主要来源于岩盐及其他钠盐的溶解，在火成岩和变质岩地区则来自含钠矿物的风化溶解。

（5）钾离子（K^+）。钾离子的来源与钠离子相似，但在地下水中的含量比钠离子少得多，仅为它的 $4\%\sim10\%$。这是因为钾离子易被植物吸收，易被土吸附或生成不溶于水的次生矿物。

（6）钙离子（Ca^{2+}）。钙离子是低矿化水中最主要的阳离子，其含量每升一般不超过数百毫克。地下水钙离子来源于碳酸盐类岩石及含石膏沉积物的溶解，以及岩浆岩、变质岩中含钙矿物的风化溶解。

（7）镁离子（Mg^{2+}）。地下水中镁离子的来源与钙离子相近。镁离子在低矿化水中的含量比钙离子少，部分原因是地壳组成中镁元素比钙元素少。

3. 其他成分

地下水中以未离解的化合物构成的胶体，主要有 $Fe(OH)_3$、$Al(OH)_3$ 及 H_2SiO_3 等，有时可占到相当高的比例。

有机质也经常以胶体方式存在于地下水中。有机质的存在，常使地下水酸度增加，并有利于还原作用。地下水中还存在各种微生物，例如在氧化环境中存在硫细菌、铁细菌等，在还原环境中存在脱硫酸细菌等。此外，在污染水中，还有各种致病细菌。

（二）化学性质

1. 矿化度

地下水中各种离子、分子与化合物的总量称矿化度，以 g/L 或 mg/L 为单位，它表示水的矿化程度。矿化度通常以在 $105 \sim 110℃$ 下将水蒸干后所得的干涸残余物之重量表示，也可利用阴阳离子和其他化合物含量之总和概略表示矿化度，但其中重碳酸根离子含量只取一半计算。据《生活饮用水卫生标准》（GB 5749—2006）的要求，矿化度小于 1g/L。

2. pH 值

地下水的酸碱度指的是氢离子浓度，常以 pH 值表示。pH 值是水的氢离子浓度以 10 为底的负对数值，即 pH 值 $=-lg(H^+)$。地下水多呈弱酸性、中性和弱碱性，pH 值一般为 $6.5 \sim 8.5$。在煤系地层和硫化物矿床附近地下水的 pH 值很低（pH 值 <4.5），沼泽附近地下水的 pH 值为 $4 \sim 6$。

3. 硬度

地下水的硬度可分为总硬度、暂时硬度和永久硬度。总硬度是指水中所含钙和镁的盐类的总含量。暂时硬度是指当水煮沸时，重碳酸盐分解破坏而析出的 $CaCO_3$ 和 $MgCO_3$ 的含量。而当水煮沸时，仍旧存在于水中的钙盐和镁盐（主要是硫酸镁和氯化物）的含量，称永久硬度。

总硬度为暂时硬度和永久硬度之和，一般是用"德国度"或每升毫克当量来表示。一个德国度相当于在 1L 水中含有 10mg 的 CaO 或者 7.2mg 的 MgO。1mg 当量硬度等于 2.8 德国度，或是等于 20.04mg/L 的 Ca^{2+} 或 12.16mg/L 的 Mg^{2-}。

4. 侵蚀性

硅酸盐水泥遇水后硬化，生成 $Ca(OH)_2$、水化硅酸钙 $2CaO \cdot SiO_2 \cdot 12H_2O$ 和水化铝酸钙 $2CaO \cdot Al_2O_3 \cdot 6H_2O$ 等。有的地下水能化学腐蚀这些物质，使混凝土受到破坏。地下水的侵蚀类型有以下几种：

（1）溶出侵蚀。地下水在流动过程中，特别是有压流动时，把混凝土中的 $Ca(OH)_2$ 和 C_2S、C_3A 中的 CaO 成分不断溶解带走，结果使混凝土强度下降。

（2）碳酸侵蚀。几乎所有的水中都含有以分子形式存在的 CO_2，称为游离 CO_2，若游离 CO_2 超过平衡浓度所需的 CO_2 含量时，超出的部分称侵蚀性 CO_2。地下水中侵蚀性 CO_2 越多，对混凝土的侵蚀越强烈。

（3）硫酸盐侵蚀。地下水中 SO_4^{2-} 能与混凝土中的 $Ca(OH)_2$ 及 C_3A 作用生成含水硫酸盐（如石膏），体积膨胀，使混凝土破坏，一般把这种现象称为水泥细菌。当水中 SO_4^{2-} 含量高于 3000mg/L 时，具有硫酸盐侵蚀性。

三、地下水的水理性质

饱水带以下的岩层并不都是含水层。有些岩层中虽已包含了水分，但水在岩层中却不能自由移动，这种岩层往往被当做隔水层，这是由于岩石具有储存、容纳水分并控制水运动的性质；而另一些岩层却可在重力作用下释放较多的水量或允许水通过的能力比较强，这种岩石对水的物理性质通常叫做岩石的水理性质。岩石的水理性质包括容水性、持水性、给水性、透水性等。

1. 容水性

岩石的容水性是指岩石能容纳一定水量的性能，用容水度来表示。容水度等于岩石中所容纳水的体积与岩石体积之比：

$$W_w = \frac{V_w}{V} \tag{1-1}$$

式中　W_w——岩石的容水度，以百分数表示，%；

　　　V_w——岩石中所容纳水的体积，cm^3；

　　　V——岩石的总体积，cm^3。

可见岩石中的空隙完全被水饱和时，水的体积就等于岩石空隙的体积，因此，容水度在数值上就等于岩石的空隙度。

但实践中常会碰到岩石的容水度小于或大于空隙度的情况。例如，当岩石的某些空隙不连通，或因空隙太小，在充满液态水时无法排气而使这些空隙不能容纳水，此时，岩石的容水度值就小于空隙度值；对于具有膨胀性的黏土来说，由于充水后会发生膨胀，容水度便会大于原来的空隙度。

2. 持水性

饱水岩石在重力作用下释水时，由于分子和表面张力的作用，能在其空隙中保持一定水量的性能，称为持水性。持水性以持水度表示，即在重力作用下岩石空隙中所能保持的水量与岩石总体积之比值：

$$W_m = \frac{V_m}{V} \tag{1-2}$$

式中　W_m——岩石的持水度，用百分数来表示，%；

　　　V_m——在重力作用下保持在岩石空隙中的水的体积，cm^3；

　　　V——岩石的总体积，cm^3。

岩石空隙表面面积越大，结合水含量越大，持水度也越大。颗粒细小的黏性土的总表面积最大，持水度很大，有的情况下可等于容水度；砂的持水度较小；具有宽大裂隙与溶穴的岩石，持水度是微不足道的。

3. 给水性

各种岩石饱水后在重力作用下能排除一定水量的性能称为岩石的给水性。给水性以给水度来表示，即饱水岩石在重力作用下排除水的体积与岩石总体积之比值：

$$W_y = \frac{V_y}{V}$$

(1-3)

式中　W_y——岩石的给水度，以百分数来表示，%；

　　　V_y——在重力作用下，饱水岩石排除的水体积，cm^3；

　　　V——岩石总体积，cm^3。

给水度等于容水度减去持水度。

4. 透水性

岩石允许水透过的能力称为岩石的透水性。岩石的透水性主要取决于岩石空隙的大小和连通程度。空隙越小，透水性便越差；若空隙直径小于两倍结合水的厚度，便不透水；在空隙透水，空隙大小相等的前提下，空隙度越大，能够透过的水量越多，岩石的透水性也越好。

衡量岩石透水性的数量指标为渗透系数，一般以 m/d 或 cm/s 为单位。渗透系数越大，岩石的透水性越强。

第三节　地下水类型及特征

根据含水情况不同，地面以下的岩土层可分为包气带和饱水带两个带。地面以下稳定地下水面以上为包气带，稳定地下水面以下为饱水带。

根据埋藏条件，可以把地下水划分为包气带水、潜水和承压水三类（图 1-5）；根据含水层空隙性质不同，可以将地下水划分为孔隙水、裂隙水和岩溶水三类。按这两种分类，可以组合成九种不同类型的地下水，见表 1-1。

图 1-5　地下水类型

一、地下水按埋藏条件分类

（一）包气带水

地表到地下水面之间的岩土空隙中既有空气，又含有地下水，这部分地下水称为包气带水。包气带水存在于包气带中，其中包括土壤水和上层滞水。

表1-1　　　　　　　　　　地　下　水　分　类　表

埋藏条件＼含水介质类型	孔　隙　水	裂　隙　水	岩　溶　水
包气带水	土壤水、局部黏性土隔水层上季节性存在的重力水、（上层滞水）过路及悬留毛细水及重力水	裂隙岩层浅部季节性存在的重力水及毛细水	裸露岩溶化层上部岩溶通道中季节性存在的重力水
潜水	各类松散沉积物浅部的水	裸露于地表的各类裂隙岩层中的水	裸露于地表的岩溶化岩层中的水
承压水	山间盆地及平原松散沉积物深部的水	组成构造盆地、向斜构造或单斜断块的被掩覆的各类裂隙岩层中的水	组成构造盆地、向斜构造或单斜断块的被掩覆的岩溶化岩层中的水

1. 土壤水

土壤水位于地表以下的土壤层中，主要是以结合水和毛细水的形式存在，靠大气降水渗入、水汽凝结及潜水补给。大气降水渗入，必须通过土壤层，这时渗入水的一部分就保持在土壤层里，多余部分的重力水下降补给潜水。

2. 上层滞水

上层滞水是局部或暂时储存于包气带中局部隔水层或弱透水层之上的重力水（图1-5）。这种局部隔水层或弱透水层在松散堆积物地区可能由黏土、亚黏土等组成的透镜体组成；在基岩裂隙介质中可能由局部地段裂隙不发育或裂隙被充填所造成；在岩溶介质中则可能是差异性溶蚀使局部地段岩溶发育较差或存在非可溶岩透镜体。

上层滞水的水量一方面取决于补给来源，即气象、水文因素，同时还取决于下伏隔水层的分布范围。通常其分布范围较小，因而不能保持常年有水，水量随季节性变化较大。但当气候湿润，隔水层分布范围较大、埋藏较深时，也可赋存相当水量。因此，在缺水地区可以利用它来做小型生活用水水源地，或暂时性供水水源。由于距地表近，补给水入渗途径短，所以易受污染，作水源地时，应注意水质问题。另外上层滞水危害工程建设，常突然涌入基坑危害施工安全，应考虑排水的措施。

（二）潜水

潜水主要是埋藏在地表以下第一个连续稳定的隔水层（不透水层）以上、具有自由水面的重力水（图1-6）。一般是存在于第四纪松散堆积物的孔隙中（孔隙潜水）及出露于

图1-6　潜水分布示意图

地表的基岩裂隙和溶洞中（裂隙潜水和岩溶潜水）。

潜水的自由水面称为潜水面。潜水面上每一点的绝对（或相对）高程称为潜水位。潜水水面至地面的距离称为潜水的埋藏深度。由潜水面往下到隔水层顶板之间充满了重力水的岩层，称为潜水含水层，其间距离则为含水层厚度。

潜水的这种埋藏条件决定了潜水具有以下特征：

（1）由于潜水含水层上面不存在完整的隔水或弱透水顶板，与包气带直接连通，因而在潜水的全部分布范围都可以通过包气带接受大气降水、地表水的补给。潜水在重力作用下由水位高的地方向水位低的地方径流。潜水的排泄，除了流入其他含水层以外，泄入大气圈与地表水圈的方式有两类：一类是径流到地形低洼处，以泉、泄流等形式向地表或地表水体排泄，这便是径流排泄；另一类是通过土面蒸发或植物蒸腾的形式进入大气，这便是蒸发排泄。

（2）潜水与大气圈及地表水圈联系密切，气象、水文因素的变动，对它影响显著。丰水季节或年份，潜水接受的补给量大于排泄量，潜水面上升，含水层厚度增大，埋藏深度变小。干旱季节排泄量大于补给量，潜水面下降，含水层厚度变小，埋藏深度变大。潜水的动态有明显的季节变化特点。

（3）潜水积极参与水循环，资源易于补充恢复，但受气候影响，且含水层厚度一般比较有限，其资源通常缺乏多年调节性。

（4）潜水的水质主要取决于气候、地形及岩性条件。

（5）潜水的排泄（即含水层失去水量）主要有两种方式：一种是以泉的形式出露于地表或直接流入江河湖海中，这是潜水的一种主要排泄方式，称为水平方向的排泄；另一种是消耗于蒸发，为垂直方向的排泄。湿润气候及地形切割强烈的地区，有利于潜水的径流排泄，往往形成含盐量不高的淡水。干旱气候下由细颗粒组成的盆地平原，潜水的蒸发排泄为主，常形成含盐高的咸水，潜水容易受到污染，对潜水水源应注意卫生防护。

（三）承压水

1. 承压水的概念

充满于两个隔水层（弱透水层）之间的含水层中承受水压力的地下水，称为承压水（图1-7）。承压含水层上部的隔水层（弱透水层）称作隔水顶板，下部的隔水层（弱透水层）称为隔水底板。隔水顶底板之间的距离为承压含水层厚度。承压水多埋藏在第四纪以前岩层的孔隙中或层状裂隙中，第四纪松散沉积物中亦有孔隙承压水存在。

图1-7　承压剖面示意图

承压性是承压水的一个重要特征。图1-7表示一个基岩向斜盆地。含水层中心部分埋没于隔水层之下，是承压区；两端出露于地表，为非承压区。含水层从出露位置较高的补给区获得补给，向另一侧出露位置较低的排泄区排泄。由于来自出露区地下水的静水压力作用，承压区含水层不但充满水，而且含水层顶面的水承受大气压强以外的附加压强。当钻孔揭穿隔水顶板时，钻孔中的水位将上升到含水层顶部以上一定高度才静止下来。钻孔中静止水位到含水层顶面之间的距离称为承压高度，这就是作用于隔水顶板的以水柱高度表示的附加压强。井中静止水位的高程就是承压水在该点的测压水位。测压水位高于地表的范围是承压水的自溢区，在这里井孔能够自喷出水。

2. 承压水的类型

承压水的形成主要取决于地质构造，不同的地质构造决定了承压水埋藏类型的不同，这是承压水与潜水形成的主要区别。构成承压水的地质构造大体可以分为两类：一类是盆地或向斜构造；另一类是单斜构造。这两类地质构造在不同的地质发展过程中，常被一系列的褶皱或断裂所复杂化。埋藏有承压水的向斜构造和构造盆地，称为承压（或自流）盆地；埋藏有承压水的单斜构造，称为承压（或自流）斜地。

（1）承压盆地。每个承压盆地都可以分成三个部分：补给区、承压区和排泄区（图1-7）。盆地周围含水层出露地表，露出位置较高者为补给区（A），位置较低者为排泄区（C），补给区与排泄区之间为承压区（B）。在钻井时打穿上部隔水层，水即涌入井中，此高程（即上部隔水层底板高程）的水位叫做初见水位。当水上涌至含水层顶板以上某一高度稳定不变时，称静止水位（即承压水位）；上部隔水层底板到下部隔水层顶板间的垂直距离，称为含水层厚度。承压水含水层厚度是长期稳定的，而补给区含水层厚度则受水文气象因素影响而发生变化。

（2）承压斜地。由含水岩层和隔水岩层所组成的单斜构造，由于含水岩层岩性发生相变、尖灭或者含水层被断层所切，均可形成承压斜地。

图1-8（a）所示的承压斜地内，补给、承压和排泄区各在一处，类似承压盆地；图1-8（b）所示的承压斜地内，补给区和排泄区是相邻近的，而承压区位于另一端，在含水层出露的地势低处有泉出现。此时，水自补给区流到排泄区并非必须经过承压区，这与上述的介绍显然有所不同。

二、地下水按含水介质性质分类

1. 孔隙水

孔隙水广泛分布于第四纪松散沉积物中，其分布规律主要受沉积物的成因类型控制。孔隙水最主要的特点是其水量在空间分布上连续性好，相对均匀。孔隙水一般呈层状分布，同一含水层中的水有密切的水力联系，具有统一的地下水面，一般在天然条件下呈层流运动。

（1）洪积物中的孔隙水。洪积物是山区洪流携带的碎屑物在山口处堆积而成的。洪积物常分布于山谷与平原交接部位或山间盆地的周缘，地形上构成以山口为顶点的扇形体或锥形体，故称洪积扇。从洪积扇顶部到边缘地形由陡逐渐变缓，洪水的搬运能力逐渐降低，因而沉积物颗粒由粗逐渐变细。据水文地质条件，可把洪积扇分为潜水深埋带、潜水

（a）断层导水　　　　　　　　　　　（b）断层不导水

（c）单斜岩层

隔水层　　含水层　　泉　　地下水流向　　导水断层　　不导水断层

图 1-8　承压斜地示意图

溢出带和潜水下沉带 3 个带。

　　潜水深埋带位于洪积扇的顶部，地形较陡，沉积物颗粒粗，多为卵石、粗砂，径流条件好，地下水埋藏深，水量丰富，水质好，是良好的供水水源。潜水溢出带位于洪积扇中部，地形变缓，沉积物颗粒逐渐变细，由砂砾变为粉砂、粉土，径流条件逐渐变差。此带上部为潜水，下部为承压水，潜水埋深变浅，常以泉或沼泽的形式送出地表。潜水下沉带处于洪积扇边缘与平原的交接处，地形平缓，沉积物为粉土、粉质黏土与黏土，潜水埋藏变深，径流条件较差，水矿化度高，水质也变差。

　　（2）冲积物中的孔隙水。河流上游山间盆地常形成砂砾石河漫滩，厚度不大，由河水补给，水量丰富，水质好，可作供水水源。河流中游河谷变宽，形成宽阔的河漫滩和阶地。河漫滩常沉积有上细（粉细砂、黏性土）下粗（砂砾）的二元结构。有时上层构成隔水层，下层为承压含水层。河漫滩和低阶地的含水层常由河水补给，水量丰富，水质好，是很好的供水水源。我国许多沿江城市多处于阶地、河漫滩之上，地下水埋藏浅不利于工程建设。

　　（3）黄土中的孔隙水。黄土分布地区特定的地质和地理条件，加之黄土结构疏松，无连续隔水层，总的来说比较缺水。黄土塬宽阔平坦，补给面积较大，有相对隔水层蓄积潜水，地下水较丰富，而黄土梁、峁地形不利于地下水的富集。

　　2. 裂隙水

　　埋藏于基岩裂隙中的地下水称裂隙水。裂隙的密集程度、张开程度、连通情况和充填情况等直接影响裂隙水的分布、运动和富集。由于岩石中裂隙大小悬殊，分布不均匀，所以裂隙水的埋藏、分布和水动力性质都不均匀。在某些方向上裂隙的张开程度和连通性较好，那么这些方向上的裂隙导水性强，水力联系好，常成为裂隙水径流的主要通道。在另一些方向上裂隙闭合，导水性差，水力联系也差，径流不畅。所以裂隙岩石的导水性呈现明显的各向异性。裂隙水的不均匀性是其同孔隙水的主要区别。

裂隙水根据裂隙成因不同，可分为风化裂隙水、成岩裂隙水与构造裂隙水。

（1）风化裂隙水。一般分布于暴露基岩的风化带中，风化带厚度一般为20～30m。在潮湿地区上部强风化带，由于被化学风化产生的次生矿物充填，其富水性反而比下部中等风化带差。风化裂隙水多为潜水，水质好，但水量不丰富，可作小型供水水源。地形低洼处，当风化带被不透水的土层覆盖时常形成承压裂隙水，有时承压水头还比较高，对工程建设有危害。

（2）成岩裂隙水。岩石在成岩过程中，由于冷凝、固结、脱水等作用而产生的原生裂隙，一般见于岩浆岩和变质岩中。成岩裂隙发育均匀，呈层状分布，多形成潜水。当成岩裂隙岩层上覆不透水层时，可形成承压水。如玄武岩成岩裂隙常以柱状节理形式发育，裂隙宽，连通性好，是地下水赋存的良好空间，水量丰富，水质好，是很好的供水水源。

（3）构造裂隙水。岩石构造裂隙是在构造应力作用下产生的裂隙，存在于其中的地下水为构造裂隙水。构造裂隙水可呈层状分布，也可呈脉状分布，可形成潜水，也可形成承压水。断层带是构造应力集中释放造成的断裂。大断层常延伸数十公里至数百公里，断层带宽数百米。发育于脆性岩层中的张性断层、中心部分多为疏松的构造角砾岩，两侧张裂隙发育，具良好的导水能力。当这样的断层沟通含水层或地表水体时，断层带兼具储水空间、集水廊道与导水通道的能力，对地下工程建设危害较大，必须给予高度重视。

3. 岩溶水

赋存并运移于岩溶化岩层（石灰岩、白云岩）中的水称岩溶水（喀斯特水），它可以是潜水也可以是承压水。岩溶水的补给是大气降水和地面水，其运动特征是层流与紊流、有压流与无压流、明流与暗流、网状流与管道流并存。岩溶常沿可溶岩层的构造裂隙带发育，通过水的溶蚀，常形成管道化岩溶系统，并把大范围的地下水汇集成一个完整的地下河系。因此，岩溶水在某种程度上带有地表水系的特征：空间分布极不均匀，动态变化强烈，流动迅速，排泄集中。岩溶水水量丰富，水质好，可作大型供水水源。

第四节　地下水的循环

地下水的循环是指地下水的补给、径流与排泄过程。地下水以大气降水、地表水、人工补给等各种形式获得补给，在含水层中流过一段路程，然后又以泉、蒸发等形式排出地表，如此周而复始的过程便叫做地下水的循环。

一、地下水的补给

含水层自外界获得水量的过程称为补给。含水层的补给来源有大气降水、地表水、凝结水、灌溉水，其他含水层的补给以及人工补给等。

1. 大气降水的补给

大气降水包括雨、雪、雹，在很多情况下大气降水是地下水的主要补给方式。当大气降水降落在地表后，一部分变为地表径流，一部分蒸发重新回到大气圈，剩下一部分渗入地下变为地下水。如我国广西地区年降雨量为 $1000\sim1500mm$，其中有 80% 以上可直接下渗补给地下的岩溶水。

大气降水补给地下水的数量受到很多因素的影响，与降水的强度、形式、植被、包气带岩性、地下水的埋深等密切相关。一般当降水量大、降水过程长、地形平坦、植被繁茂、上部岩层透水性好、地下水埋藏深度不大时，大气降水才能大量下渗补给地下水。这些影响因素中起主导作用的常常是包气带的岩性，如北京昌平地区年降雨量平均为 $600mm$ 左右，由于地表附近的岩性不同，渗入量有很大差别，在岩石破碎、裂隙发育的山区有 80% 渗入补给了地下水，在砂砾石、砂卵石分布的山前地区是 $50\%\sim60\%$，在粉砂、砂质粉土、粉质黏土分布的平原地区大约只有 35% 补给了地下水。

2. 地表水的补给

地表水体指的是河流、湖泊、水库与海洋等，地表水体有可能补给地下水，也可能排泄地下水，这主要取决于地表水的水位与地下水水位之间的关系。山区河流的上游，地下水位受地形影响，往往高于地表水，地下水往往补给地表水；河流中游地区，河水位与地下水位常比较接近，洪水期间水位抬升，地表水补给地下水，平水期与枯水期河水位下降，地下水补给河水；处于冲积平原的河流下游，由于河流的堆积作用强烈，河床往往高于附近平原，地下水接受河水的补给。如我国黄河下游一带，河床便高于两岸平原区。

地表水体对地下水补给量的大小取决于以下几点：地表水体附近的岩性，如河床下部为透水性很好的砂、卵砾石层，则其地表水与地下水之间的补给条件好，有时由于多年淤积，河床底部沉积 $1\sim2cm$ 的淤泥质黏性土，它可以阻止地表水与地下水之间的水力联系，这时，虽然在河流附近，但地下水受地表水的影响并不大。

3. 凝结水的补给

在干旱与半干旱地区或沙漠地带，大气降水量很小，有时甚至数月不降雨，但是在沙漠里有时会找到含水的土层，这些水主要靠凝结水的补给。

饱和湿度随温度降低，温度降到一定程度，空气中的绝对温度与饱和湿度相等。温度继续下降，超过饱和湿度的那一部分水汽，便凝结成水。这种由气态水转化为液态水的过程称作凝结作用。

夏季的白天，大气和土壤都吸热增温；到夜晚，土壤散热快而大气散热慢。地温降到一定程度，在土壤孔隙中水汽达到饱和，凝结成水滴，绝对湿度随之降低。由于此时气温较高，地面大气的绝对湿度较土中大，水汽由大气向土壤孔隙运动，如此不断补充，不断凝结，当形成足够的液滴水时，便下渗补给地下水。

一般情况下，凝结形成的水相当有限。但是，高山、沙漠等昼夜温差大的地方（如撒哈拉大沙漠昼夜温差大于 $50℃$），凝结作用对地下水补给的作用不能忽视。据报道，我国内蒙古沙漠地带，在风成细沙中不同深度均有水汽凝结。

4. 含水层之间的补给

两个含水层之间存在水头差且有联系的通路，则水头较高的含水层便补给水头较低者。深部与浅层含水层之间的隔水层中若有透水的"天窗"或由于受断层的影响，使上、下含水层之间产生一定的水力联系时，地下水便会由水位高的含水层流向并补给水位低的含水层。图1-9为承压水补给潜水情况；图1-10为潜水补给承压水情况。有时上、下含水层之间的隔水层中虽然没有"天窗"等通道，但由于隔水层有弱透水能力，这时若两含水层之间水位相差较大时，也会通过弱透水层进行越流补给。例如，对某一含水层抽水时，另一含水层可以越流补给抽水井，增加井的出水量。

| 含水层 | 隔水层 | 潜水位 |
| 承压水测压水位 | 下降泉 | 地下水流向 |

图1-9 承压水补给潜水   图1-10 潜水补给承压水

5. 人工补给

人工补给包括灌溉水、工业与生活废水排入地下补给，以及专门为增加地下水量的人工方法补给。利用地表水灌溉农田时，渠道渗漏及田面渗漏常使浅层地下水获得大量补给，其补给量的大小与灌溉定额（既每亩地的灌溉量）及灌溉方式有关，对于稻田，用大面积漫灌的形式灌溉，灌溉期对地下水补给量大，可成为地下水的主要补给来源。有些地区利用含水层的透水性排放工业废水与生活废水，这就必须考虑地下水遭受污染的问题。有时为了获得某个工厂企业暂时的经济效益会破坏很有开采价值的含水层，因此排放废水时应考虑这个问题。

由于淡水水源不足，而地下水较之地表水有许多优点，因此，常用人工补给方法增加含水层的水量，其办法是将经过净化处理的地表水灌入井中或用渠道水塘等储存地表水并使其逐渐渗入补给地下水，使含水层起到地下水库的作用。

二、地下水的径流

地下水由补给区流向排泄区的过程叫做径流，地下水由补给区流向排泄区的整个过程构成地下水循环的过程。

地下水径流包括径流方向、径流速度与径流量。

地下水补给区与排泄区的相对位置与高差决定着地下水径流的方向与径流速度；补给条件、排泄条件好的含水层，径流条件好；含水层透水性越强则径流条件越好。例如山区的冲洪积物，岩石颗粒粗，透水性强，含水层的补给与排泄条件好，山区地势险峻，地下水的水力坡度大，因此山区的地下水径流条件好。到了平原区多堆积一些细颗粒物质，地形平缓，水力坡度小，因此径流条件较差。径流条件好的含水层其水质较好。此外，地下水的埋藏条件亦决定地下水的径流类型：潜水属无压流动，承压水属有压流动。

三、地下水的排泄

含水层失去水量的过程叫做排泄。含水层通过泉排出地表或补给河流、蒸发以及人工汲取地下水（汲水井或排水渠）的形式排泄地下水。

1. 泉水排泄

当含水层含水通道被揭露于地表时，地下水便溢出地表形成泉。泉是地下水的主要排泄形式，山区地形受到强烈的切割，岩石多次遭受褶皱、断裂，形成地下水流向地表的通道，因而山区常有丰富的泉水。

根据泉出露的原因可以分为以下几种：

（1）侵蚀泉。沟谷切割揭露含水层形成的泉，图1-11（a）、（b）为侵蚀下降泉，图1-11（h）为侵蚀上升泉。

图1-11 泉的类型

（2）接触泉。地形切割达到含水层隔水底板时，地下水从两岩层接触的地方出露形成泉，图1-11（c）为接触下降泉。

（3）溢出泉。当潜水流的前方，透水性急剧变弱，如图1-11（d）、（g）所示，或有弱透水层阻挡，如图1-11（f）所示，或隔水底板隆起，如图1-11（e）所示，潜水流动受阻而溢出地表形成泉，叫做溢出泉。

（4）断层泉。承压含水层受到断层切割，地下水沿导水断层上升，在地面高层低于测压水位处溢出地表形成泉，如图1-11（i）所示。

通过对泉的研究可以了解补给泉的含水层性质，如泉水的溢出水量反映含水层的富水性，泉水水量随着时间的变化幅度反映含水层的动态变化，泉水的化学成分反映含水层的水质。此外，由于泉是在一定地质、地形条件配合下产生的，因此泉的出露有助于判断地质构造条件，如有些线状排列的上升泉往往与断层带的方向一致。

2. 向地表水排泄

当地下水位高于河水位时，若河床下面没有不透水岩层阻隔，那么，地下水可以直接流向河流补给河水，其补给量可以通过对上、下游两断面河流流量的测定计算出来。

3. 蒸发排泄

蒸发是水由液态变为气态的过程。地下水，特别是潜水可通过土壤蒸发、植物蒸腾而消耗，成为地下水的一种重要排泄方式，这种排泄亦称为垂直排泄。

影响地下水蒸发排泄的因素很多，但主要取决于温度、湿度、风速等自然条件，同时亦受地下水埋藏深度和包气带岩性等因素的控制。在干旱内陆地区，地下水蒸发排泄非常强烈，常常是地下水排泄的主要形式。如在新疆超干旱的气候条件下，不仅埋藏在3～5m内的潜水有强烈的蒸发，而且在7～8m甚至更大的深度内都受到强烈蒸发作用的影响。

蒸发排泄的强度不同，使各地潜水性质有很大差别。如我国南方地区，蒸发量较小，则潜水矿化度普遍不高；而北方大多是干旱或半干旱地区，埋藏较浅的潜水矿化度一般较高。由于潜水不断蒸发，水中盐分在土壤中逐渐聚集起来，这是造成苏北、华北东部、河西走廊、新疆等地大面积土壤盐碱化的主要原因。

4. 上、下含水层之间的排泄作用

水位不一致的上、下含水层，可以通过含水层中间的通道（如隔水层尖灭的地方"天窗"或导水断层等）由高水位含水层排泄补给低水位含水层。

第二章　地下水含水层及蓄水构造

找水定井的成败与否，关键在于是否找到含水的岩石，而含水岩石的构成，则取决于该地区地层的岩性、地质构造和地形特征等条件的组合。本章是从地质原理着手，阐明地下水的赋存规律及蓄水构造，从而为地质找水定井奠定理论基础。

第一节　含水层及含水岩组

一、含水层透水层与隔水层

隔水层是指透水性能太弱的岩层，通常所指的隔水层可以分为两种类型：一种是致密坚硬的岩石，其中没有空隙，不含水也不透水，如致密坚硬的岩浆岩、变质岩以及致密的沉积岩；另一种是孔隙度很大，但孔隙体积很小，孔隙中存在的水绝大部分是结合水，在常压下不可能自由流出，也不透水的岩石，如无裂隙的黏土和泥岩等。

能够透水但不饱和重力水的岩层称为透水层，透水层与隔水层之间以岩石的渗透系数 K 作为划分标准。凡 $K < 0.001 \mathrm{m/d}$ 的岩石，归入隔水层；$K > 0.001 \mathrm{m/d}$ 的岩层均称为透水层。

含水层是指饱和重力水并在天然条件下可以流出水来的岩石，由于含水岩石大都是水平的，所以叫做含水层。严格地讲，地壳中没有绝对不含水的岩石，但又不能说所有的岩石都含水。岩石要构成含水层，必须要满足以下三个条件：①岩石必须具有空隙；②要有有利于地下水储存的地质构造条件；③要有良好的补给来源。

岩石有空隙，是构成含水层的首要条件。致密坚硬的岩石，没有储存地下水的空间，自然不会形成含水层。如果空隙的体积太小，所含的水不受重力支配，那么在天然条件下或从井中取水时，水不能自由流出，即给水性太弱，也就不能构成含水层。所以说岩石是构成含水层的基础条件。

地质构造是地壳运动中应力作用的产物。由于地壳的运动，使得岩石发生错位和变形，在岩体中产生形态各异、大小不同的各种裂隙和断层，这些裂隙和断层为地下水的存在提供了空间条件，使得具有裂隙的岩石可以构成含水层。所以说构造是构成含水层的关键条件。

判断一个岩层是含水层还是隔水层，需要具体情况具体分析。例如：一般情况下，黏土的孔隙极其微细，含有的水几乎全是结合水，而结合水在常压条件是不能移动的，故这类岩层起着阻止地下水流动的作用，所以是隔水层。但在某些地方却从黏土层中取出了数量可观的地下水，原因在于这些黏土中或具有结构孔隙或发育有干缩裂隙，因而形成含水层。

二、含水层的分类

为了对各种含水层进行研究，了解其内在的规律，可将含水层按不同的特征进行分类。

1. 根据含水层空隙类型划分

（1）孔隙含水层。含水层的空隙为孔隙，如砂砾含水层、砾石含水层等。

（2）裂隙含水层。含水层的空隙主要为裂隙，多由坚硬非可溶性基岩组成，如花岗岩、片麻岩的构造裂隙，风化裂隙构成的裂隙含水层。

（3）岩溶含水层。含水层的空隙主要为溶隙，如溶孔、溶洞等充水后形成岩溶含水层，如由石灰岩、白云岩、石灰岩、硅质石灰岩，泥灰岩等构成的岩溶含水层。

2. 根据含水层渗透性在空间上的变化划分

（1）均质含水层。含水层的渗透性在各个方向上都相同，如厚层的、均匀的砂砾石层。

（2）非均质含水层。含水层的渗透性随空间位置的变化而变化，如坚硬岩石中的裂隙含水层及岩溶含水层等。

严格地讲，自然界中几乎所有的含水层都是非均质的。只是为了研究和计算的方便，才将透水性变化不大的含水层视为均质含水层。

3. 根据含水层的空间分布特征划分

（1）层状含水层。层状含水层是最普遍的状态，含水层在空间呈层状分布，可以是水平的，也可以是倾斜的，它与地层的延伸分布一致。层状含水层不仅在松散的和胶结的沉积岩中常有分布，而且在变质岩和岩浆岩中也有分布。如沉积岩中的砂岩含水层，花岗岩与片麻岩的风化壳含水层等。

（2）脉状（带状）含水层。脉状或带状的含水层是指在空间延伸长度较大，而宽度有限的含水层。宽度很小的称脉状含水层，具有一定宽度的称为带状含水层。这类含水层是基岩含水层的主要特征之一。它不受地层、岩性的限制，可以穿越不同代、不同岩性的地层，如含水的岩脉、断层含水带等。

（3）块状含水层。块状含水层是指长度、宽度有限，而厚度较大的含水层或含水岩体，其周围边界常被隔水岩层包围，形如块状。如河北省邯郸地区的奥陶纪石灰岩，被侵入的闪长岩切割成大小不同的块状含水层，有的相互有水力联系，有的成为独立的含水岩体。

三、含水段、含水带、含水岩组、含水岩系

由于构成含水层的岩层的成因、岩性、水理性质比较复杂，有时很难划分出单一的含水层，即便是能够划分出单一的含水层，在实际工作中往往也不能满足生产上的需要。为此又提出了含水段、含水岩组、含水岩系的概念。

1. 含水段与含水带

在含水极不均匀的岩层中，特别是在裂隙或岩溶发育的基岩地区，只简单地划分含水层或隔水层往往不能反映实际情况。这就要根据裂隙、岩溶发育和分布的特征及其含水情

况划分出含水段。对于穿越不同成因、岩性和不同时代地层的饱水断裂破碎带，则可划为一含水层带。

2. 含水岩组、含水岩系

岩石成因类型相同，但地层时代不同的几个含水层，虽然它们之间夹有弱含水层或隔水层，但它们在生产上的意义大致相近，则这几个含水层可划归为一含水岩组。如第四系的砂层中，常常夹有薄的黏土层，其上部和下部的砂层之间存在着水力联系，有统一的地下水位，化学成分亦相近，所以可划归为一个含水岩组（简称含水组）。

当进行大范围的区域性的含水层的研究时，往往将几个水文地质条件相近的、有一定水力联系的含水岩组划为一个含水岩系，各个含水岩组之间可夹有一些隔水层。如第四系含水岩系、基岩裂隙水或岩溶水的含水岩系等。含水岩系的划分，对于编制水文地质图、地下水资源评价具有重要的意义。

第二节　蓄水构造类型

一、蓄水构造

地质构造对地下水的赋存和运动具有明显的控制作用，这种控制作用是由透水岩层的导水作用和隔水层的阻水作用构成的。某些岩层所以含水，是因为这些岩石中存在有各种相互连通的空隙。但是具有空隙的岩层并不一定就能构成含水层，具有空隙的岩层要能构成含水层，必须满足一个条件，即在透水的岩层下面存在一个相对不透水的岩层把重力水托住，使其不致完全流失，否则，这个透水的岩层就不能形成含水层。这说明，含水层不能离开隔水层而孤立存在，没有隔水层，就不会有含水层。因此，在找水定井的过程中，不仅要研究含水层，同时还要研究隔水层，尤其要研究由透水层和隔水层组成的各种地质构造，即蓄水构造，蓄水构造就是指由透水层和隔水层相互组合而构成的能够富集和储藏地下水的地质构造。

蓄水构造由以下三个基本要素构成：

（1）透水的岩层或岩体：它可构成蓄水构造的蓄水空间。

（2）相对隔水的岩层或岩体：它是构成蓄水构造的隔水边界条件。

（3）地下水的补给和排泄条件：即具有水源的补给和排泄通道。

蓄水构造的构成必须同时具备上述三个要素。蓄水构造的富水特征，就是由这三个要素的特点及它们之间的相互配合决定的。应当说明的是，蓄水构造不是指某一构造的富水地段或富水带，而是既有性能较好的和较差的含水岩层，又有确定的隔水边界和透水边界的能够富集地下水的整个地质构造形体。富水地段或富水带往往只是蓄水构造的一部分，它是蓄水构造的富水部位，是蓄水构造内部富水性不均匀的表现。

二、蓄水构造的类型

蓄水构造的类型是多种多样的，到目前为止，尚没有一个统一的分类方案。本书所介绍的蓄水构造类型，只是现有水文地质资料基础上的初步划分和总结。目前初步认识的单式蓄水构造的类型有如下几种类型：①风化壳蓄水构造；②水平岩层蓄水构造；③单斜型蓄水构造；④断裂型蓄水构造；⑤褶皱型蓄水构造；⑥接触型蓄水构造；⑦岩脉型蓄水构造。

　　以上这些类型，都是单式蓄水构造，在找水定井工作中，还会遇到由单式蓄水构造组合而成的复式蓄水构造，为叙述方便起见，主要介绍单式蓄水构造。

第三节　风化壳蓄水构造

　　风化壳蓄水构造是以基岩风化带为蓄水空间，以其下部未风化的不透水岩层为隔水底板而形成的蓄水构造，它主要形成于弱透水的岩石的分布区。在强透水的岩石地区，因为风化带之下的岩石起不到隔水的作用，所以风化带中不易保持地下水。最容易形成蓄水构造的是现代风化壳，这是因为现代风化壳中的裂隙或孔隙比较发育，它比未风化的岩石透水性要强，而地质历史上形成较早的古风化壳，裂隙或孔隙已被充填，或已固结成岩，透水性很弱，一般不易形成蓄水构造。风化壳地下水分布广泛，埋藏较浅，虽然其水量一般较小，但由于容易开采利用，所以作为居民生活用水及农牧业用水的水源，仍具有一定的价值。

一、风化壳剖面及其特征

　　风化壳是岩石在各种风化营力长期作用下的产物。地表附近，岩石受外营力影响最大，风化最强，随着埋藏深度的增大，风化营力的影响越来越小，岩石的风化程度也相应地减弱，以至于逐渐过渡为完全不受风化影响的新鲜基岩。因此，风化壳在风化程度及风化性质方面都表现出明显的分带性。从水文地质方面考虑，一般把风化壳分为透水性不同的三个带，下面以花岗岩的风化壳为例，说明其划分方法及各带的特征。

　　（1）全风化带。岩石严重破碎，呈颗粒状，化学风化影响较深，岩石的矿物成分大部分已经改变，产生大量的次生黏土矿物，并充填堵塞裂隙，使风化带的有效空隙率降低，透水性下降，富水性较差。

　　（2）半风化带。以机械破碎为主，岩石呈块状，裂隙发育，呈不规则的网状并相互贯通，岩石的矿物成分改变不大，尚能看出母岩的矿物成分，泥质充填物较少，透水性及富水性较强。

　　（3）微风化带。岩石破碎程度较低，裂隙稀少且闭合，岩石的矿物成分基本未发生变化，透水性及富水性较差。

　　因此，在一个完整的花岗岩风化壳剖面里，一般以半风化带的透水性和富水性最大，全风化带泥质充填现象严重，微风化带裂隙不发育，它们的透水性和富水性都较弱。

　　各地气候、岩石性质等条件的不同，风化壳的厚度有很大的差异，一般情况下为 10～50m。但在一些构造断裂带附近，风化营力沿裂隙可以侵入很深，使得风化壳厚度局部增大，有时可超过 100m；在经常遭受侵蚀的陡坡地带和山脊部位，全风化带一般被剥蚀掉，只保留有半风化带和微风化带，所以风化壳厚度较小；而在一些较低洼、平缓的地带，全风化壳可能很厚，以至于半风化带和微风化带埋藏很深。

由性质不同的多种岩石组成的地区或有断裂构造的地区，由于差异风化使风化壳剖面变得比较复杂，但其风化规律基本如图 2-1 所示。在这种情形下，岩石风化的差异性不仅仅表现在垂直方向上，而且也表现在水平方向上。当抗风化能力较弱的岩石在地表已普遍形成全风化带时，抗风化能力较强的岩石才达到半风化的程度，因而使透水性较强的半风化带岩石出现在透水性较弱的全风化带岩石之下，形成较好的蓄水条件。与此相反，在断裂构造及抗风化能力很弱的岩石部位上，风化带又特别加深，形成袋状或囊状风化壳，因而在地下深部未风化的岩石中，局部出现半风化的含水带，也能形成较好的蓄水条件。

图 2-1　风化差异而形成的风化壳剖面
A—断层；B—耐风化的岩脉；C—易风化的岩脉

二、风化壳地下水

　　风化壳地下水的特点主要表现在以下几个方面：

　　（1）水以裂隙潜水为主，一般具有连续的、统一的地下水面。潜水面的形状随地形的起伏而缓慢变化。在有隔水岩层（一般是第四系的坡积物、残积物）覆盖的低洼地段，也可以形成局部承压水。

　　（2）裂隙带的发育深度在水平方向随岩性的不同、地形的起伏变化及构造条件的变化而表现出差异性，所以所形成的含水层似层状分布在地表附近。

　　（3）因为风化裂隙的发育程度随着深度的增大而减弱，以至于完全消失，所以风化裂隙含水带与其下面的隔水的新鲜基岩之间没有明显的界线，呈渐变的过渡关系，含水性较强的部位一般在半风化带。

　　（4）由于风化裂隙水多分布在岩石抗风化能力比较强的剥蚀丘陵地区，所以地下水的主要补给来源是大气降水入渗，而我国北方地区降水具有明显的季节性，所以风化裂隙水的水位、水量均随季节而变化。

　　（5）风化裂隙水的运动主要受地形起伏的控制（严格地讲，是受风化壳隔水底板起伏的控制）。地下水从分水岭处顺山坡向低洼的河谷地带运动，所以山脊或陡坡地带不易形成风化裂隙水，河谷洼地才是风化壳地下水的汇集、排泄地带。

　　（6）风化壳地下水的埋藏深度一般不大，便于开采利用，尤其适合于人工开挖大口井，但水量一般不大，适于分散开采。

三、风化壳蓄水构造的富水规律

如前所述,风化壳的透水性以半风化带最强。在岩石性质、地质构造及地形条件一定的前提下可以形成以下几种形式的富水带。

1. 汇水洼地型风化壳富水带

在岩石性质及地质构造条件比较均一的地区,例如在花岗岩、片麻岩地区,岩石风化的差异性很小,风化壳的下限大体上是随着地形的起伏而变化。因此风化壳地下水的运移和富集规律主要受地形因素的控制(严格地说是受风化壳底板的控制),地下水从分水岭向河谷洼地汇集,最后在洼地中排泄至地表或补给孔隙水,于是地形上的低洼汇水部位就成了风化裂隙水富集的地带。但由于洼地中第四系沉积物的覆盖条件不同,所形成的汇水洼地风化壳富水带又可分为下面两种形式:

(1)当洼地中无第四系沉积物覆盖或有少量强透水的松散沉积物(如冲积层覆盖时),风化壳富水带位于洼地中心的最低部位。

【例2-1】 山东省肥城市王庄村的大口井(图2-2)就是位于一条河沟的底部,岩性为片麻岩,井直径3.5m,深18m,可浇地150亩。

(2)当洼地中有黏土或其他不透水沉积物覆盖时,来自洼地四周风化壳中的地下水在向洼地中心汇集的途中,遇到黏土质不透水层的阻挡,因而在黏土质覆盖物的边缘地带基岩的风化带里造成地下水富集,甚至可形成泉溢出地表。在这种条件下,风化壳的富水带不在洼地的中心,而是在黏土质覆盖层的边缘地带。

【例2-2】 河北省康保县郝家官庄的大口井就是位于缓坡的坡角处,片麻岩与坡积红黏土的交界处,井直径6.0m,深8.0m,出水量2000m³/d(图2-3)。

图2-2 山东省肥城市王庄村大口井
水文地质剖面图

图2-3 河北省康保县郝家官庄大口井
水文地质剖面图

2. 与侵入接触构造复合的风化壳富水带

受岩浆侵入作用的影响,在古老的变质岩地层当中,常有软硬性质不同的岩脉相间出现,其与围岩的接触面一般是软弱结构面,风化作用的外营力往往可沿着此结构面渗入到岩体深部进行风化,使得岩石风化程度局部加强,风化的深度局部增大。由于岩石的抗风化能力不同,因而导致风化程度的差异,在同一深度,易风化的软岩石已达到全风化的程度,而不易风化的脆性岩石却只能达到半风化或微风化的程度。由于软岩石一侧的全风化带黏土充填及化学沉淀较为严重,透水性及富水性较差;而脆性岩石一侧的半风化带裂隙发育，黏土充填及化学沉淀现象较差，透水性强及富水性较强。所以在塑性岩石一侧一般形成隔水边界，在脆性岩石的接触带附近形成相对富水带。

3. 与断裂构造复合的风化壳富水带

构造裂隙是风化作用的外营力渗入到岩石深部进行风化作用的通道，可以使得风化作用沿着构造裂隙带风化程度局部加强，风化深度局部增大，形成带状、囊状风化壳。这种局部加深的风化壳，两侧以未风化的岩石作为隔水边界，向下与构造裂隙带相沟通，形成与构造断裂带符合的风化壳富水带，这种富水带常常可以得到深部构造裂隙水的补给，因而水量比较丰富。

第四节　水平岩层蓄水构造

在产状水平或近于水平的岩层，如果有透水的岩层和不透水的岩层互层分布时，不透水层往往构成隔水底板，而透水的岩层则构成含水层，在适宜的补给条件下即可形成水平岩层蓄水构造。水平岩层蓄水构造是蓄水构造中最简单的一种形式，它主要分布在未经构造变动的或构造变动极其轻微的沉积岩和火成岩等层状岩石分布区。

水平岩层的蓄水构造，按其蓄水形式的差别又可以分为承托型蓄水构造、淹没型蓄水构造两种。

一、承托型蓄水构造

所谓承托型蓄水构造，是指没有侧向隔水边界，只靠水平岩层把地下水托住而形成的蓄水构造，也叫做滞水型蓄水构造，如图2-4所示。位于当地侵蚀基面以上的水平岩层，当在透水层之下或在透水层之中有相对隔水层存在时，由大气降水或地表水入渗补给的重力水在向地下深部下渗的过程中，遇到隔水层的阻挡，使下渗的重力水在隔水层之上积蓄起来，由此形成承托型蓄水构造。

图2-4　承托型水平岩层蓄水构造
a—承托上层滞水型；b—承托潜水型；c—淹没型蓄水构造；1—透水层；2—隔水层

（一）承托型蓄水构造的类型

承托型蓄水构造按地下水的埋藏条件又可分为承托上层滞水型和承托潜水型两种形式。

1. 承托上层滞水型

承托上层滞水型的蓄水构造是由包气带中的局部隔水层阻挡重力水下渗而形成的（图2-4中a）。常见的隔水层有：砂砾石层的包气带中的黏土夹层；石灰岩层中的页岩、泥灰岩夹层及岩床、岩盘之类的侵入岩体；火山岩包气带中的凝灰岩夹层等。这种类型的蓄水构造中的地下水的水量一般都不大，且受气候的影响较大，多出现在雨季过后，干旱季节大部分干涸成为季节性地下水，无大的供水意义。但是，上层滞水往往可以出现在地势很高的基岩山区，由于地下水埋藏较浅，容易开采，所以在特别缺水的地区或因区域地下水埋藏太深而不易开采的山区，作为居民生活用水的小型水源还是很有价值的。

【例2-3】 山东省章丘县凉泉村，位于地势很高的奥陶系石灰岩山区，由于岩石的透水性极强，地下水埋藏非常深，不宜开采，构成缺水地区。但在半山腰的石灰岩层中有一闪长玢岩的岩床构成了隔水层，阻止了地下水的下渗，使地下水沿该接触面流出地表形成一下降泉，成为当地的供水水源（图2-5）。

图2-5 山东省凉泉村地质剖面
1—石灰岩；2—闪长玢岩

2. 承托潜水型

当透水岩层下面连续分布的隔水层位于当地侵蚀基面以上时，由于隔水层的承托作用及透水层的滞水作用而形成的蓄水构造称作承托潜水的蓄水构造（图2-4中b）。这种蓄水构造规模的大小，取决于隔水层的分布面积，规模小的与上层滞水十分相似，甚至成为季节性出现干涸的地下水，规模大的常成为城镇或工农业供水的重要水源。

（二）承托型蓄水构造的富水性

承托型蓄水构造的富水性主要取决于隔水层的分布面积、隔水层的倾斜程度、隔水层与含水层的透水性的差异性、地下水的补给条件等因素。

1. 隔水层的分布面积

对于承托型蓄水构造而言，隔水层面积的大小，决定其蓄水空间的大小和补给区面积的大小。隔水层面积越大，则补给越充沛，蓄存的水量也就越丰富；否则反之。

【例2-4】 山西省五台县寺沟附近，寒武系、奥陶系石灰岩倾角在15°左右，由寒武系竹叶状石灰岩构成相对隔水层，隔水层的分布面积只有约0.08km²。雨季过后，上层滞水沿着竹叶状石灰岩顶部流出形成泉，流量0.01～0.02L/s，可连续出流10～15d（图2-6）。

图2-6 山西省五台县寺沟水文地质剖面图

2. 隔水层的倾斜程度

对于这种蓄水构造中的地下水而言，其水面的形状与隔水层的倾斜程度有关，隔水层越平缓，则地下水的水力坡度越小，越有利于地下水的蓄存；否则反之。

3. 隔水层与含水层的透水性的差异性

透水层的透水性越大，隔水层的透水性越小，即两者的透水性差异越大时，越有利于地下水的储存，富水性越好。

4. 地下水的补给条件

气候湿润、地形平缓、植被茂盛的地区，有利于地下水的补给，所以地下水相对比较丰富，动态也相对较稳定；而气候干燥、地形陡峭、植被稀少的地区，则不利于地下水的补给，所以地下水贫乏，动态也不稳定，甚至只能形成季节性的地下水。

二、淹没型蓄水构造

所谓淹没型蓄水构造，是指含水层底板位于当地河谷标高以下，呈隐伏状或半裸露状的水平岩层蓄水构造，这种蓄水构造是近于水平的岩层地区最为常见的一种构造形式，其蓄水条件如图 2-4 中 c 所示。这种蓄水构造的特点是除了底部具有隔水条件外，其侧向也具有阻水条件。侧向阻水条件通常是由透水岩层在水平方向上岩性的变化（如透水性变弱）或尖灭（如洪积扇中的透镜体状的含水层）等原因所造成，有的还具有顶部隔水条件，透水岩层处于半淹没状态或淹没状态，形成潜水或承压水。因此，它的蓄水条件远比承托型蓄水构造好，其富水程度也要好得多。

第五节　单斜型蓄水构造

由透水的岩层和隔水的岩层组成的单斜构造，当透水岩层在倾斜方向具备阻水条件时，在适宜的条件下即可形成单斜蓄水构造。单斜蓄水构造是层状及似层状岩石地区赋存地下水的一种重要的地质构造形式。组成这种蓄水构造的单斜岩层，可以是被断层或侵入岩体破坏后而残留的褶曲构造的翼部，也可以是山前原始沉积的单斜地层。单斜蓄水构造的地下水包括承压水和无压水两部分。在由透水岩层和不透水岩层组成的单斜构造中，地下水以承压水为主；无压水只分布在透水层出露地表的地下水的补给区，这种单斜蓄水构造叫做承压水斜地。在缺少不透水层覆盖的巨厚的单斜透水岩层中，由于透水层大部分出露于地表，所以地下水以无压水为主，承压水只是分布在局部有隔水层覆盖的地区。

一、单斜蓄水构造的类型

单斜蓄水构造的一个重要的特征，就是含水层的倾没端具有阻水条件，这种阻水条件一般由以下几种原因所造成：

（1）含水层的空隙性和透水性沿着岩层倾没的方向随埋深的增大而减小，以至于达到某一深度后逐渐变为不透水层，因而形成承压水斜地，如图 2-7（a）所示。

（2）由于含水层沿倾没方向逐渐尖灭而形成的承压水斜地，如图 2-7（b）所示。

（3）由于含水层倾没端被阻水断层切割封闭，而形成淹没型蓄水构造承压水斜地，即断层阻水式单斜蓄水构造，如图 2-7（c）所示。

（4）含水层的倾没端被阻水岩体封闭而形成承压水斜地，即侵入岩体阻水式单斜蓄水构造，如图 2-7（d）所示。

（5）最为常见的是山前承压斜地，山前冲洪积扇的地层具有向平原方向的原始倾斜：在近山前地带一般为单一的砂砾卵石堆积，为潜水含水层；向平原方向含水层颗粒逐渐变细，单一的含水层逐渐被黏性土层分隔为多层含水层，并趋于尖灭，因而形成山前承压水

（a）由于含水层岩性变化　　　　　　（b）由于含水层尖灭

（c）由于断层阻水　　　　　　（d）由于侵入岩体阻水

图 2-7　单斜蓄水构造的蓄水条件

斜地，如图 2-8 所示。

图 2-8　山前倾斜平原承压水斜地

1—砂砾石含水层；2—黏性土相对隔水层；3—基岩；4—地下水水位；5—钻孔及承压水头

二、地形与单斜蓄水构造富水程度的关系

单斜蓄水构造地下水的富水程度，在很大程度上取决于岩层的产状与地形之间的组合关系，下面分几种情况来说明这个问题。

（1）岩层向山内方向倾斜（逆坡）或向沟谷上游方向倾斜。在这种情况下，含水层的倾斜方向具有较好的封闭条件，有利于地下水的储存，可形成承压水斜地（图 2-9 中 a）。但如果透水岩层在其倾没端的下游方向被侵蚀而裸露于地表（如山的背后被侵蚀，见图 2-9 中 b），则因水平方向不具备阻水条件而不能富集地下水。

图 2-9　单斜岩层蓄水的地形条件

1—含水层；2—隔水层

（2）岩层向山外方向倾斜（顺坡）或向沟谷下游方向倾斜。分两种情况来讨论：

1）当岩层的倾角小于地形的坡角时（图2-9中c），含水层的倾斜方向不具备侧向阻水条件，地下水很容易排泄，不利于富集和储存，所以不能构成蓄水构造。

2）当岩层的倾角大于地形的坡角时（图2-9中d），含水层的补给条件有利（汇水面积和补给面积较大），封闭条件较好，有利于地下水的富集和储存，能形成良好的承压水斜地。

（3）地面坡度很小或近于水平，而附近又没有深切的沟谷的条件下，夹于隔水层之间的单斜透水岩层都可能富集地下水。

【例2-5】　山东省莱西马埠村，地层为砂岩、砾岩互层的单斜岩层，大口井位于砾岩，井口为30m×20m，深7m左右，含水层为4.5m厚的砂砾岩，出水量1000m³/d（图2-10）。

（4）在构造变动较大的沉积岩地区，原始水平岩层的产状发生改变，岩层变为倾斜岩层或垂直岩层，在岩石裸露地区，可见不同岩性的岩层相间分布。如硬层的宽度较大，井位可直接布置在硬层中；如果硬层宽度不大，可根据倾斜岩层的倾向、倾角及当地地下水位深浅，井位选择在倾向方向一定距离内（图2-11）。

图2-10　山东省莱西马埠村大口井地质剖面　　　　图2-11　倾斜岩层硬层机井位示意图

【例2-6】　山东省五莲县于里镇大冯家坡村，地层为侏罗系砂页岩地区，岩层走向为NW 340°，倾向东南，倾角较大，接近于垂直，地表可见紫色页岩出露，其中间有厚度不大的砂岩，在岩层的倾向方向布井一眼，井深140m，出水量20m³/h，从根本上解决了该村500多人的饮用水问题。

第六节　褶曲型蓄水构造

褶曲构造是岩层长期变形的产物，是地壳中较为常见的一种地质构造现象。在褶曲构造中，当同时分布有透水岩层（或岩石的透水带）与相对隔水层时，相对隔水层即可构成隔水边界，透水岩层（带）则构成含水介质，这种褶曲构造在适宜的补给条件下即可形成褶曲型蓄水构造。褶曲型蓄水构造按构造形态分为背斜蓄水构造和向斜蓄水构造两种类型。它们主要分布在层状分布的沉积岩地区以及似层状分布的火山岩和变质岩地区。

一、褶曲的形成

地壳水平运动时往往产生顺层挤压（即侧向挤压）力，造成岩层向上或向下的弯曲，称为纵弯褶皱作用。绝大多数的褶曲就是由这种纵弯褶皱作用所形成的（图2-12）。褶曲构造的应力迹线表明：背斜构造中性面以上的岩层受拉伸力的作用，随着岩层弯曲程度的加剧，岩层弯曲凸侧的转折端附近产生与岩层层面正交、呈扇形排列的、裂面呈楔形张开的张节理，且随深度的增大而逐渐尖灭；而在中性面以下的岩层受挤压力的作用而产生两组与层面斜交、呈X状排列的、裂面闭合的剪节理，且随着向核部靠近而变的密集。所以对于背斜构造来说，其中性面以上的转折端附近发育的是张节理，中性面以下核部附近发育的是剪节理。向斜构造节理的发育规律恰好与背斜相反，即中性面以上靠近地表的核部附近发育的是剪节理，而中性面以下的转折端附近发育的是张节理。

图2-12 水平挤压力作用形成的褶皱节理发育示意图

二、褶曲型蓄水构造的类型

1. 向斜蓄水构造

向斜蓄水构造是指能够富集和储存地下水的向斜构造。向斜蓄水构造是以轴面附近的张节理作为蓄水空间，以核部及两翼不透水的岩层作为隔水顶、底板所形成的蓄水构造。作为蓄水空间的这种张节理，往往是在中性面以下的转折端附近呈带状分布，从而形成带状分布的承压蓄水构造（图2-13）。地下水从翼部透水岩层裸露地表的地区接受补给，向核部或较低洼的另一翼汇集，构成良好的富水条件。

（a）开放型自流盆地

（b）封闭型自流盆地

图2-13 向斜蓄水构造的蓄水条件

2. 背斜蓄水构造

背斜蓄水构造是指能够富集和储存地下水的背斜构造。背斜蓄水构造是以中性面以上转折端附近的张节理作为蓄水空间，以核部及翼部的不透水岩层作为隔水边界所形成的蓄水构造。作为蓄水空间的这种张节理，往往是在中性面以上的转折端附近呈带状分布，从而形成带状分布的蓄水构造，如图 2 - 14 所示。

图 2 - 14　背斜蓄水构造的蓄水条件

三、影响褶曲型蓄水构造富水程度的因素

褶曲型蓄水构造的富水因素主要取决于岩石的性质、构造形态特征及部位、埋藏条件及构造与地形之间的组合关系。其中含水层的岩性特征、构造的部位和埋藏条件对褶曲构造的富水程度具有决定性的影响。

（一）岩性条件

岩石按力学性质可分为脆性岩石和塑性岩石。脆性岩石是指质地坚硬，受力后产生破裂变形，裂面张开的岩石（这类岩石主要包括沉积岩中的碳酸岩、砂岩及结晶岩类的片麻岩、花岗岩等），这类岩石能形成较大的蓄水空间，有利于地下水的富集。塑性岩石又称为柔性岩石（这类岩石主要包括泥岩、页岩、云母片岩等），质地较软，受力后产生塑性变形，裂隙虽密集，但裂面的张开程度较差，且由于岩石质地软，抗风化能力差，裂隙容易被充填，所以裂隙多属于闭合型的，不利于地下水的富集。

（二）地质构造条件

在褶曲构造中，不同的构造形态及部位，由于其应力状态和应力强度不同，所产生的裂隙的性质及发育的程度都表现出很大的差异，使得褶曲构造的透水性和给水性在不同的部位增强或减弱。由此使得含水层在由岩性决定富水性的基础上，产生由构造所决定的富水性的"异常带"，即含水层在构造的某些部位增强，而在某些部位减弱，甚至形成隔水层。

背斜的上部转折端和向斜的下部转折端，受引张力的作用形成纵向及横向张裂隙，并伴随着产生层间滑动裂隙，这些部位有利于地下水的富集，形成富水地带。而在靠近褶曲的核部及翼部，受挤压应力的作用，岩石被挤压得非常密实，透水性逐渐减弱，而过渡为隔水层。所以说，无论是背斜还是向斜，其轴面附近的转折端是富水地带；而其核部及翼部均是贫水地带。

图 2 - 15　侯家庄向斜蓄水构造示意图

【例 2 - 7】 济南市南部的侯家庄向斜（图 2 - 15）为一不对称的向斜构造，轴面向西倾斜，东翼岩石倾角 29°，西翼 48°。该地区地势

较高，海拔 460 余米，地下水位埋藏深度 90 余米，因此，在利用该向斜构造找水定井时，要考虑含水层埋藏深度的影响，井的位置应选择在该向斜的西翼，并与其核部有一定的距离，即井在穿过轴面时的深度要控制在区域水位以下。

沿该向斜的轴线方向，在岩层倾角较陡的西翼曾先后布设过 2 口水井，其中侯家庄的水井距离向斜的核部 30m 左右，井深 216m，在 110～125m 处，裂隙岩溶发育，出水量达 35m³/h，而义和庄的水井由于距向斜的核部较近，井的下部提前进入产状较缓的翼部，裂隙发育很差，出水量仅 15m³/h。由此可见，构造部位的不同，往往可以改变蓄水构造富水的背景。

（三）含水层的埋藏深度

岩石空隙发育的程度往往是随着岩石埋藏深度的增大而逐渐减弱的，其透水性和给水性也随着变差，由透水层逐渐过渡为隔水层。在地表附近，岩石处于低围压的环境，裂隙面多张开，且为地质作用的外营力（水、温度）的渗入提供了条件，加速了岩石的风化，所以岩石的空隙发育、透水性和给水性较强，富水性较好；否则反之。所以在背斜构造中，随着含水层埋藏深度的增大，越靠近起核部，富水性越差；在拗陷很深的大型向斜中，当其轴部埋深很大时，由于上部围岩产生巨大的压力，使得裂隙发育程度较差，所以轴部的富水性有时很小，反而不如翼部的富水性好。

在影响褶曲构造富水的诸因素中，构造条件是最为重要的影响因素，它往往使蓄水构造的富水性变得更加不均匀，形成一些富水部位，常见的有以下几种情况。

1. 向斜轴部富水带

当向斜两翼地形高差不大，且轴部含水层拗陷不深或虽然拗陷较深，但为中心排泄式的向斜盆地，相对富水带一般位于向斜的轴部。

2. 向斜翼部富水带

当向斜两翼地形高差很大，构成向斜山岭时，相对富水带位于地下水的排泄区。例如山西省朔县的神头-洪寿向斜，富水带主要位于翼部的神头泉一带（图 2-16）。

图 2-16　山西省朔县的神头-洪寿向斜蓄水构造
Q₄—全新统冲积层；Q₁—下更新统湖相沉积层；CP—石炭-二迭系；C—石炭系；O—奥陶系

3. 背斜轴部富水带

背斜构造的上部遭受剥蚀时，往往沿其轴线的方向形成背斜谷。当背斜的轴部地带出露透水岩层时，背斜谷中的透水岩层即成为汇集和储存地下水的最好场所。

【例 2-8】　山东省长清县的苏庄背斜，就是一个轴部富水的蓄水构造，沿该背斜的轴部地带地下水十分丰富，水井出水量可达 80～250m³/h。

4. 背斜倾没端富水带

倾伏背斜的倾没端，多位于岩层产状急剧变化的部位，张裂隙特别发育，可以构成富水带。

【**例 2 - 9**】　四川省永川县东山背斜的倾没端,出露岩层为三叠系砂岩、煤系及侏罗系砂岩、页岩互层。位于倾没端岩层产状变化较大部位的 1 号和 3 号孔,深度分别为 746m 和 1804m,接露的含水层为砂岩,出水量分别为 256m³/d 和 312m³/d。而位于 1 号和 3 号孔之间的 2 号孔,虽然也设计在倾没端上,但因岩层产状变化不大,所以成为干孔。由此可知,背斜倾没端富水带的裂隙也是由于岩层产状急剧变化而产生的。

第七节　断裂型蓄水构造

断裂是最为复杂、变化最大的一种地质构造现象,在水文地质中具有特别重要的意义。断裂型蓄水构造可以分为断层蓄水构造和断块蓄水构造两种类型。

一、断层蓄水构造

断层蓄水构造是指以断层破碎带为蓄水空间,以断层两侧完整的岩石为相对隔水边界,并在适宜的补给条件下形成的能够富集和储存地下水的断层构造(图 2 - 17)。

图 2 - 17　断层破碎带横剖面分带示意图
1—构造岩带;2—断层影响带;3—未受断层影响的岩石

俗话讲"断层一条线,有水在里面",由此说明了断层在水文地质方面具有重大的意义。过去曾认为所有的断层都能够储存地下水。但实际情况并非如此,有些断层因其断层破碎带已被完全充填胶结,不但不含水,反而起隔水作用;有的断层虽然是含水的,但其各个部位的富水程度有很大的差别,有的部位含水丰富,有的部位贫水,有的部位甚至还不含水,总之断层的含水性是比较复杂的。

(一)断层破碎带

断层的形成,一般总是先从产生节理开始,然后随着节理的发展,岩层沿节理密集带产生位移形成断层。断层两盘产生相对位移时,各自克服对盘上凹凸不平的障碍,将凸起部分铲平或碾碎,形成构成岩,并导致断层面附近两盘岩石的破碎,产生大量羽状的扭裂隙和张裂隙,甚至出现低序次小断层,于是在断层的两盘形成裂隙发育带。

因此,一个典型的断层破碎带,其横剖面可以分为性质不同的两个带:①内带:构造岩带;②外带:断层影响带。但在多数断层中,这两个带发育得并不一定很明显。

1. 构造岩带

这个带是由各种构造岩组成的(或断层泥、糜棱岩、断层角砾岩等)。其岩石性质与两盘原岩相比产生了质的改变，原岩的结构也已经完全不存在。

构造岩带的宽度从不足一米至数十米，甚至更大，这取决于断层的规模和性质。而对于同一条断层来说，构造岩带的宽度变化也很大，可能在某些部位构造岩带的宽度增大，在某些部位变薄甚至完全缺失，使断层两盘原岩直接接触。

构造岩可以是比较连续的层状，也可以是连续性很差的透镜体状，甚至是鸡窝状。

构造岩的导水性取决于构造岩的性质，而这些性质通常又与断层的力学性质有关。压性断层的构造岩一般以糜棱岩、压片岩等细粒物质较多，空隙极小，孔隙率也低，所以一般起隔水的作用。张性断层的构造岩是以断层角砾岩、碎裂岩等粗大的碎块物质为主，碾磨的细粒物质较少，结构比较疏松，孔隙及孔隙率大，所以导水性较强。但张性断层的构造岩带如果后期被充填胶结，其透水性也会变得很小，以至成为不透水的岩石。扭性断层构造岩的性质一般介于压性和张性断层的构造岩之间。

2. 断层影响带

这个带是受断层影响而形成的两盘岩石的裂隙发育带。它分布在构造岩带的两侧，系原岩受断层影响而强烈破坏，产生大量张裂隙、扭裂隙及分支断层形成的裂隙发育带。靠近构造岩的岩石受断层影响最大，裂隙最发育，但与原岩的成分、结构、性质等方面都没有重大变化；随着水平距离的增大，裂隙的发育程度也逐渐减弱，与未受断层影响的完整的原岩之间没有明显的分界线，呈过渡关系。

断层影响带的宽度取决于断层的规模和两盘岩石的力学性质等因素，同时还与断层的力学性质有关。一般来讲：断层的规模越大，其影响带越宽；压性断层的影响带的宽度常大于张性断层；在断层性质、规模一定的前提下，脆性岩石中的断层影响带的宽度要大于塑性岩石。断层带的宽度一般由数米至数十米不等，而且沿着断层的走向和倾向变化都很大。

实际上，断层破碎带上述横剖面的分带现象，只是在一些大断层才表现得比较清楚。一些小断层和泥质岩石中的断层，常常只是一条或数条简单的断裂面，两盘的岩石紧密接触，没有构造岩带，断层影响带也不明显。

（二）断层蓄水构造的特征

（1）断层蓄水构造的蓄水空间呈带状或脉状。含水带（脉）的宽度或厚度变化很大，从数米至数十米乃至数百米不等，其延伸的长度及延伸的深度取决于断层规模的大小。断层含水带中的地下水属于带状裂隙水，可溶岩地层中的破碎带常常发育成喀斯特带，地下水为裂隙岩溶水。

（2）断层破碎带的透水性和含水性很不均匀。断层具有较强的延伸性，沿其走向可穿越不同岩性的地层，因此造成透水性和含水性的不均匀。所以，在利用断层打井取水时，井位应选在断层的富水部位上。

（3）断层含水带的分布比较局限，其有限的储水空间不能形成较大的储存量。但由于断层切穿不同时代、不同层位的岩层，包括切穿隔水层和含水层，使含水层沟通而得到充分的补给，形成很大的补给量。因此，开采断层地下水时，其开采水量主要来源于补给量。

（4）断层含水带中地下水的补给来源，有的来自很远的地方，也有的来自地下深处。当其补给来源来自较远的地区或来自较深的部位时，地下水位和流量就比较稳定，气候和微地形对它的影响很小。有些断层中的地下水具有承压的性质，甚至自钻孔喷出地表，形成自流水。

（三）断层的水文地质类型

按水文地质特点，断层可以分为以下五种类型。

1. 富水断层

富水断层是指发生在厚层的含水岩层中的张性断层，其特征是断层破碎带的透水性大于两盘岩石的透水性。因为断层破碎带空隙发育，蓄水空间大，能汇集两盘含水层中的地下水，具有充沛的补给来源，所以富含地下水。如发生在石灰岩、白云岩、大理岩及脆性岩石中的张性断层，只要断层破碎带的空隙不被后期物质充填胶结，一般都属于富水断层。富水断层对于供水目的来说是很有利的，但对于矿山建设来说是有害的因素。

2. 导水断层

导水断层是指发生在透水层与不透水层（或强透水层与弱透水层）中的张性断层及张扭性断层，其特征是断层能沟通各含水层之间的水力联系，起着疏导水的作用，即为导水断层。由于它切穿了不同层位的含水层与隔水层，并沟通各含水层之间的水力联系，所以这种断层本身是含水的。如发生在砂岩、页岩夹石灰岩的地层（我国北方的石炭-二叠含煤地层）中的张性及张扭性断层，就常常在各层灰岩之间起着沟通水力联系，疏导地下水的作用。导水断层中的地下水以径流量为主，断层带本身储存的水量有限，开采时水量主要来自断层两盘含水层中地下水的补给。

3. 阻水断层

对地下水起阻隔作用的断层称为阻水断层。按阻水的条件可分为两种类型：

（1）断盘阻水的断层。因断层两盘的相对错动，使断层两盘的含水层与隔水层相接触，由隔水层组成的一盘可以阻挡断层另一盘中的地下水流，形成地下水的阻水幕墙。这种断层的断层带可以是含水的，也可以是不含水的，但是由含水层组成的一盘是相对富水的。

（2）构造岩阻水的断层。透水岩层中的断层，尤其是压性断层，当其构造岩的透水性远小于两盘岩石的透水性时，即形成地下水幕墙。它也能阻挡地下水流，使地下水在某一盘富集。

4. 储水断层

储水断层是指发生在厚层的、不透水岩层或透水性很弱的岩层中的，与附近其他含水层及地表水体无水力联系的断层。这种断层带本身是含水的，但由于与其他水体无水力联系，地下水缺乏补给来源，所以地下水量主要表现为储存量，天然条件下的径流补给及排泄几乎没有。当开采这类断层中的地下水时，往往表现出这样特征：开始出水量很大，但随着开采时间的延长，出水量越来越小，逐渐趋于消失。

5. 无水断层

无水断层是指发生在厚层的、塑性岩石中的压性及压扭性断层，或发生在脆性岩石中，但早已停止活动，且构造岩带被后期物质完全充填胶结的断层。

在上述五种断层中，富水断层、导水断层、阻水断层都可以形成蓄水构造，富水断层、导水断层一般构成断层（带）蓄水构造，阻水断层则通常构成断块蓄水构造。至于储水断层，虽然也是含水的，但因为缺乏补给条件，只能形成储水构造，不能形成良好的蓄水构造。

二、断块蓄水构造

所谓断块是指断裂构造中由于岩层位移而相对上升或下降的地块。当某一个断块为强透水的岩层，而与它相邻的断块为不透水的或弱透水的岩层时，不透水层或弱透水层的断块就起阻水作用，地下水就会在强透水层的断块中储存和富集起来。这种由于断层阻水作用而形成的蓄水构造就称为断块蓄水构造。断块蓄水构造储存地下水的主要场所不是断层破碎带，而是透水断块上的含水层。常见的断块蓄水构造有以下几种类型。

（一）断层阻水式蓄水构造

由于断层两盘相对位移，使不同层位的地层相接触，且不透水层位于地下水流的下游，像堤坝一样起到阻水作用时，地下水流被挡在透水层里富集起来，形成断层阻水式蓄水构造。

【例2-10】 河北省张家口市永丰堡的后山有一条东西走向的逆断层（张家口断层），断层面向南倾斜，上盘为侏罗系张家口组的凝灰角砾岩及集块岩，透水性很弱；下盘为白垩系南天门组的砾岩，裂隙发育，透水性较强，且位于地下水流的上游地势较高的地带。由于上盘的阻水作用而形成水母宫泉，从山前凝灰角砾岩向北开凿一取水的平硐，硐长180m，穿过阻水的上盘而至下盘砾岩中，获得自流水量4000m³/d（图2-18）。

图2-18 河北省张家口市永丰堡后山地质剖面示意图

（二）地堑蓄水构造

在地堑构造中，如果中间陷落的断块为透水岩层，其两侧为不透水层或弱透水岩层时，即构成两侧阻水，中间蓄水的地堑蓄水构造。

【例2-11】 山东省的炒米店地堑就属于此种类型（图2-19）。炒米店地堑两侧山坡上为上寒武统地层，中间谷地为奥陶系。地堑中因为有个因缺水而闻名的村庄——炒米

图 2 - 19　山东省炒米店地堑构造平面图

店。山东省水文地质队在该村附近施工三口钻孔，出水量都在 $1200m^3/d$ 以上。

（三）地垒蓄水构造

在地垒构造中，如果其中间上升的断块是透水岩层，两侧下落的断块是时代较晚的不透水或弱透水岩层时，在适宜的补给条件下，即可形成地垒蓄水构造，其情形与地堑蓄水构造相似。

【例 2 - 12】　山东省莱芜市的团圆坡地垒，位于地垒中间地块的含水岩体为寒武系馒头组地层，其两侧与寒武系张夏组的页岩、石灰岩相接触，为其隔水边界，因而形成一蓄水构造。

（四）阶梯式断块蓄水构造

被阶梯式断层所切割的各个断块，如果中间断块为透水岩层，其两侧的断块为相对不透水或弱透水岩岩层时，即可形成阶梯式断块蓄水构造。

【例 2 - 13】　山东省泰安市满庄第一供水站，井深 216m，单位涌水量 $q=160m^3/h$，位于两条正断层组成的阶梯式断块中，断块北侧与太古代片麻岩接触，南侧与第三系的页岩、泥岩接触，分别构成其隔水边界；中间断块为第三系钙质胶结石灰质砾岩，构成其蓄水空间。由于中间含水岩体受阶梯式断层形成时的扭动作用，裂隙发育，加之含水层又为可溶性岩石，所以形成一富水带。

第八节　接触型蓄水构造

不同地质体之间因某种特殊的接触关系而形成的蓄水构造，称为接触型蓄水构造，它包括侵入岩体蓄水构造、侵入接触带蓄水构造、侵入岩体阻水式蓄水构造、不整合接触蓄水构造等形式。

一、侵入岩体蓄水构造

侵入岩体蓄水构造是指由岩浆岩侵入体与围岩接触而构成富水条件的地质构造，通常有两种原因可以使侵入接触构造具备蓄水条件：

（1）由于侵入接触面裂隙发育，成为含水介质，侵入岩体和围岩中裂隙不发育，构成相对隔水边界，形成侵入接触带蓄水构造。围岩为非可溶性的岩石时形成此类蓄水构造。

（2）围岩为强透水的岩石，侵入岩体为弱透水的岩石，此时侵入岩体起到阻水的作用，因而构成蓄水条件，形成侵入岩体阻水阻水蓄水构造。围岩为可溶性的岩石时形成此类蓄水构造。

但是，并非所有的侵入体与围岩的接触关系都能构成蓄水条件，不具备蓄水条件的侵入接触构造，不能成为蓄水构造。

二、侵入接触带蓄水构造

侵入接触带蓄水构造是指岩浆岩侵入体与围岩之间的接触带裂隙特别发育而形成蓄水构造。接触带中裂隙的形成原因，主要有以下几个方面：

（1）岩浆侵入过程中在围岩中产生的构造裂隙。当岩浆向上侵入时，对周围的岩石产生一个巨大的压力，因而在岩体附近围岩当中产生大量的挤压裂隙，甚至形成小断层。而当岩浆冷凝时，由于岩体的冷缩，使得岩浆岩体作用在围岩中的压力减小，而造成围岩中应力状态的改变，由挤压状态改变为引张状态，故围岩中形成的裂隙具有张裂隙的性质。

（2）侵入岩体边缘部位产生的各种原生节理。岩浆冷凝过程中，由于体积收缩，往往在岩体表面产生各种原生节理，如发生在岩体接触面附近、垂直于层面、呈楔形开口的纵、横节理及平行于岩体表面的层面节理。上述这些节理具有特殊的水文地质意义，往往与围岩中的张裂隙构成条带状的含水层。

（3）后期构造变动形成的构造裂隙密集带。当侵入岩体与围岩的力学性质存在明显的差异时，其接触面是一个软弱结构面。在后期的构造变动过程中，往往沿此结构面造成应力集中，是结构面两侧的岩体产生相对滑动而形成裂隙密集带。

综上所述可知，上述各种成因的裂隙主要分布在接触带附近，且彼此穿插沟通，形成带状分布的蓄水构造。

三、侵入岩体阻水式蓄水构造

花岗岩、闪长岩等深成岩的透水性很差，当其岩体侵入强透水的岩层中，并处于地下水流的下游方向时，能起到很好的阻水作用，将地下水阻挡在强透水层一侧，并形成局部富水区。这样形成的蓄水构造称之为侵入岩体阻水式蓄水构造（图2-20）。

济南地区附近的地形是南高北低，寒武系、奥陶系地层呈单斜状产出，走向北东60°、倾向北西30°。受北西向断裂构造切割抬升的影响，形成千佛山地垒断块。市区北侧有燕山期的岩浆侵入活动，侵入岩像一道地下的幕墙，阻挡了地下水向下游的排泄，构成了侵入岩体阻水式的蓄水构造。在市区较低的位置，地下水涌出地表，形成著名的趵突泉、珍珠泉、五龙潭、黑虎泉等四大泉群。这种形式的蓄水构造，由于受侵入作用及变质作用的影响，靠近侵入岩体的接触带，岩石的裂隙或岩溶通常比较发育，往往构成蓄水构造的富水区。而远离阻水岩体的地带，由于侵入作用及变质作用的减弱乃至消失，裂隙、岩溶的发育程度呈递减的趋势；同时由于地形变高等原因，地下水埋藏深度逐渐增大，富水性逐渐减弱，构成该蓄水构造的补给区和径流区。济南的泉群，就是这样一个大型的侵入岩体阻水和接触带富水的蓄水构造。

四、不整合接触蓄水构造

新老地层之间的不整合接触包括：角度不整合接触与平行不整合接触两种类型，它们

图 2-20　山东省济南附近水文地质剖面图

孔深/m	100.4	99.3	160.8	200.0	302.1
水位埋深/m	15.15	5.43	1.69		1.07
抽水降深/m	10.15	0.33	0.60	1.72	15.44
出水量/（L/s）	0.09	12.61	20.60	7.58	1.09

都是地质历史上大的沉积间断，不整合面就是古代的侵蚀面。当不整合接触具备以下条件时，即可形成蓄水构造：

（1）不整合接触的新老地层具有完全不同的透水性时，则透水层构成含水介质，不透水层构成隔水层。

（2）构成隔水边界的不整合接触面，其产状和形态对地下水的储存具有重大意义，产状直立的构成隔水的幕墙，形态如盆地的构成汇水盆地。

对于蓄水构造而言，最具有意义的不整合接触是指第四系地层或第三系地层与前基岩之间的接触，以及寒武系地层与太古界、石炭系或第三系地层与奥陶系地层之间的不整合接触。

第九节　岩脉蓄水构造

岩脉俗称"石龙"或"石筋"，在水文地质方面具有极其重要的意义。它是基岩地区（特别是变质岩和岩浆岩地区）寻找地下水的重要标志之一。

一、裂隙的成因及蓄水构造的特征

岩脉蓄水构造是以岩脉与围岩的接触带之间的裂隙作为蓄水空间，其裂隙通常是由以下几个原因形成的：

（1）岩脉在冷凝成岩的过程中形成的成岩裂隙。岩脉在冷凝成岩过程中，受体积收缩作用的影响，在岩体的表面产生平行和垂直于接触面的引张力，故形成平行于和垂直于接触面的张裂隙。由于这种引张作用是随着与接触面距离的增大而逐渐减弱的，故裂隙的发育程度是随着与接触面距离的增大而减弱的，逐渐过渡为完整的侵入岩，构成岩脉蓄水构造的隔水边界。

（2）岩脉侵入过程中在围岩中产生的挤压裂隙。岩浆侵入过程中，对附近的围岩产生挤压作用，使围岩的接触带产生密集的裂隙。裂隙的发育程度是随着与接触面距离的增大而减弱的，逐渐过渡为完整的基岩，构成岩脉蓄水构造的隔水边界。

（3）后期构造变动产生的新的构造裂隙。岩脉与围岩的接触带往往是一个软弱的结构面，在后期构造变动时，沿该结构面容易造成应力集中，导致在接触面附近产生新的张性或张扭性裂隙，尤其当接触面两侧都是脆性岩石时，这种裂隙往往很发育。

（4）岩层中原有的构造裂隙。多数情况下，岩脉是沿着地壳中已有的构造裂隙侵入的，所以在岩脉两侧围岩的某些部位不免保留下来一些原有的构造裂隙。

综上所述，构成岩脉蓄水构造的各种裂隙，主要是分布在接触带附近，且随着与接触带距离的增大，而过渡为完整的基岩。所以说，岩脉蓄水构造是以岩脉与围岩中的裂隙为蓄水空间，呈带状分布的蓄水构造。

二、岩脉蓄水构造的分类

按水文地质条件，岩脉大体上可分为导水岩脉和阻水岩脉（相对不导水的）两种类型。导水岩脉系指岩脉侵入弱透水层中或不透水层中以及走向平行于地下水流向的岩脉所构成的蓄水构造。阻水岩脉系指岩脉侵入强透水层以及走向垂直于地下水流向的岩脉所构成的蓄水构造。

1. 导水岩脉蓄水构造

当岩脉侵入弱透水层中时，由于岩脉两侧接触带的裂隙比较发育，其透水性要比周围岩石的透水性大得多，所以岩脉能够汇集弱透水层中的地下水，起汇水的作用，形成阻水式岩脉蓄水构造。它是变质岩及岩浆岩分布区最常见的一种蓄水构造形式。

我国各地关于导水岩脉的实例很多。如福建省漳州北郊，为一燕山期花岗闪长岩的风化剥蚀丘陵，该地区有一组走向呈 NE20°～30°，彼此近于平行的石英正长斑岩岩脉，宽度 20～30m 不等。岩脉生成以后遭受强烈的构造变动，被数条北西向的张扭性断层错断。由于岩脉及围岩都属于脆性岩石，所以接触带附近的裂隙比较发育，充填物也较少，有利于地下水的富集。经勘探，单孔涌水量一般 $100～200m^3/d$，最大可达 $420m^3/d$。

【例 2-14】 山东省五莲县街头镇大洼村地处五莲山余脉，基岩为胶南群花岗片麻岩，地下水极度贫乏，加上该村采石场乱采现象严重，严重破坏了地下水补给、运动、排泄条件，水质受到污染，全村吃水异常困难。通过现场踏勘、地质分析，在该村村北发现一北西向花岗岩脉，岩脉近似于直立，宽约 3m，延伸较远，围岩为胶南群变质岩，在岩脉内定一井位，井深158m，出水量 $50m^3/d$，基本解决了该村群众饮水问题。

2. 阻水式岩脉蓄水构造

当岩脉侵入强透水层中，由于岩脉的透水性要比围岩的透水性小得多，所以岩脉起阻水的作用，在岩脉的上游迎水面一侧，把地下水阻挡在强透水层中使地下水富集起来，形成阻水式岩脉蓄水构造。

比较典型的阻水式岩脉蓄水构造多数形成在碳酸盐类岩石分布区。这是因为碳酸盐类岩石的透水性较强，而岩脉的透水性相对较弱，阻水作用较强所致，所以有利于地下水的富集。

图 2-21　延庆区水口子泉阻水式岩脉蓄水构造

【例 2-15】　北京市延庆区水口子泉，就是由近南北走向，宽度十余米的辉绿岩岩墙的阻水作用所形成的。由于岩墙的阻水作用，使得地下水在岩墙东侧的矽质白云质灰岩中汇集并溢出地表形成水口子泉，流量达 2500m³/d（图 2-21）。

应当指出的是，并非所有的岩脉都可以形成蓄水构造，如果导水的岩脉侵入和它透水性相同的地层中或不导水的岩脉侵入于不透水的地层中，一般不易形成蓄水条件，所以也就不会构成蓄水构造。

第十节　粗粒岩石蓄水构造

变质岩矿物是结晶体或变晶体，一般呈现晶质或隐晶质，晶体大小取决于原生岩石结构与变质时的环境。有的原生岩石颗粒比较细，变质后变为粗粒，如石灰岩重结晶后变成粗粒大理岩；高铝或铁质黏土岩石变成粗粒片麻岩；闪长岩变成中粒黑云母斜长片麻岩；长石砂岩变成长石石英片麻岩，这些粗粒变质岩一般颗粒直径约 1～4mm，变斑晶体大者可达 10mm 左右，如伟晶岩（伟大晶体）、钾长石云母片岩中的刚玉斑晶、似斑状花岗片麻岩、中斑晶花岗岩等。由粗粒岩石组成的含水层，机井出水量都很大。

【例 2-16】　山东日照市某地机井布井于粗粒片麻岩中，风化碎屑粗粒透水性良好，井深 34m，出水量 30m³/h。有的中粒岩石虽然颗粒稍细，但与细粒或隐晶质岩石接触时，相对较粗，接触带呈粗细相交，也会给风化裂隙发育提供条件，储存风化裂隙水。

第三章 水 文 地 质 找 水

　　水文地质找水就是通过对地形地貌、气候水文、地层、岩性、地质构造等因素进行综合分析，确定含水层和含水构造，确定井位并指导打井施工。水文地质分析所涉及的内容多，难度大，它既要研究水体本身的含水条件，又要考虑周围的环境因素，既要研究拟定井位的地质条件，也要充分利用原有的成井资料，加以分析论证。在基岩裸露地区，找水以水文地质分析为主，配合物探手段；在隐伏覆盖地区，以物探为主，再配合地质分析。但无论采用何种方法和手段找水，都应以水文地质条件为主，从当地的地貌、地形、气候条件、岩性、地质构造、排泄等条件出发，分析有利条件和不利因素，把井选在最佳位置。本章主要介绍水文地质找水方法、手段，并介绍变质岩、石灰岩、第四系松散土层等不同岩性水文地质找水经验和体会。

第一节　水文地质找水方法

　　地下水埋藏于地下岩土的裂隙和孔隙中，寻找地下水，就是要了解透水和存水的含水层，了解其出露范围，分布状况，岩层性质、厚度、产状、裂隙发育程度，研究地下水的补给条件和排泄条件。在寻找过程中，要分析控制地下水的储存和动态因素，如岩性、构造、地貌、气候、水文等，充分收集附近现有的泉、人工井、钻孔、河流等水文地质资料，结合该地区的地质地埋条件，进行综合分析，辨别地下水类型，分析气候条件、地形地貌、地层结构、地质构造、地下水动力条件，寻找含水层、含水构造，指导打井施工。

一、地层含水层

　　地层的含水层，主要受岩石的化学性质、岩石的结构、岩石的构造、岩石的力学性质、岩层的厚度与层序等因素控制，有的地层呈透水、导水性，有的地层起隔水阻水作用，必须对这些因素加以分析。

（一）岩石的化学成分

　　岩石可分为碳酸盐岩石和非碳酸盐岩石两大类。碳酸盐类岩石主要包括石灰岩、白云岩、大理岩、石膏等。碳酸盐类岩石是易溶于水的岩石，比非碳酸盐类岩石含水条件好、蓄水性好。在碳酸盐类岩石中，质纯石灰岩比其他岩石，如薄层泥灰岩、白云质灰岩等易溶于水，富水性好；硅质灰岩、铁质灰岩、薄层泥灰岩等透水性弱，岩溶性最差。当易溶岩石与难溶岩石或非溶岩石接触时，较易溶岩石的岩溶十分发育，构成富水带。

　　在其他条件相同时，岩石的化学成分与岩石的富水性具有上述规律，如果其他条件不同，岩石的化学成分则起次要作用，而岩石的结构、构造、地质构造往往起主要作用。

　　【例3-1】　山东省淄博市的南庄机井，地处中奥陶统马家沟组第五段白云质泥灰岩组成的断层带上，孔深215m，水位埋深69m，出水量30m³/h，而附近的马家沟第四段纯石灰岩中的机井出水量则很少。

（二）岩石的结构

1. 岩浆岩

岩浆岩的结构是指组成岩浆岩的矿物结晶程度、颗粒大小、形状及空间结合方式，等粒结构、不等粒结构（斑状结构）、隐晶质结构、玻璃质结构。岩石的结构对地下水的赋存影响很大。对于变质岩、岩浆岩，不等粒、粗粒结构的岩石，物理风化强烈，岩石颗粒间空隙大、含水多；中细粒、等粒结构的岩石，风化差，颗粒空隙少，含水性差；隐晶质结构、玻璃质结构的岩石，矿物颗粒非常细小，抗风化能力强，含水性最差。

2. 沉积岩

沉积岩的结构是指沉积岩颗粒的性质、大小、形状及相互关系。常见的沉积岩结构有碎屑结构、泥质结构、化学结晶结构、生物结构。

碎屑结构按碎屑粒经大小分为砾状结构（粒径大于 2mm）；砂状结构（粒径 0.05～2mm）；粉砂状结构（粒径 0.005～0.05mm）。常见的胶结物有硅质、铁质、钙质、泥质、石膏质。具有砾状结构的岩石，如砾岩等，风化后颗粒粗，孔隙多，含水性较好；具有粉砂状结构的岩石，如细砂岩，风化后颗粒细，孔隙小，含水性最差；钙质、石膏质胶结的岩石，由于胶结物易被水溶解，岩溶发育，含水性好，往往是较好的含水层，如山东省第三系官庄组钙质砾岩，分布在山东省各断裂带附近，岩溶发育，机井出水量很大。

【例 3－2】 山东省蒙阴县白杨庄的钙质胶结砾岩，井深 130m，水位埋深 8m，出水量 75m³/h；硅质、铁质胶结、泥质胶结的岩石，抗风化能力强，岩石风化层薄，含水性差。

具有泥质结构的岩石，如页岩、泥岩，尽管抗风化能力差，但风化产物为黏土，含水性最差，是各地严重贫水区；具有化学结晶结构的岩石，如石灰岩、白云岩、石膏等，易于被水溶解，是最好的含水层；具有生物结构的岩石，由于生物碎屑易被水溶解，往往含水性较好。

3. 变质岩

变质岩的结构按成因可分为变晶结构、变余结构和碎裂结构。具有变晶结构的岩石如大理岩、石英岩，等粒变晶结构抗风化能力较强，而不等粒变晶结构或斑状变晶结构，则有利于进行风化，含水性好；碎裂结构的岩石，裂隙发育，含水性好；变余结构的岩石，由于保留部分原岩的结构，含水性往往较差。

4. 第四系土层

对于松散沉积岩，单粒等粒结构，如砾砂粗砂层，孔隙大，透水性好，出水量很大；如为絮状或蜂窝结构的黏土、淤泥质土，土中的水多为结合水，岩土的给水性差，出水量很小。

（三）岩石的构造

岩石的构造是指岩石在形成过程中形成的各种构造，如岩浆岩的原生节理、黏土岩的龟裂隙、沉积岩的层理、接触裂隙等，这些构造往往是构成裂隙的基础，地下水沿各种原生构造裂隙渗透、迁移、蓄积，最后形成含水层或富水带。

1. 岩浆岩

岩石的构造指岩石中不同矿物颗粒集合体或矿物集合体与其他部分之间的分布与排列、充填方式所表现的特征。岩石的构造主要有块状构造、流纹状构造、气孔状构造、杏仁状构造。块状构造比带状构造、斑状构造易含水；气孔状构造含水性最好，如玄武岩的气孔状构造，岩石中分布有大小不等，圆形或椭圆形的气孔，富含孔隙水。

【例 3-3】 山东省昌乐县北部的气孔状玄武岩，隐伏于第四系覆盖层下，玄武岩顶部气孔发育，底部与砾岩接触，受玄武岩的烘烤作用，底部砾岩裂隙发育，含水丰富。玄武岩埋深一般在 30m 左右，厚 40～80m，井深 90～130m，单井出水量 20m³/h，共施工 750 眼深井，使昌乐城北玄武岩地区成为井管区。杏仁状构造由于次生矿物充填于原生矿物中的空隙中，含水性较差。

2. 沉积岩

沉积岩的构造分为层理构造、层面构造、不整合接触面、结核构造。

（1）层理构造。层理可分为水平层理、斜层理和交错层理三种类型。水平层理由于层理相互平行，易于地下水运动、排泄，在层面上往往含水性好。如馒头组的 2 层灰岩与 1 层页岩交界面，由于 1 层页岩的隔水作用，地下水丰富，是馒头组最好的含水层。

（2）层面构造。层面构造使沉积岩的层面上常保留有形成时外力（风、流水等）作用的痕迹，如波痕、雨痕、泥裂等。这些黏土岩裂隙在平面上呈网状、放射状或不规则分布，总体似龟状，又叫龟裂纹，在剖面上呈 V 形。龟裂的黏土层构成黏土含水层，如山东省的巨野、成武、高清、邹平、临清等地，以及河北省的平原地区都有开采黏土层裂隙水的成功经验。

【例 3-4】 山东省的巨野县黏土含水层，埋深一般 6m 左右，可分 2～4 层水，含水层厚度可达 13～22m，一般井深 10～30m，单井出水量 12～50m³/h。

（3）不整合接触面。不整合接触裂隙，是由于地层沉积间断，使上、下两层岩石呈不整合接触，而在不整合面上产生的裂隙。这种裂隙与下伏基岩的风化壳裂隙组合成为含水层。有的不整合接触面上沉积有底砾岩，如北京西山二叠系地层的底砾岩，含有丰富的裂隙水。一般的不整合面上岩层风化壳较厚，有时可达几十米甚至上百米厚，尤其是在热带、亚热带气候下，由石灰岩组成巨厚古风化壳含水量特别丰富，如图 3-1 所示。

当上覆岩层为透水层，地下水以垂直渗透补给为主，含水层即在不整合面附近。如山东省的下寒武统灰岩与泰山群变质岩在不整合面附近，一般都能成井，出水量很大。山东省蒙阴、泰安、平邑、章丘等地都有实例。当上覆岩层为不透水层或弱透水层，水源以侧向补给为主，含水层在不整合面的下部。如石炭二叠系砂页岩煤系地层与中奥陶统灰岩呈不整合接触，含水层在不整合面的下部，钻孔必须穿透不整合面以下 50 多米才能揭透承压含水层。山东省淄博市良庄果

图 3-1　完满山区北庄村花岗岩古风化裂隙储水示意图

园机井，井深 267m，水位埋深 47m，出水量 50m³/h。

第四系覆盖层与下伏基岩之间的不整合面，分布广泛，由于基岩风化壳形成年代新，风化裂隙发育，一般富水。覆盖层越厚，覆盖层渗透性越大，地下水往往越丰富。如覆盖层为透水性很大的砂砾石时，出水量更丰富，往往形成较好的水源地。在山丘区找水中，这种井较常见。

【例 3-5】 山东省日照市九龙湾风景区，半山腰有一沟谷，一侧为辉绿岩，一侧为花岗片麻岩，在片麻岩上部分布有厚度越 10m 的黏土层，在黏土层打一深井，井深 70m，出水量 2m³/h。解决了景区的饮水困难。老百姓俗称"黄泥头下藏水源"就是这种道理。

不整合面接触面在我国分布广泛，在华南有下二叠统砂岩与中泥盆统灰岩呈不整合接触、下泥盆统砂岩与上奥陶统灰岩呈不整合接触等，这些都有可能富含风化裂隙水或岩溶水。

（4）结核构造。在沉积岩中，含有一些在成分上与围岩有明显差别的物质团块，称为结核。由某些物质集中凝聚而成，外形常呈球形、扁豆状及不规则形状，如石灰岩中的燧石结核、黏土中的石膏结核等。

3. 变质岩

变质岩的构造主要包括片麻状构造、片状构造、千枚状构造、板状构造、块状构造。一般来讲片麻状构造由于其矿物颗粒比较粗大，易于风化，含水性较好，如花岗片麻岩；片状构造、千枚状构造、板状构造，富含片状矿物和针状矿物，尽管容易风化，但风化后成为黏土类松散物，含水性差；块状构造如大理岩、石英岩，矿物排列无一定方向，结构均一，风化后颗粒粗，含水性好。

4. 第四系土层

土的构造是指同一土层中，土颗粒之间相互关系的特征。常见土的构造包括层状构造、分散构造、结核状构造和裂隙状构造。一般来讲分散构造、裂隙状构造含水性好，结核状构造含水性差。如砾石夹有黏土或黏土中夹有砾石，则含水性最差，有时还不如纯黏土含水性好，因为纯黏土容易发育裂隙，常常含有裂隙水。

（四）岩石的分类

按照岩石的力学性质，岩石可分为刚性岩石、脆性岩石、柔性岩石。力学性质不同的岩石，同一地应力的作用下，岩石的破碎程度相差很大，因而富水性相差很大。

1. 刚性岩石

刚性岩石坚硬，受力后不易破裂，抗拉强度大，抗风化能力强，如侵入岩、致密坚硬的火山岩、硬砂岩、混合花岗岩等都属于刚性岩石。这类岩石裂隙少，含水性差。

2. 脆性岩石

脆性岩石坚硬易脆，受力后易破碎裂开，抗压强度低，易风化，如石英砂岩、气孔状玄武岩、花岗岩、粗粒片麻岩、大理岩、石灰岩等都属于脆性岩石。这类岩石裂隙发育，含水性好，富水性强。

3. 柔性岩石

柔性岩石质地较软，受力后易产生塑性变形不易裂开，风化较快，裂隙不发育，如页岩、泥灰岩、泥岩、凝灰岩、片岩、千枚岩、细粒片麻岩等都属于柔性岩石。这类岩石不易破裂，易产生塑性变形，裂隙闭合，含水性差。

在野外地质找水中，要根据岩石的相对软硬相对关系寻找含水层，即"软中找硬""塑中找脆""刚中找柔"，充分利用相对岩性的接触带或其夹层，开采裂隙水或岩溶水。

（五）岩层厚度

岩层厚度分为极薄层、薄层、中层、中厚层、厚层和巨厚层。在岩性相同条件下，不同厚度的岩层透水性、富水性差异显著。一般来讲，厚层灰岩岩溶发育，透水性强，在雨量充沛地带，构造条件较好地段，含水丰富。但是厚层灰岩抗拉能力强，受力后不易裂开。中厚层、厚层灰岩抗拉能力弱，易破碎，裂隙发育，相对含水性反而较好。当岩性相同的厚岩层与薄岩层互层时，薄岩层易破碎，裂隙密集，含水性好；厚岩层坚硬完整，裂隙少，含水性差。

在北方的气候条件下，厚层、中厚层的下奥陶统白云质灰岩、中寒武统厚层灰岩、上寒武统厚层灰岩、中奥陶统厚层灰岩，在没有构造的地区，裂隙小，岩溶不发育；在南方高温多雨地区，厚层灰岩往往发育成规模较大、埋藏很深的溶洞和暗河。

岩层厚度对于裂隙水、岩溶水的开发影响很大，在野外找水时，多采用"厚中找薄""薄中找厚""单层中找互层""互层中找单层""厚层中找覆盖层"的辩证方法来寻找含水丰富的含水层。如白垩系的红层粉砂岩、黏土岩中常夹有泥灰岩或玄武岩，泥灰岩的厚度一般从几十厘米到1m不等，泥灰岩在红层中构成了相对含水层，只要泥灰岩单层厚度达到 $0.8 \sim 1m$，或薄层成组出现时，都有可能成井。

【例 3 - 6】 山东省莱西市西李庄机井，井深 120m，出水量 $54m^3/h$，如果泥灰岩夹层单层厚度变小，则无水。

二、地质构造

一个富水区或富水段的形成，是多种条件综合作用的结果，它既要有良好的储水空间，又要有致密的隔水边界，还要有充沛的水源补给。其中储水空间和隔水边界主要受岩性和构造控制，岩性与地质构造是不可分割的对立统一体，岩性是基础，地质构造是主导因素，二者共同控制地下水赋存。由岩性构成的含水层和由地质构造构成的含水构造共同作用，往往会构成一个好的富水构造，两者缺一不可。如石灰岩是较好的含水层，当无地质构造时，往往含水性差，有时候也能打成干孔；一条断裂带穿过不同的地层时，由于不同地段的岩性不同，各段断裂带性质也不相同，穿过石灰岩时，断裂带破碎，空隙较多，含水性好，构成富水地带；穿过页岩区或泥岩区，破碎带变窄，空隙减少，变成阻水断层，富水性差。如山东章丘文祖断裂带，在南段通过脆性石灰岩，表现为导水性质，两侧水力联系强烈，形成富水段。北段东侧为石灰岩，西侧为砂页岩、煤系地层，该段就变成阻水断层，两侧水位相差 30m。

（一）地质构造

地壳自形成以来，每时每刻都在运动、发展和变化，如山脉隆起、地壳下沉、火山喷发、地震、岩石倾斜、弯曲、破裂等，这些变动称为地壳运动（或构造运动）。地壳运动的结果，导致地壳岩石产生变形和变位，并形成各种地质构造，所以地质构造就是指组成地壳的岩层因受构造应力作用产生变形或变位而留下的形迹。

地质构造有 5 种基本类型：水平构造、倾斜构造、直立构造、褶皱构造和断裂构造。地质构造不仅改变了岩层的原始产状，破坏了岩层的连续性和完整性，而且是地下水赋存、运动的主要空间。基岩裂隙水、岩溶裂隙水，主要赋存于地质构造中。

（二）含水构造

含水地质构造（简称含水构造），是指构造形态中的空隙、裂隙、溶隙等各种空间充满水的地质构造，不能充水的地质构造称为非含水构造。在基岩地区寻找地下水，关键在于寻找地质构造，更确切地说寻找含水地质构造。由于地层和岩性形成的含水层，在局部地区比较稳定，规律性也较明显，比较容易寻找和借鉴，而地质构造呈带状或线状分布，复杂多样，且大部分处于隐伏状态，不易发现，难以辨认。

水文地质分析找水，就是分析地质构造的富水性，寻找含水地质构造。只有透水、导水构造，而无阻水、隔水构造，地下水不能聚集，达不到开采要求；反之，只有阻水、隔水构造，而无透水、导水构造，则水源不能及时补充，水源缺乏，失去开采价值。

在实际工作中，不能笼统地讲，断层一定是含水构造或者是非含水构造，要根据具体情况，分析含水构造和非含水构造、导水断层与阻水断层的形态特征及它们之间组合关系。不同的组合，其富水性相差很大。

1. 连通含水层

含水构造或者非含水构造，有可能使原来无水力联系的两个含水层发生水力联系，有的可以扩大含水层的范围，增加出水量；有的则减少出水量，在野外地质分析时一定高度重视。

（1）增大出水量。当张性断层、张扭性断层切割多层含水层，促使不同水文地质单元之间的水力联系时，可以增加出水量。如山东省淄博市双山、北大井两个煤矿，因张性断层切割了中石炭统砂页岩与煤系隔水层，使下伏中奥陶统灰岩岩溶水沿断裂上升进入矿井，从而造成矿井充水事故；地堑、向斜两翼或一翼为导水断层切割，向斜轴部接受两翼山地汇聚的水流，构成丰富的地下水。山东省东平汇河地堑向斜含水构造的两翼被导水断层切割，地下水从两翼向向斜中心汇聚，补给量大，不仅向斜轴部含水丰富，两侧断裂带附近也富水，使整个向斜轴部和两翼地下水非常丰富，轴部井深 80~100m，出水量大于 180m³/h；两翼出水量大于 100m³/h；地垒背斜则相反，当背斜两翼被阻水断层切割时，由于背斜两翼中的地下水不分散，使背斜轴部富水性增大。如山西省广胜泉、洪山泉，沿背斜两翼两条阻水断层内侧上涌，表明断层阻挡背斜水流作用明显。

（2）减少出水量。地堑、向斜两翼或一翼为阻水断层切割，两翼汇入向斜中心的地下水减少，使向斜轴部的富水性变差。

【例 3-7】 山东省历城侯家庄机井位于向斜含水构造内，因两翼的阻水断裂使寒武系灰岩水不能通过断裂进入向斜轴部，向斜轴部含水量减少，机井 230m，水位埋深 92m，出水量 15~35m³/h；当背斜两翼被导水断层切割时，水流沿两翼散射，背斜轴部含水性变差。如贵州省德江背斜，两翼有 3 条较长的纵向正断层与较多的横向正断层切割，形成较多的谷底和洼地，分散背斜水流，使得背斜轴部含水性变弱。

2. 分割含水层

当张性断层被阻水岩脉充填或压性断层因挤压强烈阻水时，使统一的含水层分割成两个含水层。或者挤压断裂将原来的导水构造堵截后，也会使导水构造之间的水力联系中断。

【例 3 - 8】 济南千佛山张性断裂，充填了 5～8m 宽的闪长岩脉，阻隔了两侧灰岩的水力联系，使太平庄机井出水量按补给面积计算减少一半。

【例 3 - 9】 山东省禹王山压扭性断裂带，由 3～4 条地层组成，分割成几条含水断块，各含水断块之间缺少水力联系。如山东省淄博市小峪口和大峪口两眼井分别处在两个断块内，小峪口机井，井深 244.5m，水位埋深 115m，出水量 31m³/h；大峪口机井，井深 241m，水位埋深 98m，出水量 6～10m³/h。

当张性断裂带中充填含水岩脉时，则增加补给量，这种断裂成为机井的最佳位置。

【例 3 - 10】 山东省莱西高家庄一带，白垩系红层中的断裂带被玄武岩岩脉充填，双山、夏格庄、李权庄一带，地层中充填的重晶石脉宽 0.5～1.5m，充填长度 300～600m，重晶石裂隙发育，双山机井井深 110m，出水量达 20m³/h。

上述表明含水构造与非含水构造是相互作用的，水文地质分析不仅要重视含水构造，更要重视非含水构造的影响，分析非含水构造对含水构造的影响，以便做到全面分析，综合利用。

三、水动力条件

水动力条件是指地下水的赋存、渗透、径流、汇聚和循环条件，这些条件主要表现在水的类型（孔隙水、裂隙水、岩溶水）、水位高低、边界条件、水动力特征（流向、流速、流量）等方面。对于这些条件进行分析有助于判断、评价岩层和构造的富水程度和开采价值。如果只发现含水层或含水构造，而对水动力条件了解不足，就无法估计含水量和水位埋深，也很难确定机井深度。

1. 渗透条件

水流渗透性大小，主要取决于降水量、地形坡度、岩石的类型、地质构造和流水侵蚀方式。在局部地区降雨量变化不大，水流渗透强弱与地形、岩性、构造、侵蚀作用有关。当地形坡度缓、岩性透水性强、构造裂隙发育，水流侵蚀能力强时，雨水或地表水渗透速度快，流量大，径流循环强烈；反之，地形坡度陡、岩石透水性弱，构造裂隙不发育，水流沉积严重时，则渗透速度缓，流量小，径流循环减弱。其中决定性的因素是裂隙的通透程度，如果裂隙发育、开阔、接受渗透能力强，促使流速加快并不断扩大侵蚀空间，容纳更多的渗透水量。

2. 地下水径流

地下水径流主要与岩性、岩层产状、构造条件、地形条件有关。在岩溶地区，一般认为背斜、向斜的轴部和张性断裂带，地下径流循环强烈，构成富水带；背斜和向斜的翼部、单斜构造区、压性断裂带或断裂低序次构造部位，地下径流循环弱，富水性差。

岩层产状与地下水径流关系极大，在单斜地层区（包括背斜、向斜的两翼）多数地下水径流沿着岩层的倾向流动，到下游如果受到横向断裂或岩脉阻挡形成富水区。少数地下

径流有可能在地形的作用下逆岩层倾向流动，从单斜山的陡坡脚下排出形成泉水。这表明单斜山脊存在地表与地下分水岭，因此在单斜山的陡坡，同样可以获得地下水开采量。但当单斜山的陡坡山麓高于缓坡山麓时，由于两坡水位标高不一致，使陡坡地下径流可能通过地下水灰岩溶蚀系统向缓坡运动，导致地表与地下水两个分水岭不相重合，这时陡坡地下水径流量会减少，缓坡径流量会增加。如山东省淄博向斜西翼，在岳阳山分水岭西坡的淄河谷地，地势高出淄博向斜轴部的博山 110m，地下径流通过地表分水岭下的地下岩溶形态，补给博山区的地下水，使博山区的孝妇河与淄河两个流域发生水力联系，孝妇河流域水量增多，水源丰富，沿途机井出水量大，向斜轴部煤矿屡次发生充水事故，如洪山煤矿一次冲水量竟达 $26580m^3/h$，这种巨大的水量远非当地提供，而是跨流域补给所致。

3. 地下水循环

地下水在岩石裂隙中，尤其是岩溶裂隙，进行着循环带状渗透运动，一般分为垂直循环带、水平循环带、过渡带、深度循环带（图 3-2）。

图 3-2　地下水的垂直分带
Ⅰ—垂直循环带；Ⅱ—过渡循环带；
Ⅲ—水平循环带；Ⅳ—深部循环带

（1）垂直循环带（包气带）。位于地表以下，地下水位以上，平时一般无水或不为水饱和，故又称包气带。在降水后，水以垂直下渗为主，因而岩溶发育也主要以垂直形态为主，如漏斗、落水洞等。垂直循环带的厚度主要取决于地貌条件，地壳上升越剧烈，河谷下切越深，垂直循环带厚度越大；地壳相对稳定的平原区，河谷切割深度浅，垂直循环带的厚度较小。如广西山区的垂直循环带可达 100m 以上，而在平原地区一般在 10m 以下。

（2）水平循环带（饱水带）。位于潜水面以下，为主要排水通道控制的饱和水层。该带水流主要沿水平向运动，是地下岩溶形态主要发育地带，多发育水平型喀斯特，如地下河、水平溶洞等。水平循环带的厚度随着潜水面在不同季节的升降而变化，其厚度从补给区向排泄区逐渐加大。

水平循环带含水多，水量稳定，水位升降幅度小，为饱和含水层，大部分机井都采自该带，其埋藏深度，各地不一，一般不超过 200m。200m 左右的深度是水平循环带的下限，它受到地方侵蚀基准面的控制。如河谷的谷底，山前泉水的排泄口，阻水岩层或断裂等，都能暂时控制水平循环带的下蚀作用，如济南泉群、明水泉群、泗水泉林泉群等，都代表着水平循环带的水平排泄口。其中济南泉群，排泄点水位 27.5m，它控制着南部补给区的水位。

弱透水或阻水岩层，控制水平循环带的下蚀作用也比较普遍。如前震旦纪变质岩的埋藏深度，控制着华北地区整体沉积盖层中水平循环带的下限。寒武系和奥陶系石灰岩含水层，其循环下限是以下伏变质岩为主的，尤其是下寒武统馒头组灰岩，在泰山以南，灰岩

厚度增大，其下伏变质岩阻水明显，使该层灰岩含水丰富，成井率很高，同时接触带上涌出泉水，如山东历城大佛寺泉、淤泥泉。济南长清县灵岩寺内，在馒头组二段灰岩含水层遇到下伏泰山群变质岩阻挡，形成一系列泉水称为"五步三泉"。中寒武统徐庄组砂页岩，控制张夏组灰岩中水的下蚀也很明显，一般机井打到徐庄页岩应停钻，如果无水在增加井深也无济于事。

在水平循环带中，由于灰岩岩性的差异，使各含水层之间水力联系较弱，往往出现一种跌水现象。如济南石河岭与十里河机井地形差别不大，同取中奥陶灰岩水，它们之间的水力坡度为1.2%；而土屋机井取下奥陶白云质灰岩水与东八里洼机井取中奥陶灰岩水，两者的水力坡度达16.9%。因此在找水定井中，应注意不同含水层的水位高度，把井尽量选在含水层内侧，避开两个含水层的接触带。如果含水层的上游，存在弱含水层或阻水构造时，更应远离接触带，不管接触带的性质是断层接触、不整合接触，还是侵入接触，都应避开隔水带，否则会失败。

（3）过渡循环带。位于上述两带之间，潜水面随季节变化。雨季潜水面上升，此带变为饱水带，地下水向河谷流动，为水平循环带；旱季地下水位下降，此带为垂直循环带，成为包气带。过渡循环带内，既发育有水平岩溶形态，又发育垂直岩溶形态，其厚度取决于地下水位的升降幅度。

（4）深部循环带。位于水平循环带以下，此带内地下水运动不受河谷影响，其运动速度明显减少，因此溶蚀能力较弱。

深部循环带含水性差，埋藏深，有时也可能有承压水，一般分布在向斜轴部，或埋藏很深的单斜含水层，其上覆巨厚的隔水层地区。这种水运动缓慢，无明显的排泄点，当机井穿透上覆隔水层后，往往可以自流。

径流循环深度受到岩性、构造的透水性、补给量的大小、地势的高低等因素影响。一般来讲，向斜盆地较背斜径流深度大，如山东省淄博向斜盆地轴部，井深650m，自流水流量17m^3/h。风化强烈的岩石比难风化的岩石径流深度大，深大断裂带径流深度可达几百米甚至几千米。如山东省昌乐伦家埠机井位于郯庐断裂带上，孔深543m，出水量25m^3/h。

径流埋藏深度是地下水开发最深限度，也是成井深度的下限。根据山东省经验，一般的径流深度，风化裂隙为20～100m，构造裂隙为50～200m，深大断裂带为500～800m，弱透水岩层为20～100m，强透水岩层为100～250m。

四、气候与地形、地貌

1. 气候

气候条件是水资源开发主要评价条件，降水量越大，下渗量大，水流交替条件好，地下水越丰富。如山东的鲁南与江苏的苏北相邻，由于地形、高度、维度的差异，降雨量与蒸发量相差很大，山东南部年降雨量700～800mm，江苏北部年降雨量1000mm，两地降雨量的差别，影响着地下水的蓄积量及地下水开采状况。江苏东海县地势低，为滨海平原，机井密度大，单井出水量均大于50m^3/h；鲁南临沭、郯城一带，机井很少，出水量也不大，这说明气候条件是影响地下水的主要因素。

在石灰岩地区，降雨量越大，越有利于溶蚀作用，岩溶越发育。在气候湿润区，植被茂盛，形成大量有机酸，加之土壤中微生物和有机质的分解，为入渗水流提供了大量的CO_2，使水流经常保持很强的溶蚀性；在内陆和高山、高纬度地区，由于气候干燥寒冷，不利用岩溶发育。据统计，广西中部年溶蚀量为 0.12～0.3mm，而河北地区的年溶蚀量为 0.02～0.03mm，两者相差 6～10 倍，再次说明气候是影响我国南北方岩溶地貌发育不同的主要原因。

2. 地形、地貌

地形条件影响着地下水的渗透、汇聚、区域水位的高低及含水程度。山区丘陵区，地势高，坡度陡，为地下水的外流辐散区，渗透性差，水位埋深大，在局部低洼地带或沟谷地带，可汇聚一定地下水；平原盆地区，地势低，坡度缓，为地下水的汇聚区或排泄区，地下水位埋深浅，含水丰富，往往成为大型水源地。

在石灰岩地区，不同地貌条件，岩溶发育程度是不相同的。地面坡度的大小直接影响渗流量大小，在比较平缓的地方，地表径流速度慢，渗透量大，地下水运动和循环迅速；反之，地面坡度大，地表径流大，地下水入渗量小，地下水运动和循环缓慢，影响岩溶发育强度。

在不同地貌部位或不同的地貌单位，岩溶发育强度也不相同。如高山、低山、平原地区的水动力条件不同，地下水的垂直分带也有很大变化。

第二节　第四系平原区地质找水

第四纪松散沉积物中的地下水主要为孔隙水，其水量在空间分布上连续性好，相对均匀。孔隙水一般呈层状分布，同一含水层中的水有密切的水力联系，具有统一的地下水面，一般在天然条件下呈层流运动，孔隙水分布规律主要受沉积物的成因类型控制。第四系平原区主要有河谷平原、山前倾斜平原、山间盆地、滨海平原等类型。

一、河谷平原冲积层的地下水

河谷冲积层构成了河谷地区地下水的主要孔隙含水层。河谷冲积物孔隙水的一般特征为：含水层沿整个河谷呈条带状分布，宽广河谷则形成河谷平原，由于沉积的冲积物分选性好，磨圆度高，孔隙度大，透水性强，常形成相对均匀含水层，沿河流纵向延伸。在垂直剖面上，含水层具有二元结构。

地下水的补给来源主要是大气降水、河水、两岸的基岩裂隙水，不同的气候区，地下水来源不同，含水层的富水程度及地下水动态特征变化较大。在气候湿润区，补给较充沛，河流中可以保持常年有水，或断流时间短，河谷孔隙含水层的地下水较丰富，旱季水位降低较小；干旱半干旱地区，由于降雨量小，大多数为季节性河流，河谷孔隙水在雨季获得补给后，旱季逐渐消耗于蒸发和排入河流中。当地下水位降低后，河水断流，地下水继续向下游连续排泄，水位不断下降，有的甚至地下水干涸，地下水动态变化大。

一般情况下，河谷冲积层都能蓄积地下水，水位埋深浅，含水层透水性好，水交替积极，水质良好，开采后还可以增加地表水的补给。河谷冲积层中的地下水，虽然具有共同特征，由于在河流中上游及下游平原，冲积层的岩性结构、厚度都不相同，因此地下水分布、水质、水量也有较大差别。

（一）丘陵区河谷冲积层中的地下水

在河流的上游地区，河谷狭窄，阶地、河漫滩不发育，弯曲河流凹岸产生冲刷，凸岸产生沉积，沉积物颗粒较粗，主要以卵砾石，透水性强，水质好，与河水联系密切，但厚度不大，分布范围小，水位季节变化大，仅作为小型水源。

河流中游，河漫滩和阶地发育，具有二元结构的河漫滩是最新沉积的冲积层，上部细砂及黏土为相对隔水层，下部是中粗砂和砾石组成的强透水层，埋藏有丰富的地下水，且一般和河水连成一体。阶地中埋藏有潜水补给，径流条件好，水量大，当沉积阶地具有较厚含水层时，常常可以获得河水的补给。

阶地中潜水的埋藏深度受地形控制，地下水的水力坡度自分水岭向河谷变缓，埋藏深度逐渐变浅。一级阶地富水性最好，且多为碳酸钙型水。高阶地的冲积物形成的时间早，多已开始固结或被残坡积物覆盖，因此透水性能差，汇水条件差，且变化较大。

【例 3 - 11】　黄河在兰州附近形成六级阶地，一级阶地沿黄河不连续分布，宽度小于500m，组成物质下部为砂砾卵石层，上部为粉细砂，潜水埋深 1～3m，透水性好，主要接受黄河补给，单井出水量达 4000～6000m³/d，兰州市供水开采的地下水即取自该阶地和河漫滩的含水层；二级阶地出露较广，阶地面平坦，最宽可达 4km 多，兰州市区位于其上。该阶地含水层厚度变化大，由几米至 20 多米，潜水埋深 1～15m，不仅富水性比一级阶地差，水质也不如一级阶地好。在四级以上阶地，水量很少，水质极差，带苦涩味，已不能饮用。

（二）下游平原冲积层中的地下水

河流下游平原区，一般是沉降带，往往发育较厚的冲积层，如松辽平原、华北平原等，其中埋藏有丰富的地下水。冲积平原以冲积物为主，在平原的凹陷处可能有沼泽相沉积。粗粒河床相沉积物在平原上呈条带状延伸，如古河道形成的良好富水带。近代沉积层之下，常有较厚的古冲积层，古冲积层是多期沉积重叠而成，这些沉积物无论在水平上或垂直方向上，含水结构有很大变化，形成规模大、水量丰富地下水。

由于大地构造、新构造运动和气候条件的差异，我国南方和北方冲积平原的水文地质条件有很大区别。北方黄河下游的松散岩层厚度超过千米，含水层以粉细砂为主，深部往往埋藏有矿化度很高的咸水和盐水；在南方的长江、珠江、钱塘江等江河下游，松散岩层厚度不大，含水层以砂砾石为主，潜水在广大平原内为统一含水层，除海岸线附近外，一般都不存在咸水和盐水问题。

1. 河流冲积平原的上部

近代冲积层组成，厚度一般 20～100m。河漫滩冲积层，岩性均一，具有典型的二元结构，即上部多为颗粒较细黏土和粉质黏土层，下部为砂砾石层富水性强，水位埋深浅，水量丰富，水质好，含水面积大，为良好的供水水源。当砂砾石层上覆有相当厚度的黏土层时，常形成承压水。

2. 河流冲积平原的下部

由于地势较低，表层常有广泛分布的沼泽湿地，因此在近代冲积层之下，常有不连续的薄层沼泽、牛轭湖沉积层，如淤泥、泥炭、淤泥质细砂等。在我国华北平原一些地区，只要打透这层不厚的现代沼泽沉积层，就有可能取得下部砂砾石中水质良好、水量丰富的地下水。

（三）冲积层的富水地带

1. 山区河谷

（1）山区河流主支流的交汇处的谷地侵蚀较深，冲积物较厚，且河谷较宽，有时形成掌心地，如图3-3（a）所示。

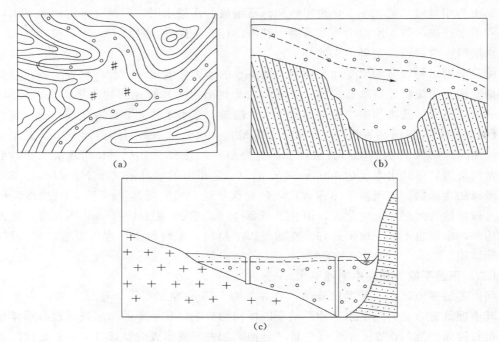

（a）　　　　　　　　　　　　　　（b）

（c）

图3-3　山区河谷地下水富水部位示意图

（2）河谷的急转弯段，由于侧向侵蚀作用加强，易形成较宽的砂砾石沉积。

（3）谷底基岩较软处，侵蚀较深，沉积物厚度大，如图3-3（b）所示。

（4）河谷两岸不对称处，近基岩陡岸一侧常是侵蚀切割较深的部位，沉积物较厚，如图3-3（c）所示。

（5）河床较平缓，纵向坡度较小的地带，冲积物往往较厚。

（6）河谷的开阔地带，呈袋状或葫芦状谷地，其冲积物面积广，厚度较大。

2. 丘陵地山区河谷

（1）低阶地和阶地前缘。

（2）高阶地中河床砂砾石沉积带。

（3）河漫滩地带。

3. 河流下游平原

（1）古河道、古河床。受喜山运动第一、第二幕的影响，山东许多断块产生剧烈差异升降活动，鲁西随之大幅度下降，沉积了巨厚的河湖相沉积，形成华北平原。与此同时，黄河下游屡次泛滥、改道、溃决，在鲁北广大平原留下了多条废弃的古河道，堆积了巨厚的黄土物质。在古河道带内以河床相较粗的砂层为主，孔隙水丰富，在古河道以外以黏土、亚黏土夹河床相粗砂为主，含水性差。古河道沉积砂层，受古河道带制约，鲁西平原浅层含水砂层呈西南-东条带状分布，含水岩性由黄河上游向下游，粒度上由粗变细趋势。聊城地区含水砂层为细砂和中砂，向东德州地区则以细砂和粉砂为主，在最东部的滨州地区，含水层以粉砂为主，甚至粉土。受岩相古地理条件的制约，在古河道主流带中心部位砂层厚度大，颗粒粗，透水性好，蓄水性强；向两侧到古河道河间地带，由于形成河漫滩、黏土、亚黏土及淤泥夹薄层砂层，含水砂层变薄，粒度变细，隔水层增多，富水性明显减弱。

（2）坚硬岩石或孤山下游附近的冲积层，位于这些地段的冲积层一般由砂砾石组成，富水性好。

（3）傍河的富水地段，一般靠近河流地带地下水都比较丰富。

【例3-12】 豫北平原60m深度内出水量500～1200m³/d，而西部沿黄河一带单井出水量达1200～2400m³/d；广州靠近珠江的钻孔出水量明显增大，其中距珠江250m远的一个钻孔，含水层厚16m，出水量达2000m³/d。

二、山前倾斜平原区中的地下水

当山洪夹带大量的泥沙石块流出沟口时，由于沟床纵坡变缓，地形开阔，流速降低，搬运能力急剧减小，所携带的石块、砂砾等粗大碎屑先在沟口堆积下来，较细的泥沙继续随水流被搬运，堆积在沟口外围一带。这种由洪流搬运并堆积的土层，称为洪积物。经过多次洪水搬运作用，在沟口一带就形成了扇形展布的堆积体，在地貌上称为洪积扇，如图3-4所示。洪积扇的规模逐年增大，有时与相邻沟谷的洪积扇相互连接起来，形成规模更大的洪积裙或洪积平原地貌。

| （a）鸟瞰图 | （b）剖面图 |

图3-4 洪积扇示意图

洪积扇广泛分布在山间盆地和山前平原地带，在干旱、半干旱地区常见。如我国大兴安岭、太行山、祁连山、天山、燕山、泰山等地都分布着大型山前倾斜平原。

根据洪积扇中地下水埋藏特征的不同，可分为三个水文地质单元（图3-5）。

卵石 砂土 黏土
基岩 潜水位 地下水流向
下降泉 承压水位 井

图 3-5 洪积扇水文地质分区
I—潜水深埋带；II—潜水溢出带；
III—潜水下沉带

（一）潜水深埋带（I）

位于洪积扇的上部，地形坡度陡，在厚层的砂砾石中，地下水埋藏较深的潜水，故称潜水深埋带。直接接受降水和地表水补给，含水层厚度大，透水性强，径流条件好，蒸发作用弱，水质较好，矿化度小于 1g/L，以 HCO_3 型水为主。

（二）潜水溢出带（II）

1. 潜水浅埋及溢出带

位于洪积扇的中下部，地形坡度变缓，由砂砾、砂过渡为亚砂土、亚黏土。在垂直方向上出现连续的黏土夹层。在冲积扇的中下部形成砂层和黏土夹层组成的犬牙交错地带。潜水径流不畅，地下水上升接近地表，形成沼泽和溢出成泉，故称潜水溢出带。在干旱地区，由于蒸发强烈，地下水矿化度高，一般为 1～2g/L，水化学类型为 $SO_4 - HCO_3$ 型或 SO_4 型水。

2. 承压水分布带

这一带由于砂砾层中出现连续的黏土夹层，将砂砾石含水层分割为上部潜水层和下部承压水层。在黏土层开始出现的位置，两层水水位接近，随着洪积扇向前延伸，黏土隔水层也随地势不断变化，在溢出带外缘形成水头很高的承压水。承压水在该带的分布规律是，越向下游承压水位越高，能形成面积很大的自流区。随着黏土夹层的增多，承压含水层由厚的单层过渡为薄的多层，岩性变细，单层含水性变差。承压水的水质，由于不受蒸发影响，较上部潜水好，一般矿化度小于 1g/L。

（三）潜水下沉带（III）

该带位于潜水溢出带下游洪积扇前缘。由于河流排泄和蒸发影响，地下水位稍有加深，故称潜水下沉带。沉积物主要有细粒的亚黏土、亚砂土或黄土状土，由于颗粒变得更细，地形坡度平缓，故径流条件差，该带毛细上升高度常能到达地表，潜水蒸发极为强烈，水分运动主要表现为垂直交替。潜水矿化度增高，可能超过 3g/L，一般为 $SO_4 - Cl$ 型或 $Cl - SO_4$ 型水。在干旱地区，特别在内陆盆地，可能会出现矿化度大于 50g/L 的盐水。但在河流通过的地带，由于河流的冲淡或排水影响，也可能出现矿化度较低的潜水。该带由于蒸发强烈，盐分积累，常形成盐碱化。

综上所述，山前倾斜平原洪积扇中的地下水，总的分布规律是：从山前到平原，地形坡度由缓变陡，岩性由粗变细，透水性由强变弱，含水层富水性由多变少，潜水埋深由大到小，矿化度由低变高；水的化学类型是 HCO_3 型向 $SO_4 - Cl$ 型水逐渐转化。我国南部和西南部地区洪积层潜水埋深的变化也有上述规律，但因气候潮湿，雨量充沛，所以水质分带性一般不明显。

三、滨海平原中的地下水

滨海平原地区通常是海相与陆相交错沉积地带，其岩性一般为砂、黏土、亚黏土及淤泥质土,地下水的化学成分也具有大陆淡水与海洋咸水混合过渡的特征。在滨海平原近海带,海水在水压力作用下进入沿海含水层,与陆相沉积层中的淡水混合。由内陆向海洋方向咸水层逐渐增厚,形成淡水与海水之间的动平衡界面,如图3-6所示。

当淡水补给量较大时,界面向海洋方向移动,在垂直方向上向下移动;当淡水补给量较小时,则向相反方向移动。

图3-6　滨海咸淡水关系示意图

在滨海地区打井,必须要确定淡水层的分布范围和合理的开采方案,特别是开采层位和开采量,否则即使在淡水层中取水也会逐渐使水质变坏,滨海地区过量抽取地下水,将会引起咸水向内陆入侵,使水质恶化,引起海水倒灌。这种现象在美国、英国、日本等许多国家均出现,造成严重后果。美国德克萨斯州加维斯郡地区,地下水位原先位于海面标高之上14.4m,经过10年开采后地下水位下降了30余米,由于海水入侵,厚达500m的淡水带大大减薄。在加利福尼亚州,由于地下水位下降,海水入侵到沿海13个含水层,并使十万亩良田变为碱地。我国沿海地区由于超采地下水,也出现了非常严重的海水入侵,带来巨大的经济损失。山东省海(咸)水入侵主要发生在潍坊、烟台、青岛、威海、日照、东营等市的沿海地区。入侵面积已达1173.55km²,其中海水入侵649.35km²,咸水入侵524.20km²。海(咸)水入侵,造成地下水水质恶化、饮水困难、土壤次生盐渍化和土壤肥力下降,进而造成农业减产、机井报废。

河流下游为沉积区常形成滨海平原,松散沉积物很厚,常在100m以上。滨海平原上部为潜水,埋藏很浅,滨海平原下部常为砂砾石与黏土互层,存在多层承压水,由于埋深浅容易获得补给,水量丰富,水质好,是很好的开采层。滨海地区应注意寻找和开采深部承压水,地下深处埋藏的承压水因补给来源较远,一般为淡水。

【例3-13】　上海地区第四纪海陆交替地层厚达300m(图3-7),150m以上为滨海相和河流三角洲相黏土层、砂层,夹有薄层陆相黏土和细砂层;150m以下由河流相砂砾层和湖相黏土层交替组成。共分为1个潜水含水层和5个承压含水层。表层潜水和第一承压含水层因海水影响,水质较差,很少开采利用。自东北向西南,下部承压含水层岩性由粗变细,厚度由大变小,出水量逐渐变小。第二、第三承压含水层埋深在75~150m,含

图3-7　上海地区水文地质剖面图

水层厚度 20～30m，水量大，水质好，为上海地区地下水主要开采层次，这两个含水层的开采量占各层总开采量的 85％以上。另外天津、沧州以东的滨海地带，在地表以下 250～300m 有 3～4 个水质很好的承压含水层，承压水头可高出地表成为自流井。

第三节 变质岩山丘区地质找水

变质岩地下水，按裂隙形成的因素分为构造裂隙水、成岩裂隙水、风化裂隙水三种。构造裂隙水是指断裂、褶皱等形成的裂隙（如变质岩断层破碎带中的裂隙，被向斜轴部的裂隙）所含的水体。成岩裂隙水是变质岩在生成过程中产生的结构裂隙所含的水体，如碎裂花岗岩中的裂隙水，花岗三组正交的原生节理中的裂隙水等。风化裂隙水是由于物理风化或化学风化所形成的裂隙水，如粗粒片麻岩与花岗岩经过物理风化后，碎屑中所含的裂隙水。变质岩裂隙水的富水性较弱，地下水补给条件差，富水性弱，风化带厚度及裂隙发育不均匀，裂隙水连通性差，无面状分布，造成地下水富水性严重不均，开发利用难度大。

一、变质岩地层及分布

我国变质岩分布广泛，种类多，厚度大，地势高，大部分地区为地下水的补给区，岩石渗透性弱，地下水埋深浅，含水性差，为贫水区。变质岩分布区，主要特征是地势高，坡度陡，地形多为中低山和丘陵地区，如山东的泰山、鲁山、沂山、蒙山等；山西的五台山、太行山、吕梁山；河北的燕山；内蒙古的乌拉山、色尔腾山、大青山；东北的鞍山、老爷岭、大小兴安岭等；南方的大别山、海南岛等；西北的秦岭、天山、昆仑山；西南的横断山等。这些山地主要由各种片岩、片麻岩、花岗片麻岩、变粒岩类、大理岩、石英岩、板岩、千枚岩、各种混合岩及变质岩中各种侵入的各岩脉，如伟晶岩、细晶岩、辉绿岩、正长岩、闪长岩、煌斑岩等以及大面积的岩基、岩株等侵入体组成。

（一）下太古界

山东泰山群（前称泰山杂岩）分布在沂沭断裂带及其以西地区，是鲁西地区的结晶基底。著名的泰山、鲁山、徂徕山、蒙山和四海山均由此构成。泰山群主要由黑云母斜长片麻岩、斜长角闪岩、片岩、变粒岩组成，普遍遭受中高级区域变质作用，大部分地区遭受强烈混合岩化及花岗岩化，形成各种混合岩及混合花岗岩，出露厚度大于 12000m。泰山群岩性组合分为四个组。自下而上为：万山庄组、太平顶组、雁翎关组、山草峪组，四个组为连续沉积。万山庄组，主要分布于蒙山一带，构成蒙山倒转背斜的核部。呈北西-南东向延伸。徂徕山地区有零星分布。岩性以黑云斜长片麻岩夹斜长角闪岩为主，其次为黑云变粒岩、黑云角闪片岩、绿泥片岩等。岩石颗粒较粗，易风化，含风化裂隙水；雁翎关组，分布比较广泛，主要分布在沂沭断裂带内及孟良崮、雁翎关一带；沂山两侧，沂源韩旺、新泰盘车沟一带也有分布。岩性主要为黑云斜长片麻岩为主，夹角闪黑云斜长片麻岩、二云斜长片麻岩、角闪斜长片麻岩、云母石英片岩，并含有少量的千枚岩。该组岩石颗粒较细，不易风化，含水少；山草峪组，分布最广，主要分布于白彦、四海山地区，枣庄以北桌山和新泰山草峪一带。岩性以黑云变粒岩为主，个别地区保留变质更浅的千枚岩，变质粉砂岩一类。该组岩石颗粒较细，不易风化，含水少。

内蒙古大青山地区桑干群，分布于内蒙古中西部，该群岩石下部以各种片粒岩、片麻岩为主，中部为各种片麻岩、片岩、变粒岩、夹大理岩，上部为片岩、变粒岩。大青山一带各种片麻岩夹有数千米厚的蛇纹橄榄大理岩及片岩，大理岩含水较好。

山西太行山的阜平群，分布于五台山、太行山一带，该群岩石为各种斜长片麻岩类、夹大理岩、变粒岩与石英岩，最大厚度15000m，大理岩含岩溶裂隙水。

东北南部的鞍山群，以角闪斜长片麻岩、变粒岩及石英岩为主，通什村组的总厚度5947m，其中第二层中粗粒混合花岗岩，厚300～700m，含裂隙水，分布于新滨、抚顺、丹东一带。

（二）上太古界

山东省有胶东群，分布于胶东地区，占胶东地区面积的1/3，共分五个组，其中民山组，分布于蓬莱、栖霞、莱阳一带，以黑云变粒为主，总厚度2295m，其中夹大理岩，厚十米到百余米。大理岩质地不纯，厚度不稳定，但局部含水。鲁家夼组，分布于威海、文登、乳山等县，以黑云片岩、黑云斜长片麻岩为主，总厚度9342m，在乳山午极一带为厚层粗粒结晶大理岩，厚778m。威海黑云片岩中夹大理岩、石英岩，含水较好。马格庄组，分布于荣成、威海、牟平等地，以黑云片岩、片麻岩为主，夹大理岩，总厚度10834m，牟平一带片岩中夹大理岩、石英岩，含水较好。

山西的五台群，分布于恒山、五台山、云中山、中条山、太行山，总厚度10000m以上，以黑云斜长片麻岩，角闪变粒岩为主，夹硫铁石英岩，石英岩含裂隙水。吕梁群长树山组，分布于娄烦—文水之间及万山县长树山一带，以厚层粗粒镁质钙质大理岩、杂质大理岩为主，厚度为1170m。宁家湾组，主要为角闪斜长片麻岩、斜长角闪岩，夹石英岩与大理岩，在龙虎山一带大理岩厚200～400m，石英岩厚200～604m，含岩溶裂隙水或裂隙水。

（三）下元古界

山东省有粉子山群，分布于胶东地区，共分六个组。其中山张家组，分布于掖县、平度、莱西、莱阳等地，以石英岩、大理岩、变粒岩为主，总厚度293～368m，其中大理岩、石英岩厚度不稳定，含岩溶裂隙水或裂隙水。明村组，分布于掖县、平度一带，以大理岩为主，厚度545～671m，含岩溶裂隙水。张格庄组，分布于牟平、蓬莱、福山一带，以大理岩、黑云母片岩为主，厚度1277～3637m，大理岩颗粒粗，厚度大，质地纯，极易风化，含水量丰富。巨屯组，分布于烟台、蓬莱一带，以大理岩为主，厚度679～1554m，大理岩不纯，含石墨硅质，裂隙不发育。岗嵛组，分布于福山、蓬莱一带，以黑云片岩、变粒岩为主，含石英岩、大理石，厚度1503m，含岩溶裂隙水。

山西的滹沱组，分布于五台山、太行山等地，共分五个组。其中雕王山组为巨厚变质砾岩层，砾石含量占70%以上，粒径10～15cm，由白云质胶结，厚度大于200m，含裂隙水。无蓬垴组、北大兴组、瑶池组、青石村组都含结晶灰岩、结晶白云岩等，厚度均大于800m，都含少量水，东北南部辽河群，分布于开原、清源、桓仁、浑江、益县、大石桥等地。其中大石桥组以灰白色中厚层白云质大理岩为主，夹片岩并有滑石、菱镁矿，厚度741m，岩深裂隙水较丰。

（四）上元古界

山东省有蓬莱群，分布于胶东地区，为轻质变质岩类，其中豹山口组，分布于栖霞、莱西一带，以板岩大理岩为主，厚206～984m，大理岩含有裂隙水，辅子夼组以石英岩为主，厚584m，含裂隙水。南庄组，以板岩、大理岩为主，厚1285m，含岩溶裂隙水。主要分布于栖霞的藏格庄、香夼、高格庄、寨里一带。香夼组，以中厚层石灰岩为主，夹泥灰岩，厚1306m，含丰富的岩溶裂隙水。

河北、山西、辽宁各地的震旦系地层大部分都没有变质，属沉积岩类。

二、变质岩富水性分析

1. 变质岩岩性

变质岩的岩性差异，对于裂隙发育的宽度、长度、密度和透水性等关系很大。刚性、硬性、脆性、柔性、塑性、软性等各种性能，对于不同的材料（岩石）产生不同的反应。两种相邻的岩石表现的刚柔、脆塑、硬软都是相对的性能。这种相对的力学性质，对于裂隙的发育、透水性和含水量，均有明显的差异。如片麻岩类与各种片岩类呈互层接触，片麻岩中粒状矿物多，坚硬不脆，呈块状构造，显示刚性；片岩类中片状、柱状、针状矿物多，柔软致密，呈片状构造，显示柔性。当片岩夹片麻岩呈互层时，刚性岩石富水好。花岗岩类（包括片麻状花岗岩、花岗片麻岩及混合花岗岩）与角闪岩类比较，前者具有粒状矿物，花岗变晶结构、块状构造，显示脆性，后者具有针状、柱状矿物，纤维变晶结构，致密片状或块状构造，显示塑性。当花岗岩或伟晶花岗岩脉穿插于角闪岩中时，前者裂隙发育，含水性好，后者则差。石英岩与云母片岩、千枚岩、板岩接触，前者具有块状构造，粒状矿物，等粒变晶结构，坚硬致密，显示硬性，后者具有鳞片状、针状、纤维变晶结构或鳞片变晶结构，片状、板状或千枚状构造，显示塑性、软性。当石英岩夹在千枚岩中，或大理岩与板岩互层时，前者裂隙发育，破碎强烈，尤其是石英岩，碎块多，含裂隙水，后者裂隙稀少，两类岩石风化后，风化裂隙差别更大。以上说明，变质岩的裂隙与地层、岩性、结构、构造关系密切，在同样构造条件下与相同地貌类型中，富水性具有明显的差异。

2. 变质岩结构

变质岩结构，是指岩石个体的性质，即矿物颗粒大小、形状、组合方式。它与岩石风化速度、强度关系很大。如在变晶结构中，等粒变晶结构抗风化能力较强，而不等粒变晶结构或斑状变晶结构，则有利于进行风化。因为不等粒结构颗粒大小从0.1～4mm不等，其风化速度差异很大，先风化的颗粒引起附近矿物表层结构松散，易使岩石结构发生碎裂。斑状变晶结构是在细的基质中夹有较大的斑晶，大晶体与小晶粒抗风化程度不等，结果大晶体脱离基质出现裂隙、加厚风化层，赋存风化裂隙水。

【例3-14】山东省胶南县，在等粒结构的花岗岩中遇到两眼干孔，在斑状结构的花岗岩中，风化强烈，裂隙很多，易于成井。寨里乡兽医站，机井布在似斑状花岗闪长岩上，井深18m，出水量为40m³/h。

变质岩碎裂结构，分成压碎结构与碎斑结构。压碎结构，矿物颗粒破碎后形成细粒集合体，充填在大颗粒之间，使矿物外形不规则。碎斑结构，大小颗粒破碎不均，中间出现裂隙。这些结构是在变质岩生成过程中，产生的机械破碎作用使矿物晶体碎裂的，因此岩石本身就具备了破碎性能，为岩石风化提供了有利条件。所以破裂结构最易风化，含水较多。以上不难看出，研究变质岩结构对于风化速度、风化壳厚度以及含水性能等均有重要意义。

3. 变质岩构造

变质岩构造是指矿物彼此之间的关系，有块状构造、带状构造、斑点构造。块状构造比带状构造、斑点构造易含水。如石英岩、大理岩的块状构造，在动力作用下，易生裂隙。而带状构造中的矿物排列成层状，其中条带矿物柔性大，性质软，易填充在矿物之间，起到阻水作用。如石墨大理岩，各种矿物呈黑白相间排列。蛇纹大理岩，蛇纹石穿插于方解石之间，呈斑点构造，这些构造不利于裂隙水的渗透，故含水很少。变质岩的片状构造和片麻状构造两者差异显著，片状构造是由片状矿物、柱状矿物平行排列组成，各矿物之间很紧密，缺少空隙，风化缓慢。片麻状构造是由片状矿物与粒状矿物组成，粒状矿物夹在片状矿物之间，粒状矿物易风化，故片麻状的岩石（如片麻状花岗岩、花岗片麻岩、斜长片麻岩等）比片状的岩石（如各类片岩类）容易风化破碎，含水也多。

三、变质岩富水体

富水体是指富水岩层、富水构造、富水带的总称，即变质岩中含水相对比较多的部位。从水源开发的实践中，发现有以下几种富水体。

（一）粗粒岩石富水体

变质岩矿物是结晶体或变晶体，一般呈现晶质或隐晶质，晶体大小取决于原生岩石结构与变质时的环境。有的原生岩石颗粒比较细，变质后变为粗粒，如石灰岩重结晶后变成粗粒大理岩；高铝或铁质黏土岩石变成粗粒片麻岩；闪长岩变成中粒黑云母斜长片麻岩；长石砂岩变成长石石英片麻岩，这些粗粒变质岩一般颗粒直径约 1～4mm，变斑晶体大者可达 10mm 左右，如伟晶岩（伟大晶体）、钾长石云母片岩中的刚玉斑晶、似斑状花岗片麻岩、中斑晶花岗岩等。由粗粒岩石组成的含水层，机井出水量都很大。山东日照市 25 医院机井布井于粗粒片麻岩中，风化碎屑粗粒透水性良好，井深 53m，出水量 30m³/h；山东昌乐县河头乡政府机井是利用粗粒花岗片麻岩，石英长石粒径 0.5～3mm，大于 1mm 的颗粒占 80%，台地风化壳厚 110m，井深 96m，水位埋深 9.5m，出水量 50m³/h。有的中粒岩石虽然颗粒稍细，但与细粒或隐晶质岩石接触时，相对较粗，接触带呈粗细相交，也会给风化裂隙发育提供条件，储存风化裂隙水，如山东莱州市北关村粉子山群地层，粗细不同的颗粒相互接触，井深 80m，出水量 35m³/h。

（二）大理岩夹层与蚀变带富水体

尽管大理岩与石灰岩相比，岩溶作用比较弱，但在变质岩中却是唯一能够被水溶解的碳酸盐类岩石。它夹在非溶岩之间，是岩溶层储水体，成为变质岩中最好的富水体，这些大理岩夹层，出露宽度只有几米至百余米，在其两侧阻水岩层作用下，尽管没有构造配合，经过化学风化后，也易构成富水体。

【例 3-15】　山东文登市东石岭的大理岩层中机井，井深 90m，出水量 7m³/h。

【例 3－16】 青岛胶南市东草夼村的大理岩夹在片麻岩中，大理岩厚 15m，长 300m 岩层倾向山顶方向，倾角 43°，成井深度 58m，其中在 16.5～46.5m 深处岩芯破碎，岩溶发育漏水现象强烈，水位埋深 11m，最大水位埋深 18m，出水量 56m³/h，水头高出地面 3.5m（图 3－8）。

图 3－8 青岛胶南市东草夼村机井剖面

当石灰岩受到岩浆岩侵入作用，在侵入体接触带发生围岩蚀变，形成大理岩带。这种接触变质形成的大理岩带在山东省分布广泛，只要石灰岩与面积较大的花岗岩、闪长岩、正长岩、辉长岩等呈侵入接触，都会出现厚度不等的蚀变带。大理岩蚀变后，矿物颗粒的结构构造发生明显的改变，有的再结晶，晶体变粗，如济南市鹊山、华山的大理岩；有的晶粒变形，结构松散，如历城县郭店、大龙堂的大理岩。这些类型的蚀变都能增加裂隙空间，促进溶蚀作用，富含岩溶水或岩溶裂隙水，在地势低洼的排泄带，往往形成大型的喀斯特上升泉群。

【例 3－17】 济南市四大泉群，泉水出自下奥陶统白云质灰岩蚀变的大理岩带，一般涌水量为 30 万 m³/h；山东蒙阴县联城乡的机井是利用闪长玢岩，正长斑岩蚀变的大理岩带上布钻孔，出水量 60m³/h。

（三）风化壳富水体

变质岩风化壳，由于北方气候条件限制，一般风化层厚度为 20～50m 左右，过去多利用大口井开采浅层风化裂隙水。如莱西、胶南、日照、招远等地，在变质岩风化壳中布大口井，一般井深 9～25m，出水量 50～150m³/h。但是近年来，由于气候干旱。降雨减少，地下水位普遍降低，浅层风化裂隙水已经干涸，必须开采埋深 25m 以下的较深的风化裂隙水。从各地实践中发现，在平坦地形（坡度一般不大于 5°）时，粗粒变质岩的风化壳较厚，深部风化壳中也含有风化裂隙水。

【例 3－18】 青岛胶南市寨里乡庄家疃乡为似斑状花岗闪长岩，在地形条件配合下，风化壳发育深度达 60m 以上，井深在 60m 时，不见岩芯，风化成砂，涌水量 25m³/h。

【例 3－19】 山东昌乐河头乡小辛庄村为粗粒花岗片麻岩，风化壳厚 60m，井深 55m，出水量 35m³/h（图 3－9）。

（四）变质岩断裂带富水体

变质岩中断裂研究较少，野外不易辨别，过去一般地质图中很少标出。变质岩中的断层，因其两盘地层、岩性差别不大，不如沉积岩中断层两盘差别明显。故在变质岩中认识断层比较困难。近些年来，由于生产和人

图 3－9 山东昌乐河头乡小辛庄村机井剖面
6—地下水位埋深；55—井深

民生活的用水需要，对变质岩的研究逐步深入，发现一些认识断层的标志，如变质岩层重复或缺失、岩相突变、构造上的不一致、断层面显露、蚀变带、岩脉切割、地形特征等。事实证明，变质岩中断层很发育，大小断层密集，破碎带宽窄不一，断层裂隙中不仅含有浅层水，而且也有深层水，既适合大口井开采，也可用深机井开采。

变质岩中断层的新鲜面，普遍具有红色氧化铁薄膜，称之为"红石筋"。断裂带中有较多的断层碎块、红色磨光面、断层擦痕、断层角砾岩、碎屑岩和岩粉。大断层的破碎带宽达几十米至百余米，切割山岭可形成山垭，构成交通要道。如历城县窝铺村南长城岭，受济南断层切割后，断层破碎带宽约50m，红色、紫红色的光滑面与擦痕很醒目，从擦痕方向判断西侧为下降盘，断面倾向西，倾角75°，由于处于分水岭带，地势高，地下水埋藏很深，含水少。

【例3-20】　山东肥城县边家院乡，山丘陵南侧孙安断裂的断层崖，崖高3~5m，断面倾角70°，红色光滑面与氧化铁薄膜到处可见，擦痕清晰，由于张夏组灰岩组成的角砾岩，粘在变质岩的断层面上，显示上盘寒武系灰岩已经下落到第四系覆盖层以下。根据变质岩断层面的启示，利用断层灰岩夹块，在雨前庄打成一眼井，井深87.64m，出水量41m³/h。

在变质岩中，如果断层切穿大理岩，以大理岩作为夹层出现时富水性更好，既含构造裂隙水，又含岩溶裂隙水，两种水源易于成井。

【例3-21】　山东栖霞市大庄头乡徐家村，大理岩中有断层，井深85m，出水量80m³/h；牟平区城关镇西系山村，大理岩宽100m，长2500m，断层与大理岩走向一致，井深80m，其中21m以上为长英岩；21~27m深为粗粒大理岩，断层破碎，岩芯采取率低；45~60m深，大理岩破碎，水位降深20m，出水量80m³/h，说明断层中的构造裂隙水与岩溶裂隙水两种水源优于夹层中的岩溶裂隙水一种水源。

【例3-22】　山东昌乐伦家埠村机井，位于沂水—汤头大断裂西侧，上盘为白垩系王氏组砂页岩互层，透过上盘抽出下盘片麻岩构造风化裂隙水，井深543m，其中526m以上为紫色砂岩及砂页岩互层，岩芯完整；526~531m，为5m厚底砾岩，胶结好，531~543m的断层下盘为片麻岩，风化破碎，出水量25m³/h（图3-10）。

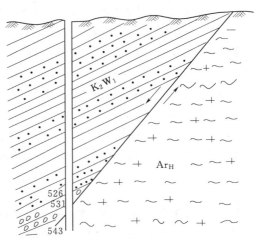

（五）接触带富水性

接触带类型比较多，除断层接触外，尚有岩脉与围岩变质岩接触带、变质岩中刚性与柔性岩石、脆性与塑性岩石、硬性与软性岩石接触带及新地层与老地层接触带（不整合、假整合接触）等。这些接触由于岩性明显差异，裂隙集中发育，地下水容易富集，形成相对较好的富水体，地下水类型为成岩裂隙水和风化裂隙水。接触带富水体一般有以下几种。

图3-10　山东昌乐伦家埠村机井剖面图

1. 岩层接触带

【例 3-23】　山东文登市某村的机井是利用片麻岩与石英岩接触，1 号井深 85.2m，其中 25m 以上为片麻岩风化层；25~43.1m 为石英岩夹片麻岩，不漏水；43.1~63.7m 为石英岩，极破碎，有 1cm 宽裂隙；75~82.5m 为石英岩夹斜长片麻岩，水位降深 8m，出水量 56m³/h（图 3-11）。

图 3-11　山东文登市某村的机井剖面图

2. 岩脉接触带

变质岩中常见的岩脉有煌斑岩、辉绿岩、正长岩、辉长岩、伟晶岩、细晶岩、长英岩、石英岩、花岗岩、重晶石等岩脉，其中有导水岩脉，也有阻水岩脉，具体要视岩脉与围岩两者岩性的相对差异而定。如果岩脉是塑性岩石，围岩是脆性岩石，则为阻水岩脉，如煌斑岩脉、辉绿岩脉、辉长岩脉、千枚岩脉等。它们往往形成"挡水墙"，抬高地下水位，在其上游有时涌出溢流泉。如果岩脉是脆性岩石，围岩是塑性岩石，则为导水岩脉，如伟晶岩脉、长英岩脉、石英岩脉、花岗岩脉、重晶石脉等。它们形成导水通道，富集地下水。岩脉两侧或一侧由于岩浆侵入时的高温高压作用，使围岩烘烤蚀变，出现破碎裂隙，或者侵入岩侵入时，对围岩产生积压顶托，出现破坏裂隙，或者岩脉冷却收缩时，其边缘出现横裂隙，以及接触带后期活动产生的次生裂隙等。这些裂隙都会增加透水性、赋存一定量的地下水。含水量的多少，依岩脉的宽度、长度、补给条件而定，岩脉不宜过窄过短，过窄过短起不到阻水作用，太宽又不易积聚地下水流。一般适宜的宽度为 0.5~5m，长度大于 200m。当岩脉垂直于等高线时，其两侧富水；平行于等高线时，其来水一侧富水。

【例 3-24】　山东长岛县矶岛部队处的煌斑岩脉侵入板岩中，岩脉宽 3m，产状直立，机井布在接触带上井深 25m，出水量 10m³/h；山东栖霞市大柳家乡安子夼村的石英岩脉侵入片麻岩中，布井在石英岩脉上，井深 15m，出水量 40m³/h。

【例 3-25】　山东莱州市神堂乡郎村，在煌斑岩脉上布井，井深 17m，井径 5m，出水量 10m³/h；当井底打穿横洞遇到石英岩脉时，出水量增加到 70m³/h（图 3-12）。

图 3-12 机井剖面图说明，片麻岩夹石英岩较石英岩夹片麻岩富水好，因为石英岩显脆性，而片麻岩显塑性，石英岩含水好，片麻岩含水差。

【例 3-26】　青岛胶南市薛家岛乡烟台前村的机井，是利用片麻岩与花岗岩接触，井深 13m，出水量 60m³/h。

图 3-12　莱州市神堂乡郎村大口井剖面图

第四节　岩溶地区地质找水

　　我国由石灰岩构成的岩溶分布很广，仅地表出露面积就有 120 万 km²，约占全国领土面积的 12.5％，其中我国西南部的岩溶地区总面积达 55 万 km²，尤其以广西、贵州、云南最广泛，另外湖南、广东、浙江、山东也有分布。

　　岩溶的发育、形成始终伴随着地球的地质发展史，我国主要的岩溶化期有震旦纪、寒武纪、奥陶纪、泥盆纪、石炭纪、二叠纪、三叠纪、白垩纪、第三纪和第四纪。其中第三纪以前发育的岩溶称为古岩溶，古岩溶形态多已被剥蚀破坏或为后期沉积覆盖与充填。

一、石灰岩地层

　　从水资源开发角度来看，广义的石灰岩还应包括白云岩、泥灰岩和其他过渡性岩石。我国石灰岩地层主要有震旦亚界白云岩、古生界石灰岩、中生界石炭系、二叠系石灰岩、新生界第三系石灰岩等。

　　震旦亚界分布广泛，以浅海-滨海相的硅镁质碳酸盐类为主，岩石中含有铁、锰、磷等矿物。该系在北方分布广泛，广泛分布于华北、东北南部、山东、豫西及贺兰山、祁连山等地，以河北蓟县地层剖面为标准剖面，总厚度从几米到万余米。其中以长城系、蓟县系岩溶裂隙水较多。

　　长城系团子山组，以厚层白云岩为主，可溶性差，但团块状白云岩及夹有页岩或砂岩的白云岩，在层面接触部位岩溶裂隙发育；高于庄组以白云岩为主，夹白云质灰岩及页岩，该组一、二、四段灰岩岩溶发育好。如第一段浅灰色含燧石条带或结核的硅质白云岩、白云质灰岩，厚 140～263m。第二段浅灰色含锰白云岩、夹泥质白云岩、黑色页岩，厚 426～525m。第四段浅灰色硅质结晶白云岩或团块白云岩，厚 231～412m。以上三段岩溶裂隙发育好。蓟县系雾迷山组，从各地开采水源地的情况证实，可为震旦系地层中含水最好的岩组，以结晶白云岩、硅质白云岩为主，有时夹页岩。第一段青灰色厚层白云岩、硅质条带白云岩及白云石大理岩，厚 98～511m，以硅质白云岩、大理石岩含水较好。第二段灰黑色厚层结晶白云岩及硅质条带白云岩、夹泥质白云岩、角砾状白云岩，厚 352～658m。角砾状白云岩，硅质白云岩含水性较好。第三段灰黑色结晶白云岩、硅质白云岩，底部有较厚的紫红色粉砂岩类、石英砂岩，厚 502m。接近底部的白云岩含水较好。第四段灰白色厚层结晶白云岩或团白云岩，夹豆状、鲕状白云岩，厚 793m。以上四段以硅质白云岩含水最好。如顺义区张镇一带的大口井，在雾迷山组硅质白云岩夹燧石条带地层中，出水量 1000m³/d 以上，延庆区黑汉岭地区，在同样地层中机井出水量 800～1000m³/d，该区独石北沟由硅质白云岩组成的断裂带内机井，井深 112.46m，水位埋深 39.91m，单位出水量 82m³/h。不少泉水来自雾迷山组硅质白云岩层中，泉水流量一般为 2～10L/s。在构造部位泉水流量增加，如延庆区黑龙潭、黄龙潭，泉水流量 0.2m³/s，水口子泉流量 3500～4000m³/d。南方震旦系出露于秦岭、大别山以南的大巴山、武当山、雪峰山、九岭山、龙门山及川滇地区。岩性有粗碎屑岩及浅海-泻湖相含铁、锰、磷的磷酸盐岩石，如灯影组石灰岩、白云岩、白云质灰岩、硅质灰岩，厚 100～300m，岩溶发育较好，岩溶水较丰富。

下古生界石灰岩，是我国海相沉积分布最广泛的地层。主要分布在华北、华南、祁连山、滇西等地，其次为长江下游、浙江西部、贵州、湖南、湖北边界、四川云南地区。

寒武系为浅海相，主要为碳酸盐岩、泥质岩类，总厚度几百米到一二千米，以华北地区山东张夏为标准剖面共分七个组。下部馒头组，在张夏馒头山剖面总厚度60m，共分十层，其中第二、第五、第七、第九各层石灰岩，岩溶裂隙发育。尤其第二层蓝灰色硅质薄层灰岩，厚4m，常因缺失第一层页岩而直接不整合覆盖于泰山群变质岩之上，溶隙发育，含水丰富，成井率高；第五层蓝灰色薄层灰岩，厚5m，因接近于下部层位，含水也较好；第七层蓝灰色灰岩，厚2m；第九层灰蓝色泥质灰岩，厚4m，两层灰岩含水相对较差。毛庄组为页岩夹灰岩，总厚度32.3m，灰岩层薄不含水。徐庄组为页岩夹灰岩、灰质砂岩，总厚度57.2m，因灰岩层较薄，含水性较差。张夏组以厚层灰岩为主，夹薄层页岩，总厚度169.3m，其中含水较好层次顺序是：第八层，白色块状结晶灰岩，厚10m；第十一层黑灰色灰岩、绿白色结晶灰岩，厚22m；第九层厚层灰岩，厚20m；第六层灰色鲕状灰岩，含海绿石，厚10m。崮山组以页岩为主，夹有灰岩，总厚度27m，灰岩太薄不含水。长山组以灰岩为主，夹有页岩，总厚度52m，第一层竹叶状灰岩，厚3m；第四层白色块状结晶灰岩，厚8m；第六层白色厚层灰岩，厚8m。以上三层含水较好。风山组以灰岩为主，夹有页岩，总厚度114m，含水较好者为第七层黑灰色块状白云岩灰岩，厚48m，含水丰富；其次为第四层厚层灰岩，厚12m。

奥陶系地层分布于华北、中南及西南地区，以河北的开平、鄂西的三峡两个标准剖面分别代表华北与华南的地层剖面。华北奥陶系中、下两统，下统分二组，冶里组与亮甲山组。冶里组以白云质灰岩、白云岩为主，夹页岩，总厚度是50～112m。含水稍好的第二层为浅灰色厚层结晶灰岩，厚14m；第三层为浅灰、灰白色厚层结晶灰岩、块状灰岩，厚33m。亮甲山组以白云岩为主，含燧石团块，总厚度100～250m。含水稍好的第四十一层为灰黑色中厚层竹叶状灰岩夹白云质灰岩，厚18m；第十二层为灰黑色巨厚层花斑状灰岩，厚11m。中奥陶统分上、下马家沟两组，总厚度700～800m。含水最好的为第六段以灰色中厚层微晶灰岩及含生物碎屑白云质灰岩为主，夹角砾状灰岩，岩溶发育，含水最好。含水较好的第四段角砾状灰质白云岩，厚118m，含水较好。第二段灰色角砾状白云质灰岩，厚10m，岩溶较发育，含水也较好。河北省地质局区测队认为第六段和第四段含MgO、SiO_2、Al_2O_3等难溶物质较少，灰岩质地较纯，岩溶发育层次稳定，溶隙、裂隙多，富水性强，是很好的含水层。不少的泉群来自于第二、第四、第六段石灰岩，如山西娘子关泉群、山东的泉林泉群、明水泉群等，都是来自于马家沟组第二、第四、第六段石灰岩含水层。

鄂西三峡奥陶系以灰岩、页岩、砂岩为主，该系上部为灰岩，岩溶发育，溶洞暗河比较多，含水丰富。

志留系除华北地层缺失外，其他各地都有分布，中上部为介壳相灰岩，岩石孔隙、裂隙多，岩溶发育强烈，溶洞含水量丰富。

上古生界泥盆系在华北缺失，而在广东广西、贵州南部、云南东部地区广泛分布。中上部为海相沉积，灰岩很厚，岩溶发育，形成典型的亚热带石林、峰丛、漏斗、洼地、暗河等地貌景观，地下水含量丰富。

石炭系在华北分为中、上两统，以薄层灰岩、砂岩、页岩为主，灰岩层薄、不稳定，含水少。南方石炭系石灰岩厚度大，层次稳定，岩溶发育，如黄龙灰岩、船山灰岩、含水均较丰富。

二、石灰岩的可溶性

岩溶的发生与发展，受多种因素的影响。总体来说，岩溶发育的条件有以下几点：岩石的可溶性、岩石的透水性、水的溶解性、水的流动性、气候条件、地形条件、地质构造等。

（一）岩石的可溶性

岩石的可溶性主要取决于岩石的成分、结构。

1. 岩石的成分

岩石的成分不同，其溶解度也不一样。按成分可分为卤化盐类岩石（岩盐、钾盐等）、硫酸盐类岩石（石膏、硬石膏等）、碳酸盐类岩石（石灰岩、白云岩、白云质灰岩、大理岩等）。这三类岩石中，卤化盐类岩石溶解度最大，其次是硫酸盐类岩石，碳酸盐类岩石的溶解度最低。但是在自然界中，卤化盐类岩石和硫酸盐类岩石不常见，远不如碳酸盐类岩石分布普遍，对岩溶现象来讲，碳酸盐类岩石的实际意义最大。

研究资料表明：方解石的溶解速度比白云石高得多，因此石灰岩比白云岩容易被溶蚀；白云质灰岩和石灰质白云岩，首先被溶解的是方解石，使白云石被残留下来，阻塞洞隙，使岩溶作用减弱；泥灰岩含有许多黏土矿物，经过溶蚀作用后，其表面残余的黏土颗粒也能堵塞洞隙，妨碍水流运动，影响岩溶作用的继续进行。故一般质纯的石灰岩，岩溶较发育，而泥灰岩、硅质灰岩等，岩溶发育较差。例如我国南方分布的泥盆系、石炭系、二叠系、三叠系和北方的中奥陶统石灰岩，一般岩性较纯，岩溶较发育；而北方震旦系的硅质灰岩、下奥陶统的白云质灰岩，岩溶发育较差。

石灰岩的化学成分为 $CaCO_3$，但大部分石灰岩含有杂质，构成很多过渡性岩石（表3-1和表3-2），如泥灰岩、硅质灰岩、白云质灰岩、白云岩、石灰质白云岩、黏土质白云岩，这些含杂质的石灰岩的溶蚀作用，在同样的条件下，较纯石灰岩溶蚀速度慢。但在不同的环境条件下，会产生不同的结果。如泥灰岩夹层、硅质灰岩覆盖在变质岩之上，这时杂质灰岩岩溶发育很强烈，特别是岩石层面上，溶洞、溶隙较多，成井率很高。相反大面积的质纯石灰岩，在缺少构造的条件下，成井率却不高。说明岩石成分并不是绝对因素，它与岩石的结构、构造条件及周围环境有关。

表3-1　　　　　　　　　　　　石灰岩与黏土岩关系

岩　石　名　称	黏土矿物/%	方解石/%
石灰岩	0～5	95～100
黏土质灰岩	5～35	65～95
泥灰岩	35～65	35～65
钙质黏土岩	65～95	5～35

表 3-2　　　　　　　　　　　石灰岩与白云岩关系

岩 石 名 称	白云石/%	方解石/%
石灰岩	0～5	95～100
含白云质灰岩	5～25	75～95
白云质灰岩	25～50	50～75
含钙质白云岩	75～95	5～25
白云岩	95～100	0～5

2. 岩石的结构

岩石的结构对岩溶影响较大。矿物颗粒的大小、形状和结晶状况都控制着岩石的孔隙率。石灰岩的结构主要有碎屑结构、泥晶微粒结构、砂粒结构、生物碎屑结构、鲕粒结构等，这些结构对岩溶产生不同的作用。

一般情况下，粗粒碎屑结构和生物碎屑结构岩溶较发育。如华北区的中奥陶统马家沟灰岩，由于颗粒直径大，从 0.01～0.05mm，孔隙连通性好，岩溶发育；对于生物碎屑岩和鲕状灰岩，主要由生物碎屑组成，孔隙大，岩溶最发育。如马家沟第六段灰岩，含较多生物碎片，质轻，结构疏松多孔，透水性较强。如山东淄博良庄果园机井，打在马家沟第六段生物碎屑结构的岩层上，出水量 $56m^3/h$。

结晶结构，对于岩溶发育也有促进作用，如中奥陶统五段白云质灰岩的重结晶作用，可使结晶颗粒变粗，地下水沿晶粒间隙渗透，由于晶粒变粗，空间大，水流速度快，岩溶发育。据研究，当白云岩中白云石含量大于 50%，孔隙度增加很快，当白云石含量达到 80%～90%，孔隙度可达 30%。可见孔隙随着晶粒变粗而增大。华北地区下奥陶统细粒白云岩、白云质灰岩，由于晶粒较细，均匀致密，则不易溶蚀，一般成井较少。但粗粒白云质灰岩富水性较好，一般可以成井。

泥晶微粒结构，由于矿物颗粒细小，一般小于 0.005mm，粒间孔隙较小，水流速度缓慢，溶蚀性差，如中奥陶统二段泥晶灰岩，如果没有断裂构造的配合，一般不富水。

（二）岩石的透水性

岩石的透水性加大了岩石与水的接触空间，使岩溶作用不仅限于岩石的表面，还能向深处发展。岩石的透水性取决于岩石的裂隙和孔隙度，其中裂隙比孔隙更为重要。岩石的裂隙由于成因不同，其性质和分布特点各不相同，其影响的岩溶发育部位也不同。构造裂隙是水流的主要通道，因此岩溶发育的程度和分布方向，往往与地质构造密切关系。一般在断层带、裂隙密集带、褶皱轴部等部位，岩石破碎，地下水容易进行循环交替，岩溶最为发育；风化裂隙的存在，使地表附近的岩石破碎，有利于地下水的运动，因此在地表附近岩溶一般也比较发育。层间裂隙也是地下水进入岩石的通道，在可溶性与非可溶性岩石的界面上，由于地下水的流动、富集，岩溶往往也较发育。如北方下寒武统馒头组的二段石灰岩，地下水下渗时受到一段页岩和太古代花岗片麻岩的阻挡，二段石灰岩岩溶发育，是较好的含水层。

可溶性岩石的孔隙度一般比较小，但在贝壳灰岩、珊瑚礁灰岩、生物碎屑灰岩中，孔隙大而多，对岩溶发育影响很大。

（三）水的溶解性

自然界的水是不纯的，含有许多化学成分。水对碳酸盐类岩石的溶解能力，主要取决于水中多余的 CO_2 的含量，即所谓的侵蚀性 CO_2。其含量越多，溶解能力越强。水中 CO_2 的来源，主要是雨水溶解空气中的 CO_2 形成的。此外土壤和地表附近强烈的生物化学作用，也是水中 CO_2 的重要来源。当地下水向深处运动过程中，由于不断溶解岩石，水中侵蚀性 CO_2 含量逐渐减少，地下水的溶蚀能力也随之下降；水温也影响水的溶解能力，温度越高，溶解能力越大；当水中含有 Cl^-、SO_4^{2-} 离子时，水对碳酸盐类岩石的溶解能力将增加。

（四）水的流动性

水溶蚀能力与水的流动性关系密切。在水流停滞的情况下，随着水中 CO_2 不断消耗，水溶液达到饱和状态而丧失溶蚀能力。只有当地下水不断流动，与岩石广泛接触，源源不断地补充富含 CO_2 的水，岩溶才能继续进行。

地下水的流动性主要取决于降水量、水位差和岩石的透水程度。降水量和地下水循环系统的水位差越大，水的流动就快。所以多雨的湿润地区和新构造运动上升强烈地区，溶蚀作用比较强烈。相反，在干旱地区，降水较少，溶蚀作用微弱。新构造运动相对稳定的准平原区，地下水循环系统的水位差不大，溶蚀作用就不如山区强烈。

（五）气候条件

由于我国南北气候带不同，岩溶作用、岩溶形态、富水性、地下水分布规律呈地带性差异。北方地区年降雨量少，一般 $400\sim800$mm，降雨季节分配不均，夏季雨量集中，占全年雨量的 $60\%\sim70\%$，夏季炎热干燥，冬季寒冷干燥，年地表径流与地下渗流均集中在雨季，使地表岩溶不发育，地下岩溶也不如南方岩溶发育，故缺少大规模的地下溶洞、落水洞、地下暗河等。但北方气候也有促进岩溶发育的一面，因为雨热同期，降雨与地表径流集中在夏季，入渗水流下渗到一定深度后，由于地温稳定，水可长期溶蚀、冲蚀岩石，形成地下溶蚀裂缝、溶孔、溶洞等储水空间，构成石灰岩含水层。

从北方成井可以证明，在石灰岩的排泄区或径流区，不仅存在着溶洞裂隙，而且还有少量的暗河。如山东沂源土门下涯洞中的暗河，辽宁本溪的水洞暗河，山西娘子关的地下暗河等。有的暗河口位于现今的河涯脚下（沂源土门下涯洞中的暗河），这些暗河补给河水，并以河床作为排泄基准面，说明地下暗河与现代河谷二者是同期形成的产物。

南方地区降雨充沛，年平均降雨量 1200mm，年平均气温高于 $15^{\circ}C$，地面径流和地下渗流强度大，地表岩溶和地下岩溶形态发育。石灰岩受到地下水的溶蚀作用和机械冲蚀作用，往往形成网状、脉状的管道系统，组成地下暗河。地下暗河径流量大，地表一般不缺水。但局部地区，如分水岭附近、地下水的补给区，由于受到岩性、地质构造、地形条件的限制，水源缺乏。如广东省的东北部、湖南省的南部、云南省的北部、江西省、安徽省各地都有一些地区缺水，有的地区缺水严重。

（六）地形、地貌条件

石灰岩地形条件，有地上形态，也有地下形态，地上地形地貌如山地、丘陵、盆地与平原，影响岩溶的发育。在不同地貌条件下，岩溶发育程度是不相同的。山地丘陵区，地表起伏大，山高坡陡，降雨后地表径流速度快，入渗水量少，地表缺水严重；平原盆地区，坡度缓，这类地区常常有第四系覆盖层所覆盖，降雨后地表径流速度缓慢，入渗水流大，而且入渗水中溶解沉积物中的 CO_2，增强了地下水的溶解性，使石灰岩溶解加快，再加上上覆土层中的水分，可起到长期调节作用，延长石灰岩的溶蚀时间。因此第四系薄层覆盖区，地下岩溶发育最好，成井率高，尤其是在覆盖的谷地，利用河流的阶地、河漫滩、河床，开采下伏灰岩岩溶水，北方单井出水量达每小时几十立方米，南方可达每小时几百立方米以上。

（七）地质构造

岩溶发育与地质构造关系密切，很多典型的岩溶区均受构造体系的控制。裂隙节理、断层破碎带、褶皱轴部、可溶性岩石与不可溶性岩石的界面等，这些部位岩层破碎，水流汇集，交换和运动条件好，溶蚀作用进行顺利而迅速，因而岩溶地貌发育。

1. 断层构造

断层是地下水的良好通道，所以沿断层带岩溶特别发育。断层的规模、性质、走向、断裂带的破碎程度及填充方式，都和岩溶发育密切相关。正断层属于张性断层，岩体破碎，破碎带一般为断层角砾岩，透水性强，有利于岩溶发育，断层的上盘一般比下盘发育；逆断层一般为压性断层，破碎带一般为大量的碎裂岩和糜棱岩，胶结好，孔隙率小，呈致密状态，不利用岩溶发育。平推断层破碎带内既有岩石的糜棱结构，也存在次一级的构造裂隙，对岩溶的发育，介于两者之间。

2. 褶皱构造

不同的褶曲形态，岩溶发育程度、部位也不相同。在背斜构造区，背斜轴部，张裂隙发育，有利于地下水向下渗流，岩溶发育常比其他部位高，形成一系列沿轴向分布的岩溶形态。背斜的两翼地段，裂隙岩溶发育较差；在向斜构造区，地下水富集于轴部，沿轴向排水，可形成暗河，因而岩溶化强烈，逐渐向两翼减弱。

3. 单斜构造和水平构造

岩层倾角的大小，地下水流速和循环不相同。倾角越大，地下水循环越剧烈，岩溶作用越强；水平构造或缓倾斜构造区，同一岩层在地表面积分布，促使岩溶均匀发育，形成单一的地貌景观，岩溶发育情况多由层面裂隙控制。

三、石灰岩地下水开采类型

石灰岩在各种基岩中，是含水最多的岩层，也是开采数量、开采规模、开采强度最高的岩层之一。根据各地开采利用岩溶水的情况和岩溶水赋存条件，可将岩溶水开采类型划分为以下六种类型。

（一）地层组合型

石灰岩与页岩、白云岩、泥灰岩岩层组成互层、夹层、表层、底层等不同形式的组合结构，这些结构在一定条件下都能产生岩溶，构成层间裂隙岩溶水含水层。这种层间水，在地形低洼汇水条件良好的地区，含水丰富。地层组合型的地层主要有下寒武统馒头组、下寒武统毛庄组、中寒武统徐庄组、下石炭统本溪组、上白垩王氏组等地层。另外相邻两套地层也可能构成地层组合型，如张夏组下部灰岩与徐庄组页岩、中奥陶统二、四、六段厚层灰岩与下伏的一、三、五段泥灰岩互层组合等。下寒武统馒头组、下寒武统毛庄组、中寒武统徐庄组的含水性已在本章第二节中叙述，下面简要介绍下石炭统本溪组、上白垩王氏组地层含水性。

下石炭统本溪组夹有徐家庄灰岩、草埠岭灰岩，溶洞发育好，含水丰富，在山东淄博地区，有很多煤矿和钻孔，取自该层岩溶水。

【例3-27】　山东新泰新汶孙村机井，穿入徐家庄灰岩，在草埠岭灰岩中终孔，井深80m（灰岩总厚度不超过18m），出水量30m³/h。

上白垩王氏组，在红色砂岩中夹有薄层泥质灰岩或数层灰岩，溶洞发育好，含水丰富。

【例3-28】　山东莱西李权村大口井，遇到三层泥质灰岩，井深13.5m，井径6m，日出水量3000m³。

根据岩层的组合关系，地层组合型主要有以下几种。

1. 表层组合

当可溶性岩石覆盖在非可溶性岩石之上，上部可溶岩通过渗透水流的溶蚀，使裂隙扩大，岩溶水在渗透过程中遇到下部非可溶性岩石的阻滞，富集在底层灰岩中成为富水层。但表层灰岩要有一定厚度，灰岩厚度应大于区域水位的深度。表层组合型是在大面积出露的厚层灰岩地区，岩溶发育不均匀，又缺少构造条件上利用的开采型。

【例3-29】　山东省泰安市楼村的机井利用张夏组灰岩覆盖在徐庄组页岩上，井深85m，41m深遇到溶洞，水位降深24m，出水量80m³/h。

【例3-30】　山东省历城邵而乡利用中奥陶统厚层灰岩覆盖在泥岩上，布置四眼机井，井深74～110m，出水量均超过100m³/h。

2. 底层组合

可溶性岩石埋藏在非可溶性岩石的底部，下伏岩溶通过静水压力作用，促进岩溶发育，使裂隙、溶孔、溶洞增多，成井率高。

【例3-31】　山东省淄博良庄果园机井，井深267m，上覆35m厚中石炭统砂页岩层，含水层为120m厚中奥陶统马家沟灰岩，岩溶发育，出水量56m³/h。

3. 互层组合

可溶性岩石与非可溶性岩石组成互层结构，这种组合型从震旦亚界到第三纪地层，全国都有分布。如震旦亚界白云岩与石灰岩、白云质石灰岩与钙质砂岩、厚层灰岩与薄层板状灰岩、硅质白云岩与白云质灰岩等互层组合；寒武系的灰岩与页岩、灰岩与灰质砂岩、泥质灰岩与石灰岩等组合；奥陶系灰岩与泥灰岩、白云岩与白云质灰岩、泥晶灰岩与生物灰岩等互层组合；泥盆系珊瑚灰岩与页岩、灰岩与砂质页岩的互层组合；石炭系的灰岩与页岩、灰岩与砂岩的互层组合。以上这些组合，与单纯大面积连续分布的灰岩相比，岩溶发育，在缺少构造的条件下，一般可以成井，主要原因如下：

（1）可溶性岩石与非可溶性岩石相互接触，为地下水选择性的溶蚀作用提供了条件，使岩溶水能够沿着灰岩裂隙集中溶蚀、冲蚀，不断扩大裂隙规模，使岩溶发育比较集中，构成富水带。

（2）互层组合分割渗透水流，使岩溶水集中汇聚，将分散的有限的补给量集中于灰岩内，有利于确定井位，提高成井率。

（3）由于含水层与隔水层的相互结构，岩溶水多呈承压性，具有一定的水头高度，不仅能够促进岩溶化，而且能使机井开采水位上升，有时可以打成自流井。

【例 3-32】 山东省章丘东狐狸村机井，井深 133m，下寒武统馒头组灰岩与页岩互层，钻至五段灰岩时，井水开始自流，旱季涌水量 $10m^3/h$，雨季 $40m^3/h$；山东省沂南章兴庄为毛庄组灰岩与页岩互层，井深 110m，终孔在毛庄组页岩上，出水量 $30m^3/h$。

4. 夹层组合

夹层组合是指可溶性岩石以厚层形式夹在厚层非可溶性岩石或难溶性岩石之间，其夹层厚度一般不少于 2m，地下水渗透与汇聚于可溶性岩石中，岩溶发育，含水丰富。石炭系地层在北方地区以砂页岩为主，中间夹有数层石灰岩或泥灰岩，在北京地区有上石炭统太原组下部夹有 1~2 层泥灰岩，中石炭统本溪组夹有 1~4 层泥灰岩，单层厚度 8m；山东省太原组夹 5 层灰岩，单层厚 1~2m，本溪组徐家庄灰岩，厚 2~8m。这些灰岩与泥灰岩夹层，在地形、构造的配合下，都含有少量岩溶水。

【例 3-33】 山东省新泰孙村机井，利用本溪组 2 层灰岩，总厚度 18m，井深 80m，出水量 $30m^3/h$；山东省章丘潘家毕 4 号孔，井深 251m，穿透太原组 1~5 层灰岩与徐家庄灰岩，出水量大于 $56m^3/h$。

（二）背斜构造型

背斜轴部纵向裂隙相当发育，岩溶水侵蚀强烈，使轴部富水性增强。在南方气候条件下，背斜轴部往往形成岩溶槽谷。如四川东部的三叠系嘉陵江组灰岩、白云岩，总厚度 500~700m，组成华蓥山、铜锣峡、明月峡槽谷，含水多。北方气候条件下，背斜轴部同样岩溶发育，岩溶形态规模虽小，含水丰富。

【例 3-34】 山东长清大柿子园，由中奥陶统灰岩构成的背斜构造，背斜轴部机井，井深 80m，水位埋深 7m，单井出水量 $100m^3/h$（图 3-13）。

图 3-13 山东长清大柿子园背斜蓄水构造

【例 3-35】 北京地区黄草洼，由长城系高于庄灰岩组成的背斜构造，从轴部涌出的泉水，总流量 $21835m^3/d$。在背斜的倾伏端，除纵向裂隙发育外，放射性裂隙也十分发育，蓄水性强，单井出水量大。如北京市平谷区关上—万庄背斜倾伏端的西凡各庄，南涝山和盘山背斜倾伏端的豹子岭，出水量很大；山东省宁阳南陈庄，背斜倾伏端机井，井深 10m，出水量 $51m^3/h$。

（三）向斜构造型

向斜轴部纵向裂隙、横向裂隙、X 形裂隙都很发育，形成大范围的岩溶发育带。当向斜两翼的倾角较缓，接受两翼补给水量多，富水带宽。

南方地区大型向斜较多，如粤北地区由泥盆系、石炭系、二叠系灰岩构成的向斜构造，岩溶发育强烈，其中黄德-翁城向斜构造的岩溶上升泉，枯水季节流量 $60480m^3/d$，最大可达 8.64 万 m^3/d；贵州三塘向斜，地下水沿向斜轴部汇流，主流长达 20km，平均流速 218m/d（图 3-14）。

图 3-14 贵州三塘向斜轴部地下河流

向斜构造在北方规模小，分布不广，如山东省泰安市石崖机井，井深 60m，由寒武系灰岩组成的向斜，出水量 160m³/h；北京密云区西葫芦峪机井，由蓟县系雾迷山组硅质白云岩组成的小向斜轴部，井深 179.4m，单井出水量 16.42m³/h，井深加到 234.3m 时，出水量达 66.75m³/h。

（四）单斜构造型

单斜地层倾角大小，影响着裂隙岩溶发育。倾角小于 10°的近水平单斜岩层，含水裂隙主要为 X 形扭裂隙，因地形平坦裂隙多闭合，降雨入渗补给少，裂隙岩溶不发育，灰岩含水性差；倾角 10°～45°的缓倾斜岩层，含水裂隙主要为顺层裂隙，其次为层间滑动的张裂隙和 X 形扭裂隙，由于地表出露面积大，接受降雨多，地下水沿层面裂隙向倾斜方向运动，富集于灰岩层中，当遇到阻水岩层或岩脉阻挡时，岩溶发育较好，构成富水带；倾角大于 45°的陡岩层，含水裂隙以层间滑动的张裂隙为主，地下水沿岩层走向运动，因倾角过大，张裂隙易被黏土充填，且出露面积小，降水补给少，岩溶不甚发育。

以上表明，缓倾斜单斜岩层富水性最好，但其岩溶发育程度与地形关系密切，由于岩层走向与沟谷走向垂直，当岩层倾向与地形坡度相反时，有利于地下水的赋存；当岩层倾向与地形坡向一致时，多数情况下，地下水容易沿地层裂隙流走，只有当下游遇到阻水构造时，方能富集地下水，如遇到阻水岩脉的阻挡，还可形成上升泉，如山东省百脉泉群。

（五）断裂构造型

断裂构造型富水带，是石灰岩区开采最广泛的类型。一般较大的断裂构造分为断裂带与影响带两个富水体。当断裂面为张性或张扭性导水断层时，断裂带破碎强烈，构成富水体；当断裂面为压性或压扭性时，断裂面挤压紧密，断层泥、糜棱岩、压碎角砾岩充填致密坚硬，裂隙不发育，隔水性强，构成阻水带。此类断层较多，施工时岩芯完整，储水很少，甚至无水。

影响带是开采中经常利用的富水体，当断裂为压性、压扭性、扭性的阻水构造时，影响带中的旁侧构造则成为主要开采对象，在断层面上盘含水多，下盘则少。如山东省肥城阻水正断层，两盘均为中奥陶统马家沟灰岩两眼井分别布置在上盘和下盘上，上盘井井深 75m，出水量较大，出水量 3000m³/d，下盘井井深 90m，出水量少，出水量 500m³/d，两井相距 200m，出水量相差 6 倍。

（六）接触开采型

灰岩与侵入岩接触，不仅岩性差异影响岩溶化程度，而且由于接触变质作用，往往使石灰岩发生重结晶，颗粒变粗，即大理岩化。灰岩受侵入体顶起或烘烤发生破碎，裂隙发育，岩溶发育强烈，形成富水带。富水程度视侵入体规模和产状而异，一般来讲，岩基、岩株、岩盘的接触带富水性强，岩脉次之，岩床最差。这些侵入体内部结构致密，视为阻水体，当与地形坡向、补给来源相配合，成井率高。

第五节 找 水 经 验

我国在开发地下水方面积累了许多找水经验，当地的广大群众对本地区的地下水、地形、地貌、岩石、构造最为熟悉。地质找水工作，必须依靠群众，总结当地群众的找水谚语，加以综合分析。必须强调的是，这些经验和体会具有明显的地域性、片面性，有的看似相互矛盾，放在同一条件下并不成立。各地在找水应用时，找水工作者应根据诸种自然现象提供的线索，进行综合全面分析，要因地制宜，辩证地看待这些经验，不能死板地套用，否则会出现失误，导致找水定井失败。

1. 根据地表岩土的湿度来判别是否有地下水

（1）"烂泥田，有水源"。在山区的低洼地带，由于地下水的汇聚，在这些地带常形成烂泥田，常年泥泞不干，有时见水泡上翻，说明其下有地下水。地下水一般为孔隙水，是周围的裂隙水汇聚而成，根据烂泥田的分布范围和烂泥田含水情况来判别地下水的丰富程度。烂泥田分布范围越大，水分越多，说明地下水越丰富；否则相反。

（2）"旱龙道，水源好"。在平原区，地层一般为第四系土层，如果泥泞不堪，地表水不易下渗，说明此处地下为渗透性小的黏土、亚黏土，地下水一般不丰富；相反，如果下雨后，地表立刻变干，雨水很快渗入地下，说明地下为透水性很强的地层，如砂土、卵石层等，地下水一般较丰富。在小型平原和山间谷地，群众把规模较小的古河道称为"旱龙道"，意为条带状干燥的通道，形似龙一样，只要找到古河道，就能找到含水性较强的地下水。

石灰岩山区，由于岩石具有较强的透水性，雨后地表干燥，说明降雨很快变成地下径流，地下水一般较丰富，当然由于岩溶水是一个复杂的地下水系统，岩溶发育带不一定就在附近；变质岩山区，由于岩石完整，透水性差，雨后地表溪流不断，大雨过后常形成许多泉水，不久就断流，说明降雨大部分变成地表径流，不能有效补给地下水，地下水一般贫乏，是地下水贫水区，如山东省胶东的花岗岩地区、变质岩地区。

2. 冬季根据地表是否结冰来判别是否有地下水

（1）"有结冰，水源好"。在山区，常有许多下降泉，说明该处地下水丰富，是潜水排泄处，可以作为小型饮用水源。到了冬季，水溢流，沿着山坡流淌结冰，常形成悬挂的冰幕。可根据悬挂冰幕的厚度、范围大小判别地下水的丰富程度，如结冰厚度大，结冰范围广，大致可以判别泉的流量较大，地下水较丰富，可以考虑采用引泉工程开采地下水。

（2）"不结冰，有水源"。到了冬季，一般平原地区都结冰或积雪，但其中一个小范围内不结冰或结冰时有裂缝，缝壁有白霜，有时候早晨看见有雾气上升，其下面可能有水源。这种地下水一般为埋藏较浅的孔隙潜水。可根据化冰的范围大小判别地下水的丰富程度，如果化冰大，地下水分布范围大。温度越低，周围结冰厚度越大，化冰越明显，说明地下水活动越强烈，含水一般较丰富。在这些地方采用大口井开采，一般能获得较丰富的地下水。

3. 根据泉水的出露来判别是否有地下水

泉水的出露是判别地下水最有效的手段之一，是反映岩石富水性和地下水的分布、类型、水质、补给、径流、排泄条件和变化的一项重要标志，观察泉水的流量、出露高度、泉水温，对了解地下水类型、地下水埋藏条件、地质构造具有重要意义。

（1）"下降泉，水源小"。在山丘区，由于含水层受到切割，形成许多的下降泉。下降泉说明地下水为潜水的排泄处，地下水一般不丰富，只能作为小型饮用水源。

（2）"上升泉，水源丰"。如果是上升泉，说明地下水为承压水的排泄处，地下水一般较丰富，常可以开采为大型水源地。如济南的七十二泉，山西娘子关泉，为著名的上升泉。

（3）"有温泉，水源远"。如果泉水温度大致相当或略低于当地年平均气温，称为冷泉。这种泉大多由潜水补给，一般情况下冷泉是就地补给，就地排泄，地下水运动距离短，地下水不丰富；如果泉水温度高，高于当地年平均气温，称为温泉。这种泉大多由承压水补给，一般情况下温泉是异地补给，在当地排泄，地下水运动距离长，如果进一步开采，地下水一般较丰富。

4. 根据地形地貌来判别是否有地下水

地形、地貌是寻找地下水的最直接的依据，不同的地形、地貌特征，影响着地下水的补给、运动、排泄。根据地形特征，有以下几种找水经验。

（1）"青山压砂山，往往有清泉"。在地貌上如果上部为石灰岩地层（青石山），下为变质岩地层（砂石山）构成青山压砂山，在两者的接触带上，馒头组石灰岩中的二段含水灰岩中的地下水，遇到变质岩的阻挡，形成泉水出露。如果砂石山出露地表，地下水补给较少，出水量往往不大，如济南市灵岩寺在不大的范围内，出露一系列泉水，成为著名的"五步三泉"，泉水就是来自石灰岩与变质岩的接触带，不过近年来由于降水减少，地下水补给水量减少，该泉基本干涸无水。如果变质岩有一定埋深，上部石灰岩补给条件好，地下水往往较丰富。

（2）"掌心地，找水最有利"。掌心地、簸箕段是指三面环山的小洼地，周围地下水集中流向洼地。在地形等高线上构成半闭合的洼地，周围地下水集中流向洼地，对于打井或挖泉最有利（图 3-15）。

（3）"山间低地，汇水最有利"。在石灰岩地区，山间低地的地下水位浅，周围山地汇水集中，使石灰岩中裂隙溶洞充满水，在地表不见构造的情况下，根据这种地形也可以打出水来，如山东省新泰市禹村东站区域水位埋深 14m，井深 15m，出水量很大。在其他岩石地区，山间低地汇水条件好，地下水相对丰富，也是井的最佳位置。

（4）"两山夹一沟，河涯有水流""两山夹一嘴，

图 3-15 簸箕地段风化裂隙富水构造
1—风化裂隙带；2—花岗岩

常常有流水"。两山之间有一沟谷，河谷切割出不同岩层，也切割地下水面，在坡脚处往往有层间裂隙水流出；两山之间出现一孤山，孤山的山嘴阻挡了上游河谷的水流，如潜水位高时可有泉出露。

（5）"山扭头，有水流"。当山脉拐弯处，由于山脉走向变了，但含水层中部分水流方向不变，地下水便在适宜的地方涌出成为泉水。

（6）"山岗坡，泉很多"。山间盆地的边缘，常有许多的低矮山岗、山岗坡，地下水常沿山脚流出。如果是大型的山间盆地或谷地，地下水储量很丰富，两侧常有水流出，如山西临汾盆地，就是广泛利用潜水井进行灌溉。

5. 根据地物来判别是否有地下水

（1）"黄泥头下藏水源"。在山丘区，第四系堆积物一般为坡积、残积的土层，而下伏基岩的风化壳形成年代新，风化裂隙发育，一般富水。覆盖层越厚，覆盖层渗透性越大，地下水往往越丰富。山丘区的覆盖层一般为粉土夹砂粒、黏土夹砂，老百姓俗称黄泥头，土层下与基岩接触带附近，一般含有水量不大的地下水，可作为小型水源开采。

（2）"有石龙，水源到"。岩脉俗称"石龙"或"石筋"，由于岩脉属于脆性岩石，而围岩属于柔性岩石，石龙本身裂隙比较发育，充填物也较少，有利于地下水的富集，是变质岩、岩浆岩地区较好的含水构造。变质岩地区较好的含水岩脉有花岗岩脉、长石岩脉、石英岩脉、闪长玢岩。

【例 3-36】 山东省章丘孟张村附近的中奥陶石灰岩，其中地下水位埋深 100 多米，但在山南沟谷底部，有一条呈东西向延伸的闪长玢岩岩墙，在南侧出露有倾向北西的上寒武凤山组下部灰岩，水井打在岩墙的南侧，井深 27m，水量丰富，解决了该村饮水问题（图 3-16）。

图 3-16 山东省章丘孟张村岩脉构造

（3）"河水突然断流，地下水不请自到"。根据河流流量的变化，大致可以反映地下水与河水的互补关系。如河水显著增加段，表明两岸有较丰富的地下水补给河水，可以针对性对显著增加段的上游附近查找地下水；如流量显著减少甚至干涸变成干河床，说明河水补给地下水，在河流的下游段寻找地下水。

【例 3-37】 山东省淄河，位于石灰岩的断裂谷中，平均 80% 的流量，沿断层下渗补给地下水，其间有的河段形成干河，全部水流下渗变成地下水，这时可以用截渗方法，把水引出来。

6. 根据气象现象来判别是否有地下水

（1）"雾气升，有水源"。石灰岩洞穴，如果常年有白雾迷漫，说明该处含有丰富的地下水。如浙江著名的瑶琳仙境溶洞，就是当地百姓发现山上常年雾气缭绕，发现特大溶洞，最后开发成著名的溶洞旅游胜地。

在某个地方天冷久旱时期，在无风的早晨，迎阳光从稍远处望去，常见水蒸气上升，说明该处可能有地下水；平坦的草原，傍晚有薄雾笼罩，下面可能有地下水存在。根据水蒸气上升寻找的地下水都是埋深不大的潜水，对于埋藏较大的承压水、深层水，利用这种现象找水就无能为力。

（2）风水先生土法找水。在偏远的农村，常见有找水先生，在地上挖一个坑，将一个非常大的泥碗倒扣在坑里，到了清晨翻开泥碗，根据泥碗里凝结水珠多少来判别是否有地下水，如果水珠多，说明地下水形成的水蒸气旺盛，地下水丰富；有时候他们在坑里点燃一堆稻草观察稻草炊烟上升形状，如果烟雾垂直上升，说明水蒸气多，地下水丰富，尽管这些方法带有一定的迷信色彩，但也有一定的道理。

7. 根据植被来判别是否有地下水

（1）带状分布的茂盛植被，说明该处可能为断层破碎带，含有丰富的构造裂隙水。断层破碎带为脉状分布，沿断层带发育有断层角砾岩、断层破碎带，地下水较丰富。野外许多断层就是根据带状分布的植物发现的。

（2）地表生成喜湿植物，如芨芨草、沙柳、水芹菜、竹子等，说明地下水一般埋藏浅，水量多，这些地下水一般为孔隙潜水。其中芦苇生长地区，地下水位一般埋深 0～3m，芨芨草群地区，地下水位埋深 3～6m，而骆驼草指示较深的地下水位，一般埋深15m 左右。

在野外的地质找水中，根据芦苇生长情况，在揭示地下水赋存方面效果较好。在北方山丘区的坡脚、低洼地带，凡是地下水排泄、出露的地带，都长有茂密的芦苇，说明该地段为地下水的出口，一般含有丰富的地下水。可根据芦苇生长的范围、茂盛程度，来判别地下水富水程度。范围越大，说明地下水排泄范围广，生长越茂盛，说明地下水水量越丰富。

【例 3－38】 山东日照市多个山村利用坡脚芦苇生长带，开采成饮水水源，解决了山区群众的饮水困难。

8. 根据地名来判别是否有地下水

有的地方，地名和水源有关系，如某某泉、某某桥、某某井等，虽然这些地方已看不到泉、桥、井等现象，但追查其地名的来源，也能找到新的水源。如山东省莱西林泉庄，就是根据过去泉的线索，沿途挖掘透水与隔水带，终于挖出良好的水源；浙江余姚三山桥原为河口码头，今已淤积成平原，从码头的位置，找到一条古河道，打出水量丰富的机井。

第四章 电阻率法找水

第一节 电法勘探找水分类

岩石都具有一定的物理性质，如导电性、导磁性、弹性、密度等，在地面上通过不同的仪器设备测定出地下岩石的某一物理性质，根据其物理性质的差异推断出岩石的性质和地质构造，以达到找水或找矿的目的，这些方法统称物理勘探（简称物探）。电法勘探是物理勘探的主要方法之一，它是利用地壳中不同矿物岩石电学性质间的差异实现地质目标的。

一、电法勘探原理

在电法勘探中，目前利用的矿物和岩石的电学性质或物理参数主要有 4 种：电阻率、磁导率、极化特性以及介电常数。如果被探测的矿体或地质体与周围的岩石在电磁学性质上存在着明显的差异，就可以引起电磁场的空间分布有规律地变化。因此人们便可以根据这种相应的规律，结合地质分析和其他物探，查明地下有无矿物或地下水存在，并确定其大小、形状埋深等，以达到地质找水的目的。

如果当地下存在比围岩电阻率高的矿体或直立石英岩脉时，在它们的两侧由 A、B 两电极向地下供电，电流由 A 经过大地流向 B，当遇到石英脉时，电流绕过石英脉集中于地表附近，使石英脉上方电场强度急剧增加，用 M、N 两测量电极沿测线逐点观测电位差，并计算视电阻率，就可以根据视电阻率的异常发现石英脉，这种方法称为电阻率法（图 4-1）。

图 4-1 电阻率法找矿、找水原理

电法勘探的应用范围较广，在金属矿、石油、煤炭以及水文地质、工程地质方面得到了广泛的应用，特别是在水文地质勘察，电法勘探发挥了巨大的作用。当然并不是任何情况都可以用电法勘探解决问题，而是需要具备一定的条件。例如被探测对象与围岩要有明显的电性差异，规模较大，电性断面较简单等。在具备勘探条件的地区，合理选择勘探方法，才能取得良好的地质效果，在不具备勘探条件的地区不应盲目的使用电法勘探。

二、电法勘探分类

一般而言，电法勘探较其他物探方法具有利用物性参数多、场源装置形式多、观测内容或测量要素多，以及应用范围广等特点。所以为实现不同勘探目的，可适用于各种矿产、地质条件，致使电法勘探在多年的生产实践中发展出许多分支或多种方法，这样可以从不同的角度将电法勘探分为许多不同的类别。但是分类方法不是固定不变的，目前尚无统一的分类方案。在本章仅作简单介绍，以供参考。

电法勘探根据使用电场的不同可分为两类：人工电场法，即人工将电流通入地下形成电场来研究地下地质情况；自然电场法，即利用地下天然存在的电场来研究地下地质情况。

1. 人工电场法

人工电场法又可分为直流电场法和交流电场法。由于直流电场电源可以人为地产生和控制，故大多采用直流电场法。人工电场法按使用方法不同可分为以下几种：

（1）电阻率法。通过测量分析岩层的电阻率，解决有关的地质问题，达到找水的目的。电阻率法又可分为电测深法、电测剖面法等。

（2）激发极化法。通过观测、研究岩层的激发极化特性，及其在外电流场的作用下产生的二次电场的变化规律，以达到找水的目的。

（3）充电法。是对被研究的地质体进行充电，然后在地面或钻孔中对电场进行研究。广泛地应用于测定地下水流向、流速。

2. 自然电场法

自然电场法过去主要用来寻找金属矿床，在电测找水中多用于寻找断层破碎带，查寻水库土坝漏水地段，确定地下水流向等。产生自然电场的原因十分复杂，主要有以下三种：

（1）过滤电场。由于地下水的渗流而形成的电场。在地表上通过观测过滤电场，可以观测地下水的流向、抽水半径影响范围等。

（2）扩散电场。由两种不同浓度的溶液形成的电场。

（3）电化学电场。由带电的导体与离子溶液界面上的氧化还原作用形成的电场。利用电化学电场可以进行金属矿或其他电子导体矿床的勘探，但在地下找水过程中，一般是干扰因素。

第二节　岩石的电阻率及其影响因素

一、岩石的电阻率

岩层导电性的差异是电法勘探工作的物理前提。电阻率法就是借研究岩层电阻率值的差异，来解决有关地质问题，达到找矿、找水的目的。因此，研究岩层在自然条件下的电阻率及其影响因素，是一个首要问题。

在电法勘探中，用来表征岩石导电性能好坏的参数为电阻率 ρ，或电导率 $s=1/\rho$，如图 4-2 所示。

当对一横截面积为 S 的长方形岩石标本，通过 A、B 两极对其供电（电流强度为 I），并在相距为 L 的环形电极 M、N 处测出其间的电位差 ΔU 时，则可按下式计算其电阻率：

$$\rho = R\frac{S}{L} = \frac{\Delta U}{I}\frac{S}{L} \qquad (4-1)$$

由式（4-1）可知，岩石的电阻率在数值上等于横截面积为 $1m^2$、长度为 $1m$ 的导体所具有的电阻数值，记作 $\Omega \cdot m$。

图 4-2　测量岩、矿标本电阻率的装置简图

在电法勘探中，一般用电阻率 ρ 的大小表示岩石导电的难易程度。岩石电阻率值越低，其导电性能越好；反之，若岩石电阻率值越高，其导电性越差。

二、影响岩石电阻率的因素

不同岩石的电阻率差别很大，而同类岩石电阻率也有很大的变化范围。这些事实都说明影响岩石电阻率的因素很复杂，研究这些因素对电法勘探找水有着重大的意义。

自然界存在着两类性质不同的导体：电子导体和离子导体。通常金属矿物及石墨以电子导电为主，而在一般情况下，造岩矿物则以离子导电为主。因此影响岩石电阻率的因素，可归纳为两个方面：岩石含电子导电矿物情况和含水情况。

（一）电子导电矿物对岩石电阻率的影响

1. 岩石电阻率与矿物成分及含量的关系

一般地讲，岩石中含导电矿物越多其电阻率越低，但当导电矿物结构、构造不同时，则难以比较电子导电矿物的含量或电阻率之间的关系。

2. 岩石电阻率与电子导电矿物的结构、构造的关系

结构、构造对岩石的电阻率影响很大。自然界中，大多数岩石均可以看作是由均匀的胶结物与不同形状的矿物颗粒所组成。当岩石中的良导矿物互相连通时其电阻率就低；当岩石中的良导矿物被高电阻率的脉状矿物相隔开时，其电阻率就高。

当导电矿物为颗粒状，且体积含量不十分大时（$V<60\%$），由于导电矿物互不相通，含量的变化对岩石电阻率影响并不明显，即电阻率仍然很高。只有当导电矿物含量相当大时（$V>60\%$），含量才明显影响岩石的电阻率；当导电矿物为胶结物或细脉薄膜状时，虽然导电矿物含量不大，但由于导电矿物互相连通，含量的变化对岩石电阻率的影响却很大。总之，岩石中导电矿物对岩石电阻率影响的大小，取决于它们的连接情况，连通者影响大，孤立者影响小。

构成岩层的主要矿物的电阻率见表 4-1。从表中可以看出，除了少数金属硫化矿物

和某些金属氧化物及石墨等属于低电阻率以外，几乎全部最重要的造岩矿物如石英、长石、云母、方解石等的电阻率都很高。这是由于结晶体的电离作用很小，没有足够数量的自由电子的缘故。

表 4 - 1 主 要 矿 物 的 电 阻 率

矿物名称	电阻率/($\Omega \cdot m$)	矿物名称	电阻率/($\Omega \cdot m$)
云母	$10^{14} \sim 10^{15}$	黄铁矿	$10^{-4} \sim 10^{-3}$
石英	$10^{12} \sim 10^{14}$	黄铜矿	$10^{-3} \sim 10^{-1}$
长石	$10^{11} \sim 10^{12}$	磁铁矿	$10^{-4} \sim 10^{-2}$
白云母	$10^{10} \sim 10^{12}$	软锰矿	$1 \sim 10$
方解石	$10^{7} \sim 10^{12}$	煤	$10^{2} \sim 10^{5}$
硬石膏	$10^{7} \sim 10^{10}$	无烟煤	$10^{-4} \sim 10^{-2}$
褐铁矿	$10^{6} \sim 10^{8}$	方铅矿	$10^{-5} \sim 10^{-2}$
赤铁矿	$10^{4} \sim 10^{6}$	石墨	$10^{-6} \sim 10^{-4}$
菱铁矿	$10^{1} \sim 10^{3}$		

岩石含有导电矿物时，电阻率不仅与导电矿物的含量有关，而且受结构的影响。当导电矿物呈团状、浸染状或被不导电的颗粒包围时，即使在岩石中所含的百分比很大，但岩石电阻率仍很少受其影响，若导电矿物颗粒在岩石中呈互相连接构成细脉时，即使在岩石中含量不多，也能使电阻率大大降低。在电测找水中常遇到的沉积岩和部分火成岩、变质岩都是由高电阻率的造岩矿物所组成的。故多数岩层的电阻率与矿物成分关系不大，而主要取决于岩层的孔隙度和其中充填强导电性的水分的多少。只有在岩层中含有很多石墨及碳化程度很高的煤时，才会影响到岩层的电阻率。

（二）含水情况对岩石电阻率的影响

自然界大多数岩石是由电阻率很高的造岩矿物组成的，因此似乎多数岩石的电阻率应与造岩矿物的电阻率具有相同的数量级，即在 $10^{4}\Omega \cdot m$ 以上。但实际并非如此，通常岩石的电阻率都大大低于这个数值。这是因为一般的岩石都不同程度地含有导电性较好，并且彼此互相沟通的水溶液的缘故。因此，对大多数的岩石来说，含水情况成为影响岩石电阻率的主要因素。

1. 岩石电阻率与空隙率及容水度的关系

一般来说，岩石的湿度是与空隙度有关的，只有具有一定空隙度的岩石，才可能具有一定的容水度。一般情况下容水度要小于空隙度，如果空隙全部被水所饱和，容水度就等于空隙度。如前所述，一般岩石主要依靠水溶液的离子导电（石墨、金属矿物除外），因此容水度越大，电阻率越低；若容水度为零，则孔隙中全是空气（如干砂）或是坚硬致密的基岩，则电阻率就很大，这就是电阻率法找水的物理依据。

2. 岩石电阻率与所含水溶液矿化度的关系

绝大多数岩层，都是由电阻率高达 $10^{6}\Omega \cdot m$ 以上的造岩矿物所组成。因此，岩层处于干燥状况时，电阻率都很高。但岩层一般都具有一定的孔隙或裂隙，并含有或多或少的水分，因而使其电阻率降低。在地下水面以下，岩层的孔隙几乎充满了水。地下水都溶有一定的盐分，其电阻率都比较低（表4-2）。由于盐类离子导电作用，岩层电阻率变低。因此，含水量的多少便成为影响岩层电阻率大小的主导因素（表4-3）。

表4-2　　　　　　　　　　　　几 种 水 的 电 阻 率

名称	雨水	河水	地下淡水	地下咸水	海水	矿井水
电阻率/(Ω·m)	>100	$10\sim10^2$	<100	$10^{-1}\sim1$	$10^{-1}\sim10$	$1\sim10$

表4-3　　　　　　　　　　　　几 种 岩 石 的 电 阻 率

名　　称		电阻率/(Ω·m)	名　　称		电阻率/(Ω·m)
饱和咸水的	砂砾石	$9\sim60$	饱和淡水的	砂砾石	$45\sim150$
	中粗砂	$4\sim15$		中粗砂	$20\sim75$
	粉细砂	$3\sim8$		粉细砂	$15\sim40$
	黏土	$2.5\sim5$		黏土	$10\sim20$

单位体积的水中所含盐类的总量，叫做水的矿化度，以 g/L 为单位。水的矿化度越大，含水地层的电阻率越小。在平原地区，水质对电阻率的影响比岩层种类的影响要大得多。例如，含淡水的中、细、粉砂的电阻率一般为 $15\sim60\Omega\cdot m$，含咸水的中、细、粉砂的电阻率一般为 $3\sim15\Omega\cdot m$。如果水质相同，粉砂的电阻率仅比细砂的电阻率小 30% 左右。可见水质对电阻率的影响是第一位的。

（三）岩石电阻率与温度的关系

实际资料表明，岩石的电阻率与温度有关。对于金属导体，电阻率与温度关系不大；而对于固体导电介质（即一般岩石），电阻率的大小与温度有一定的关系：由于温度上升，一方面使水的溶解度增加，使水中的离子含量增加；另一方面使离子迁移速度增快，致使水的导电性增强，岩石电阻率下降。温度下降，岩石电阻率升高，尤其在 0℃ 以下，水将结冰，会使岩石电阻率急剧增高。在寒冷地区或冰冻季节进行电法勘探时，由于温度降低，造成近地表的土或岩石电阻率增高（-20℃ 时，电阻率超过正常温度电阻率的三个数量级），增大接地电阻，给测量工作带来不便。

地下温度随深度的增大而递增，地温每升高 1℃ 所增加的深度，称为地温梯度，其值因地而异，我国平均地温梯度为 33m 增加 1℃。通常找水深度一般小于 300m，故实际测量中可不考虑地温梯度对岩石电阻率的影响。

（四）岩层电阻率与层理的关系

大多数沉积岩具有明显的层状构造，这种层状构造的岩石具有明显的各向异性，对于层状构造的岩石或当岩石中良导体物定向排列时，则岩石的电阻率呈现各向异性，即平行于良导矿物方向（或沿层理、片理方向）的电阻率 ρ_t 要比垂直良导矿物方向（或垂直层理、片理方向）的电阻率 ρ_n 要小，即 $\rho_t<\rho_n$。把 ρ_t 与 ρ_n 比值的平方根定义为岩石的各向异性系数，用 λ 表示，把两者的几何平均值定义为平均电阻率，用 ρ_m 表示，即

$$\lambda=\sqrt{\frac{\rho_n}{\rho_t}} \tag{4-2}$$

$$\rho_m=\sqrt{\rho_n\rho_t} \tag{4-3}$$

表 4-4 列出了几种常见岩石的各向异性系数 λ，可见某些层状岩石的电阻率具有明显的各向异性。如页岩，垂直和平行层理方向的电阻率相差可达 2~5 倍。这在电法勘探的资料解释中，必须引起足够的重视。

表 4-4　　　　　　　　　　　　几种常见岩石的各向异性系数

岩石名称	λ	ρ_n/ρ_t	岩石名称	λ	ρ_n/ρ_t
层状岩石	1.02~1.05	1.04~1.10	泥质叶岩	1.49~2.25	2.2~5.0
层状砂石	1.1~1.6	1.2~2.56	无烟煤	2.0~2.25	4.0~6.5
泥板岩	1.1~1.59	1.20~2.50	煤质页岩	2.0~2.8	4.0~7.84

　　总之，影响岩石电阻率的因素是多方面的、复杂的，如岩石所含的矿物成分、含量、结构构造、孔隙度、湿度、矿化度、温度等，至于哪种因素起主要作用，要看具体情况。岩石电阻率的研究和测定，对工作布置、方法选择、成果解释都是非常重要的。实际分析岩层电阻率时，要有机地联系起来，综观各个因素，抓住不同条件下的主要因素。自然界中的岩层、岩石及其成分、结构、构造十分复杂，所处环境又在不断地变化，所以，不可能肯定某种岩层、岩石的固定电阻率值，但是某种岩石电阻率大体有一个变化范围，见表 4-5 所列。

表 4-5　　　　　　　　　　　　常见岩石电阻率

岩类	岩石名称	电阻率/(Ω·m)	岩石名称	电阻率/(Ω·m)
岩浆岩	花岗岩	$10^2~10^5$	辉绿岩	$10^2~10^5$
	正长岩	$10^2~10^5$	玄武岩	$10^2~10^5$
	闪长岩	$10^4~10^5$	辉长岩	$10^2~10^5$
沉积岩	石灰岩	$10^2~10^3$	砾岩	$10^1~10^4$
	砂岩	$10^1~10^3$	泥岩	$10^1~10^2$
	粉砂岩	$10^1~10^2$	页岩	$10^1~10^2$
	黏土	$10^{-1}~10^{-1}$		
变质岩	片麻岩	$10^2~10^4$	板岩	$10^1~10^3$
	石英岩	$10^1~10^5$	大理岩	$10^2~10^5$

　　从表 4-5 中可以看出：

　　（1）岩层电阻率主要取决于含水状况和地下水矿化度的大小，干燥时电阻率高，反之则低；矿化度高电阻率低，矿化度低则电阻率高。

　　（2）火成岩电阻率一般高于沉积岩，而沉积岩中水化学沉积岩石，如岩盐、石膏等的电阻率最大；致密完整岩层的电阻率高于松散或破碎且含水的岩层。

　　（3）平原地区黏土的电阻率低于砂、砾石层的电阻率。一般在第四系沉积层中，砂、砾石颗粒越粗，孔隙越大，电阻率就越高。

　　（4）不同矿物，岩石的电阻率存在着明显的差异，但也有可能相同。前者为利用电法勘探提供了物理前提；后者则使电法勘探具有局限性或造成分析的多样性。

第三节 电阻率法找水原理

电阻率法是电法之中找水应用历史较长，理论研究较为完善，应用最为广泛的一种方法。我国在 20 世纪 60 年代初期开始运用此方法在山丘和平原地区进行电测找水工作，取得了众多成功的找水经验与实例。

电阻率法就是通过两个供电电极 A、B 向地下供电建立一个半球体状的人工电场，同时用两个测量电极 M、N 测量两点间的电位差，最后计算出电阻率，就能推知地下电阻率的分布情况，进而推断分析地质情况，达到找水的目的。

电阻率的大小与人工电场中电流场的电流分布有关，因此要了解电阻率的测定原理，首先要了解人工电场电流的分布规律。

一、地表正负两个点电源的电流场

由 A、B 两个异性电源建立的电流如图 4-3 所示。其特点是，在接近电极附近等位面是两组近似的半球面，而电流线近似于辐射的直线，远离 A 和 B 电极等位面则变为一组似椭圆球面，其电流线也变成一簇较之复杂的曲线。

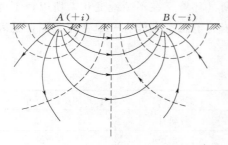

图 4-3　正负两个点电源的电流场

值得指出的是，在 A、B 电极的中段地段（大约为 $1/3AB$ 区域），等位面为近似垂直地面的平面，而电流线的分布近似于平行地面的并行线，在电法勘探中把该地段称为均匀场。这也是电法勘探中应用的场——平行场。当地下不均匀地质体存在时，会引起平行场的明显畸变，在地面上易被观测到。

在实际工作中，观测点位于地面，即在地面上观测电场的变化，观测地面上任意两点间的电位差，通常是将 M、N 电极置于 A、B 电极的中间（均匀场地段），同时令 A、B 和 M、N 四极位于同一直线上。根据前面的研究，利用叠加原理，可以导出两个异性点电源场中 M、N 两点间电位差的计算公式。如电流强度 I，由电位叠加原理得 M、N 点的电位分别为

$$U_M = \frac{I\rho}{2\pi}\left(\frac{1}{AM} - \frac{1}{BM}\right)$$

$$U_N = \frac{I\rho}{2\pi}\left(\frac{1}{AN} - \frac{1}{BN}\right)$$

M、N 两点之间的电位差为

$$U_{MN} = U_M - U_N = \frac{I\rho}{2\pi}\left(\frac{1}{AM} - \frac{1}{BM} - \frac{1}{AN} + \frac{1}{BN}\right) \qquad (4-4)$$

则电阻率为

$$\rho = \frac{\Delta U_{MN}}{I} \cdot \frac{2\pi}{\frac{1}{AM} - \frac{1}{BM} - \frac{1}{AN} + \frac{1}{BN}} = K\frac{\Delta U_{MN}}{I} \qquad (4-5)$$

其中 K 称为装置系数，它与各电极的相互距离有关，按下式计算：

$$K = \frac{2\pi}{\frac{1}{AM} - \frac{1}{BM} - \frac{1}{AN} + \frac{1}{BN}} \qquad (4-6)$$

对于四级对称装置，$AM=BN$，$AN=BM$，则装置系数 K 可以简化为

$$K = \pi\frac{AM \cdot AN}{MN} \qquad (4-7)$$

如果通过仪器量测出通过 A、B 电极供入地下的电流强度 I，同时又测出 A、B 之间任意两点 M、N 之间的电位差 ΔU_{MN}，则可按上式计算地下岩层的电阻率，这就是电法勘探的基本原理。

二、岩层的视电阻率

前述理论分析，都是假定地下岩层是均匀介质，其导电性能相同。实际上，地下岩层并非均质，而是由不同层位、不同岩性所组成。电场范围内的导电介质，不仅在垂直方向，而且在水平方向导电性均有变化。因此在实际测量过程中，电极不可能布置在同一介质上，或虽布置在同一介质上，但电流分布的范围已涉及不同电阻率的介质，这时进行观测，如仍按前述公式计算，虽然仍可求得一个电阻率值，但它并不是地下某一岩层或地质体的真电阻率，而是与地下分布的各种介质的电阻率有关的物理量，或者说是在勘探体积范围内不同介质电阻率综合作用的结果。在电法勘探中，把这个综合表现的物理量称为视电阻率，用 ρ_s 表示，其计算公式为

$$\rho_s = K\frac{\Delta U_{MN}}{I} \qquad (4-8)$$

从视电阻率的概念可以看出，ρ_s 的变化是和不均质体的存在密切联系的，通过观测和研究 ρ_s 的变化来了解不均质体存在的情况，这就是电阻率法的实质。

第四节　垂向电测深法找水

电测深法就是在地表同一测点上、从小到大逐渐改变供电电极之间的距离，进行视电阻率测量，来研究测线中点地下不同深度岩层的变化情况，确定不同地层的埋藏深度及其性质的方法。电测深法是电法勘探中最常用的方法之一。具体到电测找水工作中，电测深法可以用来解决以下任务：

（1）确定含水层的分布情况、埋藏深度、厚度及圈定咸、淡水的分布范围。

（2）查明裂隙含水层的存在情况；寻找适于储存地下水的断层破碎带、岩溶发育带以及古河床等。

（3）在区域水文地质调查中，用来探明地质构造情况，如查明凹陷、隆起、褶皱、断裂等地质构造。

一、电测深法的基本原理

电测深法最常用的地面装置是四极对称装置（图 4-4）。即两个供电电极 A、B 和两个测量电极 M、N 对称分布于测点 O 的两侧。测量时通过变换供电电极 A、B 的方法进行电阻率的测定工作，也就是说，当 M、N 固定时，A、B 对称于 O 点向两侧按一定的倍数不断扩大，由于勘探深度与 AB 极距的大小成正比，因此随着 AB 极距的增大，勘探深度逐渐加深，于是便可在观测点 O 点处得到沿垂直方向由浅到深的视电阻率 ρ_s 的变化曲线。ρ_s 曲线的变化，反映了地下电性层的厚度、电阻率大小及层数的多少等，于是便可以了解垂直深度上地质剖面的特点。

图 4-4　电测深二层曲线物理分析

为阐明电测深原理，下面通过一个具有两个水平电性层的地电断面（所谓的地电断面是指由不同电性层组成的地质剖面）来说明电测深法的实质。

假设有二层地电剖面，第一电性层电阻率为 ρ_1，厚度为 h_1；第二层电阻率为 ρ_2，且 $\rho_2 > \rho_1$；第二层厚度很大，相对第一层厚 h_1 而言，可以认为是无穷大（即 $h_2 \to \infty$）。由于供电极距 $AB/2$ 由小逐渐按一定比例增大，因此：

（1）当采用较小极距测量时，即 $AB/2 \ll h_1$，根据勘探体积的概念，可认为装置处于均匀介质 ρ_1 中，供电电流的分布不受 ρ_2 介质的影响，这是由于下部高阻层 ρ_2 的埋藏深度远大于 $AB/2$ 所致。在这种情况下，有 $j_{MN} = j_0$，$\rho_{MN} = \rho_1$，所以 $\rho_s = \dfrac{j_{MN}}{j_0} \rho_{MN} = \rho_1$。

由此可见，当 $AB/2$ 相对第一层厚度 h_1 很小时，所测得的视电阻率即为第一层的真电阻率，ρ_s 曲线的左支出现 ρ_2 的水平渐近线。

（2）当增大供电极距 $AB/2$ 时，电流场的影响范围开始增大，即电流穿透深度增大，此时 ρ_2 介质开始影响电场的分布，由于 ρ_2 为高阻层，对电流有向上排斥的作用，结果使得 MN 间的电流密度比没有 ρ_2 介质存在时大，即 $j_{MN} > j_0$，因为 $\rho_s = \dfrac{j_{MN}}{j_0} \rho_1$ 变大，所以 $\rho_s > \rho_1$，并且随 $AB/2$ 的不断增大，ρ_2 的影响越来越显著，所以 ρ_2 比 ρ_1 也就越来越大，则 ρ_s 曲线开始上升（图 4-4）。

（3）当 $AB/2$ 增大到相当大，即 $AB/2 \gg h_1$ 时，相应的勘探体积主要为第二层，此时 ρ_1 层厚度相对极距而言数值很小，因而影响电场分布起主导作用的是 ρ_2 介质，这时可近似地认为装置相当于在均匀的第二个电性层 ρ_2 介质中，于是观测到的视电阻率 ρ_s 近似等于 ρ_2。

图 4-4 上绘出了 ρ_s 随 $AB/2$ 变化的关系曲线，ρ_s 的变化反映了垂直深度上断面的变化，利用 ρ_s 曲线可以确定各层的电阻率及厚度。

二、电测深法的分类

根据供电电极 A、B 和测量电极 M、N 的相互排列关系，电测深法可分为如下几种类型。

1. 四极对称电测深法

A、B、M、N 四极布置在一条直线上，且 $AM=BN$，$AN=BM$（图 4-5），这种装置工程上应用较多，装置系数 $K=\pi\dfrac{AM \cdot AN}{MN}$。

图 4-5 四极对称装置电测深法

2. 三极电测深法

三极电测深是将一个供电电极 C（无穷远极）放在 MN 的中垂线上，使 $CO \geqslant (3\sim5)AO$，并逐渐加大 $AB/2$，以达到增大勘探深度的目的，如图 4-6 所示。

图 4-6 三极装置电测深法

在均匀介质中，三极测深与四极测深所测结果相同，这是因为 $\rho_s^{AB}=K_{AB}\dfrac{\Delta U_{MN}^{AB}}{I_{AB}}=K_{AB}\left(\dfrac{\Delta U_{MN}^A}{I_A}+\dfrac{\Delta U_{MN}^B}{I_B}\right)$。

在均匀介质中：$I_A=I_B=I_{AB}=I$，$\Delta U_{MN}^A=\Delta U_{MN}^B=\Delta U_{MN}$，所以 $\rho_s^{AB}=2K_{AB}\dfrac{\Delta U_{MN}}{I}$。

因为 $K_{AB}=\pi\dfrac{AM \cdot AN}{MN}$，$K_A=2\pi\dfrac{AM \cdot AN}{MN}$，则 $\rho_s^A=K_A\dfrac{\Delta U_{MN}}{I}=2K_{AB}\dfrac{\Delta U_{MN}}{I}$，故有 $\rho_s^{AB}=\rho_s^A$。

在非均质介质中，特别是沿测线方向电性变化不对称时，因为 $\Delta U_{MN}^A \neq \Delta U_{MN}^B$ 所致，所以两种装置测得的结果并不相同。

三极测深主要用于避开测点附近的障碍物（如河流、冲沟、陡岩、建筑物或避开某一方向上的不均质地质体）。

3. 十字测深法

十字测深的实质就是在同一测点上，采用互相垂直的布极方向，测出两条电测曲线。十字测深法可以排除旁侧不均质体的干扰，判断曲线低阻反应是基岩含水层的反映，还是地形或不均质体的旁侧影响，以提高成井率。采用十字测深法时应平行及垂直岩层或断层的走向布极。在分析解释电测深曲线时，应重点分析平行于断层走向或地层走向的曲线，因为该曲线反映构造更清楚。

图 4-7 环形电测深极形图

4. 环形测深法

环形测深的实质是在同一个测深点上，沿几个不同方位布极进行四极测深。该方法可以了解岩石的各向异性，并能测定岩石裂隙的主导发育方向。环形测深的测量成果除用电测深曲线表示外，还可用极形图表示。

极形图的绘制方法如下：通过测深点画出各条表示布极方向的直线，按一定比例尺以各方位线的长度表示该方位所观测的 ρ_s 值，把同一极距各方位的 ρ_s 值相连，便得到极形图（图 4-7）。

极形图是圆形时，表示为各同性介质；极形图呈椭圆形时，表示为各向异性，其短轴方向代表裂隙（断层破碎带）发育的主导方向。

第五节 电测深野外工作

一、电测仪器

电阻率法是通过研究地下岩石电阻率 ρ_s 的变化规律，以达到找水的目的；激发极化法则是通过研究地下岩石的半衰期、衰减度、充电率等参数的变化规律，以达到找水的目的。要完成这些参数测定，必须要通过一定的仪器和设备，下面介绍一下目前生产中常用的仪器和设备。

在电阻率法（或激发极化法）的野外工作中，实际上是通过测量 M、N 电极之间的电位差 ΔU_{MN}（或二次场电位差）及供电的电流 I，然后利用相应的公式计算各点的电阻率。由于作为导电介质的岩石，其导电性能很差，同时在地下又存在着天然的或人工的电磁场，这些都对电法勘探构成一些不利因素。因此，电阻率法的仪器在性能方面必须满足以下条件才能准确地测量微弱的电位差和电流的要求。

1. 灵敏度高

仪器的灵敏度越高，测得的 ΔU_{MN} 值就越精确。由于在岩石电阻率一定的前提下，ΔU_{MN} 与供电电流呈正比，所以仪器的灵敏度高，可以减小供电电流的强度，从而有利于减轻供电电源的重量并采用较细的导线，使整套装备轻便化。

2. 抗干扰能力强

电法勘探的野外工作，经常会遇到诸如大地电流、工业游散电流的干扰，因此，电测仪器对上述随机变化的电场，必须具有较强的抑制能力，而保证所观测信号的可靠性。

3. 较高的稳定性

电法勘探的野外工作环境比较恶劣，温度、湿度变化比较大。因此，要求电测仪器能适应各种气候条件，并在一定的温度、湿度变化范围内保持性能的稳定性。

在电法找水中，使用的仪器种类较多，有 DDC-2 型电子自动补偿仪，UJ-18、UJ-4 型电位差计，CTE-1 型智能直流电法仪。这些仪器除了能进行电阻率测量外，还能进行充电和自然电场法测量。激发极化法找水，开始大都使用 DDC-2A 型电子自动补偿仪，由于该仪器较笨重，操作复杂、成本高、效率低，近几年各地研制出了许多新仪器。如山西省研制的 JJ-1、JJ-2 型积分式激电电位仪，它除了能测定一次场的 ΔU、I 外，还可测量二次场的变化情况，可以计算极化率、衰减度、激发比，用以推断地层是否富水。山东省水利科学研究院研制的 SDJ-1、SDJ-2、SDJ-3 型积分式电测仪，采用了国产较新的组件组成的可控硅供电电路、积分记忆电路等。该仪器具有灵敏度高、输入阻抗大、稳定性好、抗干扰性强、自动化高、结构简单、操作方便等优点。

二、电极选择

（一）电极材料

电阻率法找水中所采用的电极，一般采用导电性较好的铜电极，铜电极有紫铜、黄铜两种。紫铜纯度较高，性较软，耐磨性差，野外极易损坏，但紫铜导电性好。因此在野外测量过程中，测量电极最好使用紫铜棒，在山区地电阻较大、大极距供电电流较小情况下，供电电极也采用紫铜电极，以减少接地电阻率；黄铜是铜与锡的合金，它的导电性比紫铜差，但强度大，耐磨损。

（二）电极尺寸

电极尺寸的大小，影响着接地电阻的大小，而接地电阻大小不但影响供电电流强度，而且当供电电极电阻加上测量电极电阻之和大于仪器的输入阻抗时，将对测量的电位产生分压，使读数产生较大误差，同时指针运动迟缓，造成观测困难。

电极入土深度增大，打入拔出都较困难；电极直径大，过于笨重，搬运不便，所以电极一般是用直径 2cm、长度 50～70cm 的铜棒做成，入土深度 30～50cm。

（三）电极布设

野外测量过程中，会遇到各种地质条件，电极的布设对测量结果影响很大。为减少接地电阻，提高观测精度，应注意以下问题：

（1）测量电极必须使用同一类型电极，且供电与测量电极不能混用。电极应保持清洁、无锈，不得使测量电极置于有流水或脏污的地方。电极应垂直地面接地，并注意使电极和土壤接触良好，入地深度不应大于 $AB/10$。

（2）加大电极与土壤接触面积。如果电极处的土处于松动状态，接地电阻会增大，为减少接地电阻的影响，应使电极与周围的土紧密接触；使用表面积大的电极，加大电极入土深度，除去电极表面的铁锈。不要将电极打在电阻率较大的碎石、砂子附近；测量电极一般打在干净地方。当有植物碰到电极的金属部分，会引起电极电位跳跃性变化，因此必须清理电极附近的植物，防止风吹动时植物与电极接触；电极遇到新填土时，应将填土压实，然后再打电极。

（3）减少电极附近介质的电阻率。在测量精度允许情况下，尽量将电极打在潮湿的地方；在电极附近浇水，减少接地电阻。由于在电极附近的电位降减弱较快，接地电阻主要表现在靠近电极附近的土壤中，故只在电极附近浇水即能达到减少接地电阻的目的。需要注意的是，由于降雨或因地面干燥而浇水，在短时间内会引起随时间变化的渗滤电场，这种电场会引起指针缓慢漂移，为避免这种干扰，一是雨后不要立即进行观测；二是浇水后，应间隔半小时再进行观测；电极不能打在流水中，否则指针随水流摆动，影响观测精度。

（4）电极穿透冻土层。电阻率的大小与温度有关，温度上升，水的溶解度增加，使水中的离子含量增加，致使水的导电性增强，岩石电阻率下降；温度下降，岩石电阻率升高，尤其在 0℃ 以下，水将结冰，会使岩石电阻率急剧增高。在寒冷地区或冰冻季节进行电法勘探找水时，由于温度降低，造成近地表的土或岩石电阻率增高，因此电极一定要打穿冻土层，以减少接地电阻。

（5）多根电极并联。当接地电阻较大或供电线路需要较大电流时，接地应采用并联组合装置。电极组的排列应对称地垂直测线，相邻电极间的距离应不小于电极入地深度。

（6）提前打极，交替使用。在四极对称剖面、联合剖面法测量时，为减少电极产生的极化电位对测量结果的影响，一般使用 8 根或 12 根电极，沿测线方向提前打入电极，4 根电极作为一组，交替使用，以减少电极与土壤产生的极化电位。

（四）电极极距选择

1. 供电极距

在测量中，AB 距选择应满足以下要求：

（1）要使电测曲线前支出现渐近线，其渐近值能较准确地反映第一层电阻率 ρ_1；为此小极距应小于第一层厚度 h_1。在平原地区，多数电测深曲线都不易测出前支渐近线，小极距按接近线小于第一含水层的埋藏深度或地下水位的埋深来确定。

（2）要使电测深曲线尾支出现渐近线，其渐近值能反映下部岩层的电阻率。为此大极距的选择能保证曲线上层支渐近线上有 2~3 个极距。

（3）在测量过程中，逐渐增大 AO、BO 的距离时，两个相邻极距在双对数纸上的水平距离不要太大，一般应在 0.5~2cm 范围内，通常取 $\left(\dfrac{\overline{AB}}{2}\right)_{i+1}\Big/\left(\dfrac{\overline{AB}}{2}\right)_{i}=1.2\sim1.5$。供电极距过密，不但费时费电，而且较小的量测误差也能从曲线上反映出来，使曲线出现不应有的起伏，增加了分析困难；如极距过稀，所测绘电测深曲线不能有效正确地反映地下岩层的地质情况，不易分析使用。一般极距可按下列选择：

$AB/2$：4m，6m，9m，12m，16m，20m，25m，32m，40m，50m，60m，74m，90m，110m，140m，170m，210m，…

2. 测量极距

MN 极距选择有两种：固定装置、等比装置。

（1）固定装置。即 MN 固定，使 $1/30 \leqslant MN/AB \leqslant 1/3$，即始终使 MN 位于均匀场范围内，一般采用 $MN/2=5m$、10m。用该法测量时，其电位差较稳，同时受地表不均体影响较小。该法适用于地形起伏较大，岩性变化复杂的山丘地区。

（2）等比装置。AB 改变一次，MN 也随之改变一次，测量过程中 MN/AB 的比值始终保持不变，一般可取 $MN/AB=1/3$、$1/5$、$1/8$ 几种。

平原地区勘探找水时，一般采用等比装置。在淡水地区，当勘探深度较小时（一般在 100m 以内），以较小的比值为宜，即 $MN/AB=1/8$；在咸水地区，当勘探深度较大时（一般超过 200m），采用较大的比值，即 $MN/AB=1/3$。

三、导线

1. 电线选择

电法勘探所用电线要具备绝缘性好、抗张拉力大、电阻小、轻便等性能，一般采用军用电话线。电线电阻应不大于 $10\Omega/km$，绝缘电阻应不小于 $2M\Omega$。

2. 布线方法

不同布线方向、布线方法对观测成果影响很大，在野外测量中应注意以下问题：

（1）放线时，导线应沿地面布设，当导线通过水田、池塘、河渠、沼泽、公路等地区，必须架空时，应将导线拉紧，以免摇摆产生感应电动势，造成极化电位不稳。穿越公路时在条件许可的情况下可将导线埋设地下。

（2）在山丘地区，当地形倾角较大时，应沿等高线布线，并尽量少穿越较深沟谷和陡坎；如果岩层倾角较大，一般沿岩层定向布线。如果存在断层，则应沿断层定向布线，这样能够正确反映地下岩层的地质情况；在平原地区，由于地层在水平向比较稳定，布线方向可任意选择，如地层在水平向变化较大时，布线方向尽可能与古河道延伸方向一致。

（3）由于接地条件困难或地物等因素的影响，电极位置可以移动；移动的方向一般应垂直于放线方向，移动距离不应大于该点到中心点距离的 1/20；若电极只能沿放线方向移动时，则移动距离不得大于该点到中心点距离的 1%，否则应改变极距。

（4）必须保证电极排列方向的一致性，电极实际放线方向与预定方向的偏差不得大于 5°。

（5）在潮湿地区跑极，应注意导线与大地的绝缘。当导线被水浸湿后，应采取措施，严防漏电，为避免导线漏电，不能将铺设导线浸入水中。

四、电源

电源电压视勘探深度和电位差的大小而定，电阻率法一般为 $45\sim450V$，激发极化法最大可达 1000V。一般采用 45V 乙电组成的电池组，蓄电池组和发电机用得不多。乙电池是由 30 节 1 号电池串联组成，每块乙电池的电压为 45V，新电池的内阻约 15Ω。

整个供电回路上的总电阻主要由电池内阻、供电导线内阻和接地电阻组成。一般情况下，供电导线的内阻是不变的，而电池内阻、接地电阻是可以改变的。野外测量中，可以根据具体情况，通过调整电池的工作方式，增大供电电流。

1. 并联电池

在接地条件较好时，尤其是电池用旧后，电池内阻增大，使用并联电池，可增大供电电流。

2. 串联电池

在接地条件较差的山区，电极的接地电阻很大时，而电池的内阻相对较小，使用串联电池，反而可以增大供电电流。

五、测点工作

布置好测线后，经检查确认线路连接无误，可与跑线员联系进行跑线。记录员要注意听取操作员读数，并回报读数，确认无误后记入本中，按公式计算 ρ_s 值，并及时绘制曲线，如发现突变点应通知操作员重复观测。记录员应认真填写记录各资料，如将原始资料记错，不得涂改，只允许划改并说明原因。

六、电测深测量结果的计算及电测深曲线的绘制

在电测深工作中，每一个测点上得到与 $AB/2$ 相对应的 ρ_s 值。根据这些资料，以 $AB/2$ 为横坐标，ρ_s 为纵坐标，在模数为 6.25cm 的双对数坐标纸上标出不同 $AB/2$ 的 ρ_s 值，并连成曲线。采用双对数坐标绘制 ρ_s 曲线的目的是为了完整地把 ρ_s 曲线绘在一张图纸上（因为 $AB/2$ 由小变大，通常由几米增大到几十米，甚至几千米，这样大的变化范围，一般的算术坐标是很难把曲线清楚地绘出来的），同时也为了便于在定量解释时将实测曲线与理论曲线进行对比，因为绘制的理论曲线也是采用了模数为 6.25cm 的双对数坐标系统。

第六节　电测深曲线类型和曲线解释

电测深曲线解释的主要任务是：通过对各电性层的分析，辨认含水层，解释界面深度，推测地下含水层的性质、部位、厚度、水质等，以便为选定井位和确定井深提供第一手资料，它是电测深工作中最重要的工作，因此必须要认真地分析研究。

一、电测深曲线类型

电测深曲线的类型，是由电性层的层数和各电性层电阻率之间的关系决定的（所谓电性层是指由电性相同的介质组成的导电层）。一般可分为二层曲线、三层曲线、多层曲线，而曲线又根据上、下层的电阻率大小分为不同的类型。

1. 二层曲线

$\rho_2 > \rho_1$，称为 G 型曲线，为一上升曲线，如图 4-8（a）所示；$\rho_2 < \rho_1$，称为 D 型曲线，为一下降曲线，如图 4-8（b）所示。

(a) G 型曲线　　　　(b) D 型曲线

图 4-8　二层曲线

2. 三层曲线

反映 3 个电性层的曲线称为三层曲线。三层曲线根据 3 个电性层电阻率的关系，分为 4 种类型：$\rho_1 < \rho_2 < \rho_3$，A 型曲线；$\rho_1 > \rho_2 > \rho_3$，Q 型曲线；$\rho_1 > \rho_2 < \rho_3$，H 型曲线；$\rho_1 < \rho_2 > \rho_3$，K 型曲线（图 4-9）。

（a）A 型曲线　　　　（b）Q 型曲线　　　　（c）H 型曲线　　　　（d）K 型曲线

图 4-9　三层曲线

3. 多层曲线

反映 4 个电性层以上曲线称为多层曲线。多层曲线的分类原则：前三层作为一个三层曲线，确定出曲线类型第一个字母，再将二、三、四层作为一个三层曲线，确定第二个字母，依此类推。如 HK 型曲线，前三层 $\rho_1 > \rho_2 < \rho_3$，为 H 型，后三层 $\rho_2 < \rho_3 > \rho_4$，为 K 型，故总称为 HK 型。四层曲线共分为 8 种类型：HA 型（$\rho_1 > \rho_2 < \rho_3 < \rho_4$），HK 型（$\rho_1 > \rho_2 < \rho_3 > \rho_4$），KH 型（$\rho_1 < \rho_2 > \rho_3 < \rho_4$），KQ 型（$\rho_1 < \rho_2 > \rho_3 > \rho_4$），AA 型（$\rho_1 < \rho_2 < \rho_3 < \rho_4$），AK 型（$\rho_1 < \rho_2 < \rho_3 > \rho_4$），QH 型（$\rho_1 > \rho_2 > \rho_3 < \rho_4$），QQ 型（$\rho_1 > \rho_2 > \rho_3 > \rho_4$）。

曲线类型能反映水平地层的各电阻率的关系，故在进行定性解释时，首先要看曲线类型。然而，野外实际情况非常复杂，例如水平方向电性不均匀（包括大倾角岩层、不同电性层接触带、局部不均质地质体、断裂破碎带、高阻岩脉等）和地形起伏的影响，都会导致上、下电性层电阻率关系的变化，因而改变曲线的类型和形态。

二、电性层电阻率及岩层界面深度的解释

根据实测曲线解释各电性层的电阻率和岩层界面深度，主要有以下几种方法。

1. 理论量板法

理论量板法是电测深曲线解释的最基本方法。它是在假定各层电阻率都是均匀的和各向同性的、各电性层的界面与地面都平行的条件下，给出一定地电断面参数（即 ρ_1、ρ_2、ρ_3、…及 h_1、h_2、h_3、…）代入理论公式，便可计算出许多理论曲线，将这些曲线汇集起来，就是理论量板。按两层计算出来的称为二层量板，按三层计算出来的称为三层量板，制作量板的目的是为了用它与实测曲线对比，然后求出实测曲线所反映的地电断面参数。如二层量板中的 G 型量板，它是以 $AB/2h_1$ 为横坐标、$\dfrac{\rho_2}{\rho_1}$ 为纵坐标的一族理论曲线。

G 型曲线的解释具体方法步骤如下：

（1）二层曲线绘在双对数透明纸上，然后放在 G 型量板上与理论曲线对比，保持两者相应坐标平行移动，使测曲线与某一条理论曲线重合或均匀地介于两条理论曲线之间（图 4-10）。

图 4-10　用 G 型量板解释二层曲线

（2）曲线的坐标原点投到透明纸上，得到 O_1。

（3）横坐标为 h_1（第一层厚度）、纵坐标为 ρ_1（第一层电阻率），根据 $\mu(\rho_2 < \rho_1)$ 可以求出第二层电阻率 $\rho_2 = \mu\rho_1$。

实际上由于地形起伏、地下不均质体的存在，很难满足理论曲线的假定条件，这样解释结果很难与实际情况相符，因此理论量板法一般与其他解释方法配合使用。

2. 拐点切线法

过去用拐点切线法分析电测深曲线，是从曲线的第一层开始，逐层向下分析。通过实践证明，在多层曲线中，可以只选取某一层（目的层）曲线进行解释，这是一种简化拐点切线法，解释步骤说明如下：

（1）作出与目的层（含水层）曲线段重合最长的拐点切线 ρ_1，及上部相邻电性层拐点切线 ρ_2，ρ_1 与 ρ_2 相交于 O_1，O_1 纵坐标为 ρ_0，其横坐标为上部电性层的底板埋深（也是下部电性层的顶板埋深）。

（2）求出 α 角，如曲线上升段，α 为正；曲线下降段，α 为负，根据 α 值，从 α-μ 相关表（表 4-6）查 μ 值，则目的层的真电组率 $\rho = \mu\rho_0$。

表 4-6　　　　　　　　　　　　　α-μ 相 关 表

α	μ	α	μ	α	μ	α	μ
0.0	1.00	17.0	1.84	28.0	3.30	39.0	10.80
4.0	1.10	17.5	1.88	28.5	3.40	39.5	11.90
6.0	1.20	18.0	1.91	29.0	3.50	40.0	13.00
6.5	1.23	18.5	1.96	29.5	3.63	40.5	14.65
7.0	1.25	19.0	2.00	30.0	3.75	41.0	16.30
7.5	1.28	19.5	2.05	30.5	3.88	41.5	18.55
8.0	1.30	20.0	2.10	31.0	4.00	42.0	20.80
9.0	1.33	20.5	2.15	31.5	4.20	43.0	27.50
10.0	1.35	21.0	2.20	32.0	4.40	43.5	32.75
10.5	1.40	21.5	2.25	32.5	4.60	−5.0	0.83
11.0	1.43	22.0	2.30	33.0	4.80	−10.0	0.71
11.5	1.45	22.5	2.36	33.5	5.02	−15.0	0.61
12.0	1.48	23.0	2.40	34.0	5.24	−20.0	0.52
12.5	1.51	23.5	2.48	34.5	5.43	−25.0	0.45
13.0	1.54	24.0	2.55	35.0	5.80	−30.0	0.38
13.5	1.57	24.5	2.63	35.5	6.25	−35.5	0.33
14.0	1.61	25.0	2.70	36.0	6.70	−40.0	2.28
14.5	1.64	25.5	2.79	36.5	7.15	−45.0	0.23
15.0	1.67	26.0	2.88	37.0	7.60	−50.0	0.18
15.5	1.70	26.5	2.97	37.5	8.30	−60.0	0.10
16.0	1.74	27.0	3.05	38.0	9.00		
16.5	1.81	27.5	3.18	38.5	9.90		

【例 4-1】 ρ_s 曲线如图 4-11 所示，分别做切线 ρ_1、ρ_2，交于 O 点（$AB/2=90$m，$\rho_0=78\Omega\cdot$m，$\alpha=30°$），该曲线为上升曲线，查表 4-6 得 $\mu=3.75$，则目的层的真电阻率 $\rho=\mu\rho_0=3.75\times78=292.5(\Omega\cdot$m)。

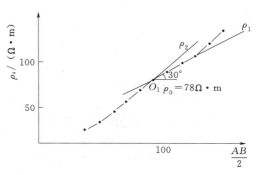

图 4-11　视电阻率 ρ_s 曲线

3. 界面深度的修正

电性层分界面的实际深度与曲线转折点的横坐标 $AB/2$ 有一定的关系。一般规律是：电性层的界面深度一般小于或等于曲线转折点横坐标。其实际深度与曲线转折点的 $AB/2$ 值的比值叫做深度修正系数。深度修正系数越小，实际深度比转折点处 $AB/2$ 越提前。所以实际界面的埋藏深度＝深度修正系数× $AB/2$，深度修正系数取值见表 4-7。

表 4-7　　　　　　　　　　　基岩地区深度修正系数

$AB/2$ /m	修　正　系　数		备　　注
	转点前曲线上升角$<25°$	转点前曲线上升角$>25°$	
<50	1	$0.95\sim1$	曲线下降有最低点时，该点的修正系数为 1
$50\sim150$	$0.85\sim0.95$	$0.75\sim0.85$	
$150\sim500$	$0.65\sim0.75$	$0.50\sim0.65$	

第七节　电测深法在山区找水中的应用

一、辨认含水层

对于高阻岩层地区（包括石灰岩、大理岩、脆性砂岩、花岗岩），凡是相对富水的构造破碎带、裂隙岩溶带，在电测深曲线上均呈低阻反映。主要表现为缓（缓升）、平（水平）、降（下降）三种变异特征，可作为辨认含水层，进行定性分析的依据。但在分析时，要注意结合地质条件，排除矿体、地形或其他干扰引起的假异常。

1. 缓升变异

根据电测深曲线上缓升变异段埋藏深度的不同，可划分为三种类型。

（1）急剧上升前的缓升是比较可靠的含水层。当地下水位埋藏较浅，而且浅部的裂隙岩溶比较发育时，曲线往往具有此特征。

【例 4-2】 某井的电测曲线如图 4-12 所示，15m 以上为黏土，下伏白云质石灰岩，曲线前端以 31° 缓升，尾支为 42° 上升，估计上部为含水表现。钻探结果表明：上部岩心破碎，64m 终孔，出水量为 80m³/h。

（2）夹在两个急剧上升段之间的缓升段，一般是较好的含水层。

【例 4-3】 图 4-13 是历城县某农业井，13m 以上黏土，下伏中奥陶系灰岩，测深曲

图 4-12 含水层为急剧上升前的缓升段

图 4-13 含水层为夹在两个急剧上
升段之间的缓升段

线在 55～100m 以 42°直线上升，135m 以后以 45°上升，缓升段角度只有 32°，应是相对富水反映。钻探结果表明：60～121m，岩心破碎，159m 终孔，水量为 62m³/h。

（3）急剧上升段后的缓升段，可视为含水层。在高阻岩层地区，当含水层埋藏较深，而且厚度较薄，上升曲线一般不会出现 45°上升的渐近线，往往是在急剧上升段后出现一缓升段，缓升段一般是深部破碎或岩溶裂隙发育的反映。

【例 4-4】 泰安某地农业供水井（图 4-14），25m 以上为土层，下伏石灰岩和白云质灰岩，前段曲线较陡，上升角度达 40°，显示了上部灰岩的完整性。90m 开始变缓，110m 以后为一缓升的电性层。推测在相应的深度上，灰岩较破碎，是较好的含水层。钻探结果表明：98.2m 以后岩石破碎，岩溶裂隙发育，140m 终孔，水位下降 13m 时，水量为 80m³/h。

图 4-14 含水层为急剧上升段后的缓升段

2. 水平变异

根据水平段在电测曲线上位置的不同，划分为三种类型。

（1）尾支变平的水平段是含水层的反映。若根据地层岩性分析，如果深部没有低阻岩层的干扰，则曲线尾支变平的水平段是岩溶裂隙发育的反映。但一定要进行水文地质分析，要排除低阻岩层的干扰。

【例 4-5】 图 4-15 是泰安某地电测深曲线，开孔为馒头组灰岩，曲线在 110m 后变平，经证实，自 90m 岩心破碎，138m 终孔，降深 25m，水量为 50m³/h。

（2）两个上升段之间的水平段视为含水层。这类曲线的前支及尾支的急剧上升的线段，一般是完整基岩的反映，水平段是岩溶裂隙或破碎带的反映。

【例 4-6】 山东肥城某地农业供水井，26m 以上为土层，底部含有砾石，下伏中奥陶系石灰岩。根据地层资料分析，水平段正是 O_2^2 泥质灰岩的位置，但根据当地成井曲线分析，完整的泥灰岩虽呈低阻，但没有这么明显，推断该段是相对富水反映。钻探结果表明，39～72m 岩心破碎，150m 终孔，涌水量为 50m³/h（图 4-16）。

图 4-15　含水层为尾支变平的水平段

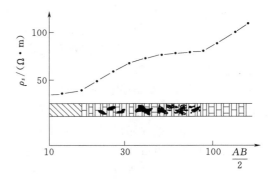

图 4-16　含水层为夹在两个上升段之间的水平段

（3）整个曲线近似水平，是岩溶裂隙富水反映。

【例 4-7】 泰安某地第四系覆盖层厚度 6～8m，下伏中奥陶系石灰岩、泥灰岩。电测曲线如图 4-17 所示，从 25～110m 曲线近似水平，为含水层的反映。钻探结果表明，25～80m 岩溶十分发育，涌水量达 140m³/h。

3. 下降变异

下降变异因出现在测深曲线上不同部位，也有三种形态。

（1）尾支下降段可视为含水层。根据地层分析，如果不是低阻岩层或地形等因素干扰，曲线尾支的下降段往往是深部岩溶裂隙发育，且范围较大的反映。

【例 4-8】 某井 7m 以上为土层，下伏中奥陶系灰岩，测深曲线如图 4-18 所示。曲线前支上升角度达 45°，反映下部基岩完整，170m 后曲线开始变缓并逐渐下降。钻探证明，165m 见 0.5m 溶洞，岩心破碎，194m 终孔，水量 40m³/h。

图 4-17　含水层为整个水平段

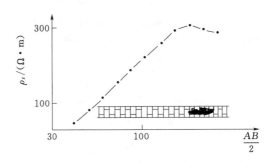

图 4-18　含水层为尾支下降段

（2）两个急剧上升段之间的下降段可视为含水层。

（3）只有尾支急剧上升，前段下降的曲线，下降段是中上部岩溶裂隙发育相对富水反映。

【例 4-9】 山东宁阳某地一灌溉井，上覆 5m 左右的砂层，下伏为馒头组砂质灰岩，如图 4-19 所示。该井深 43m，静水位 8.0m，水稳定后，动水位 10.5m，涌水量 80m³/h。

二、含水层电阻率的解释

根据视电阻率曲线特征辨认含水层是曲线解释过程中的定性分析，至于定性分析确定的含水层是否就是含水层、富水程度如何，还需要根据解释出的真电阻率的大小，再作进一步分析推断，才能得到正确的结论。真电阻率解释的方法有理论量板法，简化拐点切线法等，野外一般采用简易拐点切线法。

图 4-19　含水层为前段下降段

解释出目的层的真电阻率后，可根据目的层的地层岩性特征对照表 4-8 所给资料（或称背景值）分析判断是否是含水层以及富水程度如何。在参照表中资料判断含水层、富水程度时，可根据用水量的大小，将表中的资料作适当的调整。如果用水量不大，主要解决人畜和点种用水，则背景值可以适当提高，如果用水量较大，则背景值可以适当降低。如山东新汶某村，地处低山丘陵区，所处地层为上寒武风山组灰岩，为一弱含水岩组，水文地质条件极差，打井的目的主要是解决人畜吃水和抗旱点种用水。经电测深知，110～170m 出现一水平段，应该为一含水层，但该目的层解释出的真电阻率高达 500Ω·m，而表中所给出背景值的最大值是 300Ω·m。根据背景值判断，似乎是无水的反映，考虑到该村水源条件较差，且用水量较小，故确定下井位。实际钻探，91～128m 岩心较破碎。195m 终孔，水量为 20～25m³/h。但无限制地将背景值放宽，也会造成出水量减少，甚至干孔的现象。如山东周村某地在脆性砂岩和辉长岩脉穿插的地层上，测深曲线自 260m 由 45°变为 34°，为下降曲线，定性判断是含水层的反映，但解释电阻率高达 500Ω·m，又是无水的反映。钻探结果表明，180m 以下连续出现小裂隙，有的被充填，透水不良，出水量很小。

由此可见，只根据电测深曲线上的变异特征来辨认含水层，只是曲线分析中的定性分析工作。定性分析确定的含水层（曲线缓升、水平、下降），并不一定就是可靠的含水层，还应根据解释出的真电阻率结合背景值作进一步的分析，只要所属岩性的真电阻率在表 4-8 范围内，成功的几率就会比较大。

表 4-8　　　　　　　　　　主要岩层破碎富水解释电阻率范围

地 质 时 代		裂隙岩溶含水层解释电阻率/(Ω·m)		备注
		最小值	最大值	
中石炭系	草埠沟、徐家庄组	100～250	300	石灰岩
中奥陶系	马家沟组	300～500	600	
下奥陶系	冶里、亮甲山组	200～300	400	
上寒武系	风山、长山组	<300	300	
中寒武系	张夏组	200～300	400	
下寒武系	馒头组	200～300	400	
白垩、侏罗系		<200	300	脆性砂岩为主
二叠、石炭系				

第八节 电测深法在平原地区找水中的应用

平原地区找水主要是指如何找第四系孔隙水。由于平原地区地形平坦，地质构造、岩石性质单一，地形及旁侧电性不均对电测结果的影响较弱，因此，只要采用正确的测量方法，所测数据可靠，往往都能得到理想的结果。但是由于平原地区咸、淡水层广泛分布，介质的层次多、厚度薄，而电阻率值又比较接近，给电测分析工作带来很多不便，往往造成分析方面的错误。因此要想充分发挥电测的作用，必须要掌握影响电法勘探效果的地电条件。

一、平原地区影响电法勘探效果的主要地电条件

平原地区影响电法找水的主要地电条件有以下几点。

1. 砂层与非含砂层电阻率差异

平原地区岩土的电阻率一般比较低，而且是随着土颗粒的粒径的减小而递减，相邻粒径之间的电阻率差异不明显。若电阻率差异明显，则含砂层表现清晰，也便于分析；若没有差异或差异很小，就无法将它们区别开来。如细砂层与含有僵石的黏土，电阻率差异较小，就很难用电测将它们区分开来；对于含咸水的砂层与土层，有时其视电阻率差异也较小，曲线分析时也难以将其区分。但这两种情况有一个共同结论，就是不适于打井，因此也没有必要区别了。

2. 砂层的厚度

从视电阻率的概念来分析，砂层必须有足够厚度，才能在电测曲线上反映出来，否则将被勘探体积内低阻的土层所屏蔽。

3. 屏蔽层的影响

屏蔽层是指位于含砂层的上方，分布较广、电阻率较高或较低的电性层。屏蔽层对电法勘探不利，如上层电阻率较大（将造成高阻屏蔽），含砂层往往被曲线的急剧下降所掩盖而反映不明显。如上层电阻率较小，有时砂层很少或没有，曲线也会急剧上升，造成假象。

4. 地电断面的复杂程度

所谓的地电断面是指由电阻率相同的介质层所组成的断面。显然在一定的勘探体积内，电性层数越多，厚度越薄，其地电断面越复杂，分析的误差越大。如黏土层中夹有数层僵石时，其综合表现可能为砂层的反映，则造成假象，认为是较厚的砂层反映，导致分析错误。

二、电测深曲线的解释

电测深的目的，就是通过对各电性层的研究分析（如辨认含砂层、解释其电阻率），确定测点下的水质及砂层的厚度，根据砂层厚度与出水量的关系及作物对水质的要求，判断该地点是否可以成井，并确定打井的适宜深度。

（一）电测深曲线的类型

电测深曲线的类型与电性层的层数及各电性层电阻率之间的相互关系有关，显然深度（或称厚度）越大，电性层层数越多，曲线类型也就越复杂。就不同埋藏深度的平原地下水而言，其常见的电测深曲线有以下 9 种类型（图 4-20）。

图 4-20 平原地区电测深曲线类型

在实际工作中遇到的大多数类型是一些形状与之类似的曲线或是多层结构的更为复杂的曲线，如不易辨认曲线类型，也可以不对整条曲线分类命名，只要辨认出含砂层之后，把与含砂层相邻的电性层的定名确定下来就可以了。

（二）辨认含淡水的砂层

根据曲线特征定性分析时，辨认淡水砂层的最基本的原则是：砂层必须是具有一定埋深的高阻层（所谓的高阻层是指视电阻率曲线上的上升段或视电阻率值较高的下降段）。一般以高阻层的下界面 16m 为界，大于 16m，可以考虑是含水砂层，小于 16m 的高阻层一般不作为砂层分析。

应该指出，根据曲线特征判断出的砂层，仅仅是有可能包含砂层的电性层。至于它是否真的是砂层及砂层厚度有多大，需进一步分析计算。

（三）砂层电阻率的解释

如果某一段曲线，通过定性分析确定为含砂层后，还应该解释该层的电阻率。如果解释电阻率很小，就意味着矿化度较高，即使砂层再好，也不宜定井。可见辨认含砂层与解释电阻率应相辅相成，缺一不可。曲线解释方法有理论量板法、简易拐点切线法。一般采用简易拐点切线法即可满足要求。

【**例 4 - 10**】　图 4 - 21 为一电测深曲线，经分析判断，20～40m 之间的上升段可能是砂层，做该目的层的切线 ρ_1，以及上部电性层的切线 ρ_2，ρ_1 与 ρ_2 相交于 O 点，其 $\rho_0 = 10\Omega \cdot m$，$\alpha = 25°$，查表得 $\mu = 2.70$，则 $\rho = \rho_0\mu = 2.7 \times 10 = 27(\Omega \cdot m)$，真电阻率较大，判别是一个较好的砂层。

图 4 - 21　简易拐点切线法

（四）地下水水质分析

在平原地区，地下水水质较复杂，因此进行水质分析和预测，是电法勘探的一个重要任务。

1. 浅层淡水分析

浅层淡水的水质一般是根据含砂层的真电阻率 ρ 来确定，若 $\rho > 15\Omega \cdot m$，一般为淡水；$10\Omega \cdot m < \rho < 15\Omega \cdot m$，水的矿化度 C 一般大于 1.5g/L。

2. 咸水层在电测深曲线上的特征

咸水层在电测深曲线上，主要反映为视电阻率小于 $15\Omega \cdot m$ 的低阻异常，且地下水矿化度越高，相应的视电阻率就越低。对于矿化度大于 2g/L 的咸水层而言，ρ_s 主要取决于矿化度，而与土质关系不大。表 4 - 9 反映了含砂层视电阻率与矿化度的关系，有了这些关系，就可以近似地估算出某砂层的矿化度，为定井提供主要依据。在实际工作中，也可以根据 ρ_s 曲线的以下特征，定性地将咸水层辨认出来。

表 4 - 9　　　　　　　　　　　含砂层电阻率与矿化度关系

含砂层电阻率 ρ	矿化度 C/(g/L)		含砂层电阻率 ρ	矿化度 C/(g/L)	
	一般值	最大值		一般值	最大值
10	2.5～3.5	5	22	0.9～1.4	1.9
12	1.9～2.8	4	24	0.8～1.2	1.7
14	1.6～2.4	3.3	26	0.75～1.1	1.5
16	1.4～2.2	2.8	28	0.75～1.0	1.4
18	1.2～1.8	2.5	30	0.6～0.9	1.3
20	1.0～1.5	2.2			

（1）ρ_s 曲线中极小值小于 $10\Omega \cdot m$ 的下降段，其真电阻率肯定不会大于 $10\Omega \cdot m$（因为 $\rho = \mu\rho_s$，当 $\alpha < 0$ 时，$\mu \leqslant 1.0$），不用解释真电阻率，便可以确定该段为咸水层（图 4 - 22）。

（2）曲线中 ρ_s 的极小值大于 $10\Omega \cdot m$ 的下降段，如果解释出该段真电阻率仍小于 $10\Omega \cdot m$，则该段也是咸水层。如 $\rho_{s.min} = 15\Omega \cdot m$，$\alpha = -20°$，则 $\mu = 0.52$，则 $\rho = 15 \times$

图 4 - 22　咸淡水的划分

0.52＝7.8（Ω·m）<10Ω·m，则该下降段为咸水层。

（3）曲线中 ρ_s 值小于 10Ω·m 的水平段，一般也是咸水层。

3. 水的矿化度沿垂向变化规律

平原地区的地下水根据所处的水文地质单元不同，地下水的水质沿垂向变化规律，常见的有以下几种类型。

（1）全淡型：从地面向下全部为淡水，一般分布于山前冲洪积平原的中、上部。电测深曲线类型有 G、A、K 等几种曲线类型。

（2）全咸型：在 600～700m 深度内，从上至下全部为咸水，主要分布在黄河三角洲的垦利、利津、沾化，电测深曲线呈低阻（$\rho_s \leqslant 10$Ω·m）的平直曲线型。

（3）淡-咸型：上部为淡水、下部为咸水，电测深曲线为 D、Q 型曲线。

（4）咸-淡型：上部是咸水、下部是淡水。由于含咸水岩组上覆电阻率较高的非饱和带、因此电测深曲线为 H 型。H 型曲线前支下降，表明低阻含咸水岩组的存在，尾支上升，反映深部出现了相对高阻含淡水岩组。

（5）淡-咸-淡型：浅部为淡水，中部为咸水，深部又是淡水。电测深曲线为 KH 型，K 型曲线前支上升段，表明浅部有含淡水岩组，K 型曲线下降段，反映中部存在着含咸水岩组，曲线尾支上升段，表明深部为含淡水岩组。

咸水层与淡水层之间的接触关系有两种类型：一种是渐变型，即在咸水层与淡水层之间比较厚的（几十米或一二百米）隔水层，水质的变化呈渐变的关系，华北冲积平原的下游一般属于这种情况，其视电阻率测深曲线表现为规则的三层或多层曲线。另一种是突变型，即咸水层与淡水层之间的隔水层较薄，在电测过程中，其往往被其他电性层所屏蔽，所以电测深曲线表现为 K 型（尖顶式）、H 型（尖底式）。

（五）含砂层埋藏深度的确定

高阻层的顶界面，提前量一般较小，深度修正系数一般为 0.9～1.0。实际使用时，深层淡水电性层起始点的横坐标 $AB/2$ 值乘以（0.9～0.95），作为咸淡水界面的解释深度。经与测井资料对比其误差一般小于 10％，少数达到 15％。

第九节　电测找水野外常见干扰及处理措施

电阻率法是观测供电时在 MN 间产生的稳定的电位差，这种正常信号传到仪器后，指针应该是稳定的。但是由于各种干扰，使指针有规律或无规律地摆动，影响观测质量，这些干扰一般有以下几种。

一、野外电测常见干扰

（一）不稳定地电场

稳定的地电场（如金属硫化矿、石墨以及炭化岩层所形成的自然电场等），可以在测量前补偿掉，不构成干扰；而变化的地电场（如大地电流、工业游散电流、随时间变化渗滤电场等），在测量 Δu 过程中造成指针摆动，严重时无法读数。

1. 大地电流场

这种电场强度一般较小，有一定方向性，夏季强冬季弱。在一天中，中午强夜间弱，但周期性较复杂，是一种随机干扰，可采取以下措施避免或减少：①在大地电流较弱时间观测（如避开中午）；②加大供电电流，以增大信噪比；③进行多次观测，合理地读数。

2. 游散电流

在城市、矿山、电气化铁路等用电量很大的地区，由于接地线的存在，大地有强大的游散电流。另外在变压器、有线广播线的附近，接地线也能产生游散电流。由于用电量大小、时间和地点变化，使游散电流的分布、强度和方向变化多端，因此游散电流场的存在会引起指针无规律地摆动，解决方法如下：①在停电或用电低峰时间观测；②加大供电电流，以提高信噪比；③尽量使布极方向垂直于游散电流方向；④多次观测，合理取数。

3. 随时间变化的渗滤电场

由于降雨或因地面干燥而浇水，在短时间内会引起随时间变化的渗滤电场。这种电场会引起指针缓慢漂移，为避免这种干扰，一是雨后不要立即进行观测；二是浇水后，应间隔半小时再进行观测。

（二）感应电动势

当测量导线悬空随风摇动切割地磁场或其周围存在变化的磁场时，都会在测量线路内产生感应电动势，形成干扰。在测量过程中应注意以下问题：

（1）测量导线切割地磁场磁力线，引起指针左右摆动。消除方法是：使测量导线尽量不要悬空；在无法实现时也要将导线拉紧，使之不能随风摆动。

（2）供电回路接通或断开的瞬间，由于电流突然变化，在周围产生变化的磁场，因而在测量回路产生瞬间感应电流。供电瞬间感应电动势加入仪器后与 Δu 方向相同，因此使读数增大。但只能维持很短时间，因此在观测读数时，应读其稳定读数。

（3）当测量导线邻近并平行于高压、低压输电线或通信电缆时，都会产生感应电动势，前者使指针抖动，后者使指针产生脉冲性偏转。消除方法主要应使测量线垂直于输电线，远离后再平行铺放。

（三）变化的电极电位干扰

金属电极与土壤接触产生电极电位。土壤中的溶液性质或浓度改变，都会引起电极电位的变化，从而导致极化电位差的变化。如电极打在流水中，则指针表现为随水流摆动；有时由于测量导线漏电，导线裸露部分在风的吹动下，使指针产生脉动式摆动。克服方法：一是采用不极化电极；二是清理电极附近的植物，防止风吹动时植物与电极接触；三是严防测量导线漏电。

二、接地电阻

供电电极的接地电阻大小不仅影响供电电流强度，而且对漏电程度也有影响。测量电极接地电阻大小影响着漏电电位差的大小。总之，减少接地电阻是节省电源、提高工效、保证观测精度的有效措施。

（一）影响接地电阻的因素

野外常用电极是棒状金属电极，其接地电阻为

$$R = \frac{\rho}{2\pi L} \ln \frac{2L}{r_0} \qquad (4-9)$$

式中　R——接地电阻，Ω；

L——电极入土深度，m；

r_0——电极的半径，m；

ρ——介质的电阻率，$\Omega \cdot m$。

从式（4-9）中可以看出，接地电阻与介质的 ρ 成正比，与 L、r_0 近似成反比。如果电极处的土处于松动状态，接地电阻会增大。所以为减少接地电阻的影响，应使电极与周围的土紧密接触。R 随电极入土深度的增大及电极与周围土接触面积的增大而减小，但电极入土深度大了，打入拔出都较困难；电极粗了过于笨重，搬运不便；所以电极一般是用直径 2cm、长度 50～70cm 铜棒做成，打入土的深度一般为 30～50cm。

（二）减少接地电阻措施

1. 加大电极与土壤接触面积

使用表面积大的电极，加大电极入土深度，除去电极表面的铁锈，电极打入地下后，将电极周围的土压紧。

2. 减少电极附近介质的电阻率

（1）在规范允许情况下，将电极打在潮湿的地方。

（2）在电极附近浇水。根据点电源的电场分布可知，在电极附近的电位降较快，可见接地电阻主要表现在靠近电极附近的介质中，故在电极附近浇水即能达到减少接地电阻的目的。另外，不要将电极打在电阻率大的砂子、石子附近。

（3）供电时间较长，也会增大接地电阻，即电流随时间减少。原因是通电后，电极表面析出的电解产物主要是各种气体，电极表面气体增加会导致接地电阻的增加。可在电极附近浇一些硫酸铜溶液，以减少电极上气体析出量。

三、漏电的影响

在野外观测中，尤其是雨后潮湿的环境中观测，或者电线长久老化，有可能产生漏电。漏电可能发生在供电线路、测量线路和仪器部位。漏电部位和漏电程度不同，对观测结果影响也不相同。当漏电部位位于供电线路和测量线路时，电测深曲线会出现严重畸变，具体表现为：在某一个供电极距测量时，电阻率很大或者很低，电测深曲线出现明显的拐点。如果排除高阻或低阻岩体的影响，有可能是漏电造成的。

（一）供电线路漏电

1. 漏电影响

由于漏电点存在，在测量电场内又多了一个点电源 F，由于漏电影响而产生的电位差为

$$\Delta u = K \frac{\Delta U}{I} + \frac{\alpha I \rho}{2\pi} \left(\frac{1}{x_{AN}} - \frac{1}{x_{AM}} - \frac{1}{x_{FN}} + \frac{1}{x_{FM}} \right) \qquad (4-10)$$

式中　　α——漏电系数，漏电点流入地下电流占总供电电流的百分比；

x_{AM}、x_{AN}——供电电极 A 到测量电极 M、N 的距离；

x_{FM}、x_{FN}——漏电点 F 到测量电极 M、N 的距离；

$\qquad K$——装置系数；

$\qquad \rho$——视电阻率；

$\qquad \Delta u$——总的电位差；

$\qquad I$——供电电流。

由式（4-10）可知，后一项是漏电误差引起的。由此来看漏电影响主要取决于两方面因素：一是漏电量的大小（即 α 的大小）；二是漏电的位置 F。

（1）漏电系数 α。漏电系数 α 由下式计算：

$$\alpha = \frac{R_A}{R_A + R_F} \tag{4-11}$$

式中　R_A、R_F——A 极和漏电点的接地电阻，Ω。

α 与 R_A、R_F 有关，在 R_F 一定条件下，R_A 越小，α 越小，漏电引起的电压误差也就越小；因此在实际工作时，应尽量减少 A、B 极的接地电阻。

（2）漏电位置。漏电位置 F 越靠近测量电极，产生的影响也越大，这是因为 F 点靠近测量电极时，相当于在测量电极附近打了一个附加电极，此电极产生的电场强度，对 M、N 极的电位影响较大。漏电位置越靠近供电电极，则影响较小。当漏电位置一定时，漏电影响随装置系数 K 的增大而增大，K 值大，即供电电距大，而 MO、NO 的距离相对较小，此时 Δu 较小，故漏电影响较大，因此在大极距工作时，应特别注意供电线路漏电问题。

2. 预防、消除漏电的方法

（1）保持导线干燥、清洁，防止老化；发现漏电处，及时用绝缘胶布包好；导线通过湿地、水田、河沟时要架空；另外，尽量减少供电电极的接地电阻。

（2）在野外观测中，应该经常按规范要求进行漏电检查，特别是曲线上出现畸变时，一定要进行漏电检查。

（二）测量线路漏电

当测量导线漏电时，由于导线金属接地产生新的极化电位加入仪器，使观测电位差减少，计算的视电阻率偏小，造成低阻的假象，对电测深曲线的解释影响很大，在野外电测过程中，必须高度重视。减少漏电影响的方法主要有以下几点：

（1）加大测量线路漏电点的接地电阻。

（2）减少 M、N 的接地电阻。

（3）野外观测中经常进行漏电检查，发现问题及时处理。

（三）仪器漏电

观测仪器使用较久、密封破坏或天气较潮湿，使仪器内供电或测量回路发生漏电，将造成较大误差。有时因手触仪器，出现指针乱摆现象，也是仪器本身漏电缘故。

（四）漏电检查

1. 供电系统漏电检查

一般可轮流断开供电导线与供电电极的接头，同时观测供电线路中的等效漏电电流和测量线路等效漏电电位差。要求两端等效漏电电流的总和不超过该点供电电流的 1%；两端等效漏电电位差的总和不超过该点观测电位差的 2%，进行漏电检查的电源电压一般不超过 300V。

2. 测量系统漏电检查

一般可轮流断开测量导线的测量电极的接头，供电时测量等效漏电电位差。要求两端等效漏电电位差的总和不超过该点观测电位差的 1%。

3. 仪器漏电检查

在仪器断路的情况下，用 500 伏兆欧表分别测定 A、B 插孔，M、N 插孔，仪器外壳三者之间的绝缘性能，要求测定的电阻值不小于 100MΩ，若测定的值小于 100MΩ，则认为仪器绝缘性质不合乎规定要求，其漏电影响不容忽视。

第十节 地形及特殊地质条件对电测深找水的影响

电测深法找水是建立在地面水平，下部介质均匀且水平的假设条件下。野外电测时，常会遇到各种地形、地貌、特殊地质条件，当地形起伏变化、下部介质是不均匀的或非水平的，均与理论假设条件不符合，这样对电测深的结果就会造成一定的影响，如果在电测深曲线分析时不能排除这些影响，往往会误判造成找水定井失败。因此必须探讨不同地形、不同岩层产状、不同布极方式对电测找水的影响，提高电测找水的成功率。

一、地形对电测深的影响

地形对电测深的影响，主要会产生电阻率降低、电阻率增加两种结果，主要与供电极距在地形中的不同位置有关。根据多年的电测实践经验，凡供电电极 A、B 连线以上有土体存在时，由于土体的吸引作用，测量的电阻率偏低；凡供电电极 A、B 连线以下存在大气时，由于空气为绝缘体，引起电流的聚集，故测量的电阻率偏高。

当地面坡角小于 20°时，地形起伏变化对电测深曲线影响较小，此时测线方向可任意选择。若地面坡度大于 20°，或者测线方向极距跨越山谷或山脊时，地形起伏变化对电测深曲线影响较大。

当测点位于斜坡时，所造成的地形异常较小，而测点位于山顶或谷底时所造成的地形异常最大；对于同一种地形而言，垂直于地形等高线的方向布置测线时，地形所造成的异常比平行等高线方向布置测线时所造成的异常要大，并且所造成的异常随极距 $AB/2$ 的增大而增大。平行于地形等高线的方向布置测线时，地形所造成的异常较小，且所造成的异常随极距 $AB/2$ 的增大而趋于稳定；异常主要出现在 $AB/2$ 小于 $3a$ 的极距上，其中 a 为山脊或山谷宽度。当 $AB/2$ 大于 $3a$ 后，无论山脊、山谷，也无论平行或垂直走向布极，地形异常均较小。野外遇到的地形主要包括沟谷、山坡、陡坎等，对电阻率的影响各不相同。

(一) 沟谷

1. 沿沟谷走向布极

(1) 谷底走向布极。当沿谷底走向布极时，测量电极、供电电极皆在沟底，如图 4-23 (a) 所示，在野外电测工作中比较常见。在这种情况下，供电电极 A、B 连线所构成的平面以上有土体存在，由于土体对供电电流的吸引作用，故测量的视电阻率偏低，有可能将地形干扰误判为含水构造，必须高度重视。沟谷的深度越大，影响越大；沟谷的宽度越小，影响越大；供电极距越小，影响越大，随着供电极距的增大，这种影响逐渐减少。

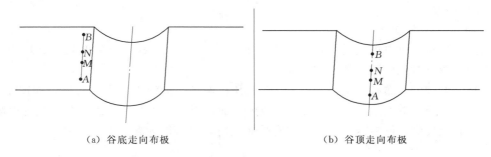

（a）谷底走向布极 （b）谷顶走向布极

图 4-23 沿沟谷走向布极

（2）谷顶走向布极。当沿谷顶走向布极时，测量电极、供电电极沿走向布置在谷沿附近，如图 4-23（b）所示，会引起视电阻率增大。电极 A、B、M、N 越靠近谷沿，影响越大；越远离谷沿，影响越小。

2. 垂直沟谷走向布极

当测量电极、供电电极需要跨越沟谷、陡坎时，布极的方向垂直沟谷的走向。根据电极 A、M、N、B 的具体位置，分为以下几种情况：

（1）A 极在沟顶，M 极、N 极、B 极在谷底。供电电极 A、B 连线所构成的平面以下有空气存在，由于空气的绝缘作用，引起电流的聚集，会引起视电阻率增大，如图 4-24（a）所示。

（a）A 极在沟顶，M 极、N 极、B 极在谷底 （b）供电电极 A、B 和测量电极 M、N 全部布置在谷底

（c）供电电极 A、B 在谷顶，测量电极 M、N 在谷底

图 4-24 垂直沟谷走向布极

（2）当沟谷的宽度比较大，小极距供电时，A、M、N、B 垂直沟谷全部布置在沟底，如图 4-24（b）所示，供电电极 A、B 连线所构成的平面以上有土体存在，会引起视电

阻率降低，有可能将地形干扰误判为含水构造。供电电极 A、B 越靠近沟谷的坡脚，影响越大；供电电极 A、B 越远离沟谷的坡脚，影响越小。

（3）当沟谷宽度不大或大极距供电情况下，供电电极在谷顶，测量电极在谷底，会引起视电阻率增大，如图 4-24（c）所示。

（二）山坡

1. 沿山坡走向布极

当测量电极、供电电极沿山坡走向布极时，A、M、N、B 可布置在坡脚、坡腰、坡顶等不同位置，对视电阻率的影响不同。

（1）沿坡脚走向布极。电极 A、M、N、B 在坡脚附近沿山坡走向布极，如图 4-25（a）所示，由于供电电极 A、B 连线所构成的平面以上有土体存在，因此会引起视电阻率降低。越靠近坡脚，影响越大，因此在野外布线时，尽可能远离坡脚。

（a）沿坡脚走向布极　　　　　　　　（b）沿坡腰走向布极

（c）沿坡顶走向布极

图 4-25　沿山坡走向布极

（2）沿坡腰走向布极。电极 A、M、N、B 在坡腰附近沿山坡走向布极，即沿地形等高线布极，如图 4-25（b）所示。以布极方向为界，供电电极 A、B 连线所构成的平面，上坡方向为岩土体，吸引电流，引起视电阻率降低；下坡方向为空气，排斥电流，引起视电阻率增大。如电极 A、M、N、B 恰好位于半山坡处，基本上正负抵消，对电测影响不大；越靠近坡脚布极，视电阻率降低幅度越大；越接近坡顶布极，视电阻率增加幅度越大。因此，在野外布线时，尽可能在半山坡处沿等高线布极。

（3）沿坡顶走向布极。当沿着坡顶走向布极时，会引起电阻率升高，如图 4-25（c）所示。山顶越陡峻，这种影响越大；山顶越浑圆，这种影响越小。

2. 垂直于山坡走向布极

当测量电极、供电电极跨越山坡时，A、M、N、B 在山坡的不同位置，对视电阻率的影响不同。

（1）电极 A、M、N、B 全部布置在山坡上。当电极 A、M、N、B 全部布置在山坡上，如图4-26（a）所示，A 靠近坡脚，引起电流密度减少，B 极在坡顶附近，引起电流密度增加，综合反映可能对电阻率影响不大。

（a）电极 A、M、N、B 全部布置在山坡上　　（b）供电电极布置在两侧坡腰，测量电极布置在坡顶

（c）供电电极布置在坡脚，测量电极布置在坡顶

图4-26　垂直山坡走向布极

（2）供电电极布置在两侧坡腰，测量电极布置在坡顶。当供电电极布置在两侧坡腰上，而测量电极布置在坡顶附近，如图4-26（b）所示，在供电电极 A、B 连线所构成的平面以上有土体存在，以下有空气存在，综合反映对电测影响不大。

（3）供电电极布置在坡脚，测量电极布置在坡顶。在跨越高度不大的山坡时，有时候将测量电极布置在坡顶，而供电电极布置在坡脚附近，如图4-26（c）所示，会引起视电阻率降低，在这种情况下地形影响最大。随着供电极距的增大，这种影响始终无法消除，会严重干扰电测成果造成误判，野外测量时需高度重视。

二、特殊地质条件对电测深的影响

电测深法适用的地质条件是：电性层水平且分布无限。一般认为若岩层倾角不大于20°，电性层水平宽度大于埋深的10倍以上时，地质条件影响不大，岩层倾角、电性层水平宽度的影响就可以忽略。如果不符合这些条件，称为特殊地质条件，主要影响有以下几种情况。

（一）直立界面的影响

当存在两种不同的介质，且其接触面为垂直的。在界面的一侧进行电测深，电场的分布特征必然会受到界面另一侧介质的影响，由此造成异常。

1. 测线方向与界面平行

当测线方向与界面平行时（图4-27），设界面两侧介质的电阻率分别为 ρ_1、ρ_2，且 $\rho_1 < \rho_2$。当测点位于 ρ_1 介质内，测点 O 至界面的距离为 D。由勘探体积的概念可知：

图4-27　测线方向与界面平行

111

当 $AB/2 \ll D$ 时，此时勘探体积范围内相当于均匀介质，不存在界面影响，ρ_s 趋近于 ρ_1。

当 $AB/2 = D$ 时，受 ρ_2 介质的排斥作用，勘探体积内的电流密度开始增大。但由于 j_D 太小（勘探体积边缘 D 点的电流密度 $j_D = 0.89j_0$），勘探体积内 M、N 处的电流密度增加得很少，j_{MN} 变大，由 $\rho_s = \dfrac{j_{MN}}{j_0}\rho_{MN}$ 知，$\rho_s > \rho_1$，曲线开始上升。随 $AB/2$ 的增大，ρ_2 介质的排斥作用越强烈，j_{MN} 大幅增大，$\rho_s \gg \rho_1$。

当 $AB/2 \geqslant 10D$，勘探体积内，ρ_1 与 ρ_2 介质的体积之比随 $AB/2$ 的增大而趋近于常数（如 $AB/2 = 10D$ 时，ρ_1 介质的体积 $6D$、ρ_2 介质的体积 $4D$），所以界面的影响也逐渐趋于稳定。

2. 测线方向与界面垂直（图 4-28）

图 4-28　测线方向与界面垂直

同样假定界面两侧介质的电阻率分别为 ρ_1、ρ_2，且 $\rho_1 < \rho_2$。当测点位于 ρ_1 介质内时，测点 O 至界面的距离为 D。由勘探体积的概念可知（也可由均匀场的概念分析）：

当 $AB/2 \leqslant D/2$ 时，勘探体积位于均匀介质内，此时不存在界面的影响问题，ρ_s 趋近于 ρ_1。当 $D/2 < AB/2 \leqslant D$ 时，由于 B 电极逐渐靠近界面，电场的分布特征开始受 ρ_2 的影响，并逐步增大，当 $AB/2 = D$ 时（位于界面两侧时），影响达到最大，在 ρ_s 曲线上往往出现畸变点。

当 $AB/2 \geqslant 10D$ 时，勘探体积内，ρ_1 与 ρ_2 介质的体积之比随 $AB/2$ 的增大而趋近于常数（如 $AB/2 = 10D$ 时，ρ_1 介质的体积 $11D$、ρ_2 介质的体积 $9D$），所以界面的影响也逐渐趋稳定。

（二）倾斜界面的影响

测线方向垂直于界面比平行于界面影响大，所以应尽量与界面平行布极（图 4-29）。当极向平行于界面时，如果界面露出地表，即使界面的倾角不大，对曲线也有影响。只有 $AB/2 < D$ 影响较小，即电测深曲线左支渐近线为 ρ_1，可利用这一点解释 h_1，但应注意解释深度 h_1 是测点到界面的法线距离。如果界面不出露地表，当倾角大于 $25°$ 时，应该使用带倾斜界面的量板来解释曲线；当倾角小于 $25°$ 时，对曲线影响不大，但解释深度为法线深度。

图 4-29　倾斜界面影响

三、测点附近高阻岩脉对电测深的影响

设覆盖层的厚度为 h_1，下部岩层的电阻率 ρ_1，岩脉的电阻率为 ρ_2，且 $\rho_1 < \rho_2$。测点到岩脉的水平距离为 D，如图 4-30 所示。

（一）垂直于岩脉的走向布置测线

当供电电极远离岩脉时，无影响；当供电电极 A（或 B）在岩脉两侧的附近时，影响较大，并在 $AO = D$ 处，ρ_s 曲线出现最大畸变点。

（二）平行于岩脉的走向布置测线

当 $D \gg h_1$ 时，曲线从 $AB/2 = h_1$ 起开始上升，从 $AB/2 = D$ 起上升角度可能大于 $45°$；当 $D = (10 \sim 20)h_1$ 时，对曲线无影响。

四、狭窄古河道对电测深的影响

设古河道内砂层的平均宽度为 D，埋藏深度为 h_1，厚度为 h_2，如果 $D > 10h_1$，可以认为砂层在水平方向是稳定的，测线方向可以任意布置，对电测深曲线无影响。如果

图 4 – 30　高阻岩脉对电测深影响

$(h_1 + h_1) < D < 10h_1$，极向与古河道平行时，影响较小；测线方向与古河道垂直时影响较大，砂层反映不明显。

五、排除各种干扰的措施

使用电测深法测量时需要一定条件，如地形倾角不能太大，岩层倾角小于 $20°$，目的层在水平向和垂直向较稳定等。具备这些条件，电测深曲线就能反映下部介质垂向变化情况，不具备这些条件曲线上异常不一定是地电条件的变化，而可能是各种因素的干扰造成的。在山区电测找水中，常因各种干扰造成曲线畸变，导致解释错误，降低成井率。

干扰异常产生的原因，主要有三个方面：

（1）地形影响。在最大 AB 范围内，地形起伏较大，或测点附近 MN 范围内有沟谷陡崖。

（2）地表不均匀体的影响。在最大 MN 范围内，地表附近有透镜状的砂砾石层或基岩埋藏浅且起伏较大。

（3）旁侧地层的影响。在最大 AB 范围内，地层在水平向不稳定，如覆盖层不均，高阻或低阻岩脉等。

为了减少或排除以上影响，一般采用如下几种方法。

（一）采用不同的电测装置

经过多年的野外电测实践经验，采用联合电测深、十字电测深、测量电极采用梯度装置对排除地形干扰非常有效。

1. 采用联合电测深

联合电测深就是用两个三极电测深和一个四极对称电测深的联合测量，在垂直于测线方向布设 C 极，要求 $CO \geq (5 \sim 10)AO$，测点要尽量远离大的沟谷。在每个极距上，用 A、C 和 B、C 依次供电，分别测出 ρ_s^{AC}、ρ_s^{BC} 和 ρ_s^{AB}，三条曲线绘在同一坐标系内。如果地形、地层、岩层倾角在最大 AB 范围内变化不大，则三个视电阻率值应近似相等，且 ρ_s 位于 ρ_s^{BC}、ρ_s^{AB} 两曲线之间。若 A 或 B 电极受地形或不均匀体的旁侧影响时，曲线形状不一致，出现干扰异常。因此三条曲线可以相互检查测量误差，解释时以受干扰最小的一条曲线为主，其他作为参考。这种方法对减少地形和旁侧影响效果较好，特别适用于地形复杂山区，缺点是设备复杂，观测工作量大。

2. 采用十字电测深

十字电测深是在同一测点上，两次测量时放线方向基本垂直，两条曲线绘于同一坐标内。如果两条曲线类型基本一致（特别是含水段），只是电阻率和曲线斜率大小稍有不同，基本上认为曲线上异常是垂向地电变化反映，反之可能是地形、旁侧不均质体影响造成的干扰异常。

十字电测深曲线，如果只在一条线上出现含水异常，不论其反映如何明显，尤其是含水性较差地层，定井都没有把握。如果遇到此种情况，应加强水文地质调查工作。十字电测深能减少地形和旁侧地层的影响，效率较联合电测深高。

3. 测量电极采用梯度装置

由于山区地表电性不均匀体对测量电性的影响很大，基岩出露地区尤为严重。为了减少这种影响，现逐步采用梯度装置。方法是固定供电电极 A、B，M、N 极在 A、B 范围内移动，进行视电阻率的观测。梯度装置的电测深，异常反应明显。

（二）选择正确的布极方向

地形及特殊地质条件对电测深、联合剖面曲线都会造成一定的影响，引起曲线出现畸变。要克服或减小地形及特殊地质条件对电测曲线的影响，在测量过程中将测线方向平行于山脊或山沟的走向布置或平行于岩层的走向；当地形倾角较大时，应沿等高线布线，并尽量少穿越较深沟谷和陡坎；如果岩层倾角较大，一般沿岩层定向布线；如果存在断层，则应沿断层定向布线可以大大地减小它们的影响；如地层在水平向变化较大时，布线方向尽可能与古河道（砂层）延伸方向一致，这样能够正确反映地下岩层的地质情况，尽可能地排除地形、特殊地质体对电测成果的干扰，提高测量精度。

第十一节　电阻率法找水的局限性

电阻率法作为一种基本找水方法之一，在山区物探找水中发挥着重要作用，但任何方法都存在其一定的适用条件。电阻率法是一种体积勘探方法，在含水构造规模较小，地电条件不利时，其找水效果就会受到很大的影响。今后，山区找水的难度将会越来越大，在一些找水难度大的地区，还要采用其他先进的技术和方法，充分发挥综合物探的优势，进一步提高找水成井率，使山区找水技术为社会经济的发展做出更大贡献。

1. 电性差异的问题

电阻率法要求目的层的电阻率与围岩的电阻率差异要明显，而且差异越明显，电测效果越理想。若目的层的电阻率与围岩的电阻率差异不大，则无法使用电阻率法。例如砂质的土与粉细砂，砂卵石与风化岩石，其电阻率相差很小，单纯根据电阻率的大小，就不易将它们分开。再如，石灰岩层中被黏土充填的溶洞、裂隙以及石灰岩层中的页岩层和泥灰岩夹层都呈低阻异常，两者在电阻率上接近或相等，根据电阻率的大小，也不易将它们分开，往往误判为充水溶洞，造成定井的失败。所以在应用电阻率法找水时，一定要与地质分析相结合，方能得到正确的结论。

2. 被测体（或称目的层）的规模问题

从视电阻率的定义可知，在电场体积内，被探测体必须要有一定的规模，才足以引起电场分布规律发生明显地变化，而且其体积越大，电场分布规律变化也就越明显，电测效果也就越好，否则反之。所以，当被探测体（或目的层）埋藏深度大，而体积较小时，由于屏蔽作用的影响，被探测体（或目的层）则反映不出来。例如在平原地区，当浅层淡水中砂层厚度小于其埋藏深度的 5% 时，一般反映不出来。

3. 旁侧不均质体的问题

电阻率法的理论是在一定的假设条件下建立的：即电场体积范围内的介质水平成层且分布无限，同时是各向同性。对于分布范围较大的、岩层未经强烈构造变动的地区近似于理想情况，而对于构造变动强烈的岩石地区以及呈带状分布的裂隙、岩溶、狭窄古河道地带就不符合理论假设条件了。所以在曲线分析过程中，如果还用理论量板去套用，就有可能造成判断失误。

4. 电法勘探找水属于间接找水，存在着多解性的问题

在利用电阻率法找水的过程中，要加强水文地质、地形、地貌的分析研究，排除各种干扰造成的假异常，以提高定井成功率。

第五章 电阻率剖面法找水

电阻率剖面法的工作原理是：保持供电电极及测量电极之间的距离不变。几个电极同时沿测线向某一方向移动，逐一测出测线上各测点某一深度的视电阻率，并绘出视电阻率沿剖面线的变化规律，以了解沿剖面线水平方向电性的变化情况。电阻率剖面法的优点是可用于大范围的选择异常点，工作效率高；缺点是不能进行定量解释。如能与电测深法相结合，就成为一种目的性强、速度快、效率高的物探方法。因此在找水过程中，两种测量方法经常配合使用。

电剖面法按供电电极和测量电极排列关系的不同可分为四极对称剖面法、复合四极对称剖面法、联合剖面法、中间梯度法等。

第一节 四极对称剖面法

一、四极对称剖面法装置

四极对称剖面法，是由 A、M、N、B 4 个电极组成，以 MN 的中点为对称中心布置的，工作时保持各电极间的距离不变，整个装置沿测线方向一起移动进行观测。因此所测 ρ_s 值的变化反映了沿剖面线一定深度内岩石视电阻率的变化情况（图 5-1）。在野外工作时，整个装置同时向前移动，电极之间的距离保持不变，沿着剖面进行视电阻率测量，绘出一条随测点位置变化的视电阻率曲线。

图 5-1 四极对称剖面法装置

二、四极对称剖面法原理

以测点距为横坐标，以 ρ_s 为纵坐标，将各测点的 ρ_s 点标在该坐标中，并连成曲线即得视电阻率剖面曲线（图 5-2）。设地层有两层，电阻率分别为 ρ_1、ρ_2，且 $\rho_1 < \rho_2$，用电流线被"吸引"或"排斥"的现象很容易分析四极对称剖面法 ρ_s 曲线的变化。

（1）1 号点远离高阻体，由于高阻体对电流线不起排斥作用或排斥作用微弱，因此 j_{MN} 等于或略大于 j_0。故由 $\rho_s = \dfrac{j_{MN}}{j_0}\rho_{MN}$，得知 $\rho_s = \rho_1$ 或略大于 ρ_1。

（2）2 号点由于高阻体埋藏较浅，对电流排斥比较强烈，$j_{MN} > j_0$，故 $\rho_s > \rho_1$。

（3）3 号点与 1 号条件相同，故 $\rho_s = \rho_1$ 或略大于 ρ_1。

图 5-2 四极对称剖面法 ρ_s 曲线定性分析图

三、四极对称剖面法极距选择

1. 供电电极

供电电极的大小主要取决于覆盖层厚度或地下水埋深，一般 $AO=BO=(2\sim3)H$，H 为覆盖层的厚度或地下水的埋藏深度。

2. 测量电极

测量电极一般 $MN<AB/3$，为测量方便起见，一般取 MN 等于测点距离。

四、野外工作方法

沿某方向布设一测线，测线上各测点号分别为 0，1，2，3，…测点间距一般为 10～20m，间距过大，可能漏过某些异常点；而间距过小，测试工作量大，故一般取点距为 20m 即可。

【例 5-1】 山东省诸城市侏罗系砂页岩地层，布置的测点间距为 20m，若 A 极设在 O 点，B 极设在 7 点，MN 分别设在 3 点和 4 点（图 5-3），则勘探深度 $AB/2=70$m，$AM=60$m，$AN=80$m，$MN=20$m，得到装置系数 $K=\pi\dfrac{AM\cdot AN}{MN}=3.14\times\dfrac{60\times80}{20}=753.6$，根据观测的电位和电流计算 3、4 测点之间深度为 70m 处的视电阻率，然后整个装置（$AMNB$）沿测线向某一方向平移，逐点测量，即可该测线各点的视电阻率。

图 5-3 四极对称剖面法测点布置

四极对称剖面法在平原地区主要用来寻找砂层和寻找淡水，在山丘地区可以了解土层厚度的变化规律和查明基岩破碎带和不同岩石接触面的位置。当然，这些问题也可以用电测深法来解决。由于四极对称剖面法速度快，测点可以增多，工作可以做得更细，也就可以从更多的测点中选出最好的井位来。

五、电测曲线类型及含水构造分析

以测点距为横坐标，以 ρ_s 为纵坐标，将各测点的 ρ_s 点连成曲线即得视电阻率剖面曲线。电阻率剖面曲线主要有曲线平直、曲线呈锯齿状、曲线呈高阻异常、曲线呈低阻异常等形式，其含水构造与曲线的形态有关。

1. 曲线平直

在岩性均匀的地区，沿测线方向，视电阻率变化不大，视电阻率剖面曲线往往表现为平直，地下岩层富水性较差，含水构造不明显，一般可判为贫水地段不宜成井。

2. 曲线呈高阻异常

四极对称剖面法视电阻率剖面曲线上的高阻异常点，一般是高阻岩脉的表现。在岩性软弱的泰山群变质岩地区，如遇到岩性较脆的高阻岩脉，如石英岩脉、花岗岩脉，在岩脉附近，成岩裂隙和风化裂隙一般较发育，在岩脉附近富含一定数量的裂隙水，往往是较好的含水构造。一般采用大口井方案，截断岩脉，出水量往往较大。

3. 曲线呈低阻异常

视电阻率剖面曲线上的低阻异常点，一般为岩石破碎带、断裂带，可初步判断为含水层异常，然后通过电测深、激发极化法加以验证。

图 5-4　山东省五莲县某地的四极对称剖面曲线的低阻异常

【例 5-2】　山东省五莲县某地的四极对称剖面曲线（图 5-4），在 7、8 测点之间有一明显的低阻异常点，推测为小型断裂构造，后在该点做四极对称电测深加以验证，土层厚度 15m，在 15～32m 岩性破碎，含水构造明显。

第二节　复合四极对称剖面法

一、复合四极对称剖面法原理

在缺少地下岩层之间的电性关系资料时，对于四极对称剖面 ρ_s 曲线中的上升段，既可解释为高阻基岩隆起，又可解释为低阻基岩凹陷，造成四极剖面曲线的多解性，如图 5-5 所示。如果在一条测线上同时采用两种大小不同的供电极距进行测量，大极距 AB 供电测得的电阻率为 ρ_s，小极距 $A'B'$ 供电测得的电阻率为 ρ_s'。用较小的 $A'B'$ 了解浅层地质情况；用较大的 AB 了解深层的情况。这样，在野外观测中对应于两组供电电极测得 ρ_s' 和 ρ_s 两条曲线，这种剖面叫做复合对称剖面法。

若 $\rho_s > \rho_s'$，则说明 $\rho_2 > \rho_1$，故可以判断 ρ_s 曲线所对应的上升段下部是高阻基岩隆起的地电断面，如图 5-6（a）所示；如果 $\rho_s < \rho_s'$，则说明 $\rho_2 < \rho_1$，故可以判断 ρ_s 曲线所对应的上升段下部是低阻基岩凹陷，如图 5-6（b）所示。

二、野外工作方法

供电极距应根据目的层顶板的平均埋藏深度 H 来选择，一般要求 $AB/2 = (3～5)H$，$A'B'/2 = (1～2)H$，在山丘地区勘测基岩及平原地区勘测深层淡水，按此标准选择极距较

图 5-5　对称四极剖面法
具有多解性示意

图 5-6　复合四极剖面法减少多解性示意

好。勘测浅层淡水的砂层时，电极距最好根据井旁电测深曲线来确定。如果没有已成井，可以先做一次普通电测深，划分出主要的含砂层，以含砂层的起始极距作为 $A'B'/2$，以含砂层的末极距作为 $AB/2$；如果有两个含砂层，则以第二个含砂层的末极距作为复合对称剖面法的第三个极距。复合对称剖面法的极距间隔，应比电测深法的极距间隔稀一些，两个相邻极距在双对数纸上的水平距离，可以选用 $1.5\sim2.0$ cm。这样不仅控制的深度大一些，也不致过多地增加工作量，且 ρ_s 值的变化较为明显，反映出的砂层较可靠。测量极距可以用固定装置，K 值的计算方法及 ρ_s 值的计算方法与电测深法相同。

MN 的中间即是测点，测点的布置，可沿一定的方向，构成勘探线；也可以不按勘探线，结合在勘测过程中掌握的地质条件的变化规律灵活布置。

三、曲线的解释分析方法

结合找水工作的特点，复合对称剖面法的测量结果可以绘制成以下几种图形进行分析。

1. 简易电测深曲线图

和绘制电测深曲线一样，在双对数坐标纸上，以 $AB/2$ 为横坐标，以 ρ_s 值为纵坐标，每个测点都绘制一条简单的曲线。

如前所述，在平原地区电性层的电阻率越大说明水质越好。在水质基本一致的前提下，电阻率越大则砂层越好。电性层电阻率的大小可从两个方面显示出来：第一，ρ_s 值的大小；第二，曲线下降得快慢。某一段末极距的 ρ_s 值越大，曲线下降越慢（或上升快），说明该段电阻率越大，即水质或砂层越好。

2. ρ_s 剖面图

在方格坐标纸上，以横坐标表示各测线上的测点，以纵坐标表示 ρ_s 值，将各测点的 ρ_s 值点在图上，极距相同者连成曲线。小极距的曲线主要反映目的层以上岩层电性的变化，大极距的曲线既受目的层的影响，又受上覆岩层电性的影响。对于大极距曲线上的异常，应首先根据小极距曲线考虑该异常是否由上覆岩层电性的变化引起，排除这个因素之后才能得出目的层有所变化的结论。例如为了查明某地基岩的起伏情况，采用复合对称剖面法，初步了解该地基岩大致的埋藏深度为 $20\sim40$m。选取 $A'B'/2=20$m，$AB/2=90$m。在小极距曲线上只有一个高阻地段，显然它是由于覆盖层岩性的变化引起的，不说明基岩的起伏。在大极距曲线上有 3 个高阻地段，中间一个与小极距曲线上的异常相对应，仍为上层的影响，其他两个高阻地段则主要反映了基岩表面的隆起。

3. 等 ρ_s 平面图

在平面图上，标出各测点的位置，在测点旁边注上某一个极距的 ρ_s 值，然后像绘制地形等高线一样，用内插法画出 ρ_s 相等数值的连线，就得出了等 ρ_s 平面图。这种图可以作为解释的辅助图，对了解大面积的地质构造有一定帮助，小范围内找水可在低阻区选择测深点。即用电剖面法初选井位，再用电测深法进行复测，按照电测深法分析确定井位。

四、复合四极对称剖面法在水文地质中的应用

复合四极对称剖面法可以用来确定基岩的起伏情况、探测岩层接触界面等。

图 5-7 复合四极对称剖面法了解
基岩起伏情况

1. 确定基岩的起伏情况

【例 5-3】 某地覆盖层厚约 $20\sim40$m，曾作复合四极对称剖面法了解基岩起伏情况（图 5-7）。从 ρ_s 剖面曲线上看，小极距 ρ_s' 曲线上只有一个高阻异常，它只反映覆盖层中存在局部高阻体（砂砾石），而大极距 ρ_s 曲线上有 3 个高阻地段，中间一个显然为浅层电性层不均匀的影响，其他两个高阻段才是反映基岩的隆起。

2. 探测岩层接触界面

【例 5-4】 图 5-8 是横穿岩层倾斜界面的复合四极对称剖面法 ρ_s 曲线，曲线呈明

图 5-8 复合四极对称剖面法探测岩层倾斜界面

显的阶梯状，而且小极距的 ρ_s' 曲线的界面特征点位置向反倾向方向上位移。喀斯特多沿界面一侧的石灰岩发育，反映在 ρ_s 曲线上表现为 ρ_s' 曲线数值较低。

第三节　联　合　剖　面　法

一、联合剖面法装置形式

联合剖面法也是电剖面法中经常采用的一种定性分析的测量方法，其装置形式如图 5-9 所示，它是由两个对称的三极装置（A、M、N 和 B、M、N）联合而成，其公用供电电极 C 垂直于测线方向（或者说是垂直于装置的中心，测点 O），通常称 C 极为无穷远极。

图 5-9　联合剖面法装置

在每一测点分别用 A、C 及 B、C 轮流供电，分别测出 M、N 电极之间的电位差值 ΔU^{AC}、ΔU^{BC}，并按式（5-1）计算视电阻率：

$$\rho_s = 2\pi K^C \frac{\Delta U}{I} \qquad (5-1)$$

式中　K^C——三极装置系数，按式（5-2）计算：

$$K^C = 2\pi \frac{AM \cdot AN}{MN} \qquad (5-2)$$

由于联合剖面法在每一测点可以测得两个视电阻率，为使两者区分清楚，所以分别用 ρ_s^A、ρ_s^B 表示。

联合剖面法是建立在一个点电源场的理论基础上的（即假定 C 极对点电源场的电场分布特征无影响）。因此其极距大小选择的正确与否，将直接影响到测量结果的可靠程度，因此要慎重对待。

二、联合剖面法原理

由前述可知，采用联合剖面法测量时，在同一测点上可测得两个视电阻率 ρ_s^A、ρ_s^B。若将两者点绘在以测点距离为横坐标，以 ρ_s 为纵坐标的方格纸上时，则可得到 ρ_s^A（用实线表示）和 ρ_s^B（用虚线表示）两条曲线。根据两条曲线相交时电阻率之间的关系，可将交点分为矿交点和非矿交点两种类型：若在交点左侧 $\rho_s^A > \rho_s^B$，在交点右侧 $\rho_s^A < \rho_s^B$，此类交点称为矿交点；若在交点左侧 $\rho_s^A < \rho_s^B$，在交点右侧 $\rho_s^B > \rho_s^A$，此类交点称为非矿交点（图 5-10）。矿交点的位置一般是构造破碎

图 5-10　联合剖面法的矿交点与非矿交点

带或岩溶带的反映。

联合剖面法常用来确定构造破碎带、岩溶带的位置。为什么联合剖面法能够确定构造破碎带、岩溶带的位置呢？下面通过石灰岩地层中的断层为例来说明。

设完整石灰岩的电阻率为 ρ_1，断层破碎带岩石的电阻率为 ρ_2，且 $\rho_1 > \rho_2$（图 5-11）。

图 5-11　联合剖面法原理

（1）当测点位于断层左侧 1 号时，由于此时远离断层，点电源 A 或 B 所形成的电场不会受到断层的影响，故此时所测得的 $\rho_s^A = \rho_s^B = \rho_1$。当测点向右移动时，断层开始产生影响，此时由 A 供电，M、N 测量时，由 A 流出的电流被断层吸引，使得 M、N 处的电流密度增大，ΔU_{MN} 增大，ρ_s^A 曲线开始上升；由 B 供电，M、N 测量时，由于断层对电流的吸引作用，使得 M、N 处的电流密度减小，ΔU_{MN} 减小，ρ_s^B 开始下降，两曲线逐渐分离。当 B 电极跨过断层后，B 供电时，由于受低阻带的吸引作用，使得 M、N 附近的电流密度增大，ΔU_{MN} 增大，ρ_s^B 开始上升；A 电极供电时，受低阻带的吸引作用，反而使得 M、N 附近的电流密度减小，ΔU_{MN} 减小，ρ_s^A 开始下降，两曲线逐渐靠近。

（2）当测点位于低阻带中间（即 3 号点）位置，A 和 B 电极分别位于两侧时，此时不论 A 供电还是 B 供电，流出的电流均受到低阻带同等程度的吸引，M、N 之间的电流密度相等，所以此时所测得的 $\rho_s^A = \rho_s^B$，联合剖面曲线上两曲线相交于一点，此点为矿交点。

（3）当测点跨过断层带位于 4 号点附近时，由于受低阻带吸引电流的作用，A 供电时，M、N 之间的电流密度减小，ΔU_{MN} 减小，ρ_s^A 曲线下降；B 供电时，M、N 之间的电流密度反而增大，ΔU_{MN} 增大，ρ_s^B 曲线上升，两曲线逐渐分离。

（4）当整个装置远离断层，但 B 电极的前方又靠近低阻的断层或岩层时，受低阻层的影响，ρ_s^B 开始下降，并随着向低阻层的靠近而逐渐减小；而此时 A 远离低阻层，不受低阻层的影响，$\rho_s^A = \rho_1$。此时两曲线又会在某一点相交，此交点为非矿交点。

由此可见，在低阻的破碎带附近，用联合剖面法进行测量时，在其 ρ_s 曲线上，可以得到两种交点，矿交点和非矿交点。从前述分析可知，矿交点是低阻破碎带在地表所对应的位置，而非矿交点是整个装置摆脱断层影响，B 电极前方又靠近低阻层而出现的一个必然的过程，而并非是低阻层的反映。

三、联合剖面法野外工作方法

1. 供电极距的选择

供电极距 AB 相对于测点中心 O 对称布置，即 $AO = BO$，AO 的大小应根据覆盖层的厚度或地下水的埋深 H 来确定，一般应大于（3~5）H。如果 AO 选择得过小，测量结果受覆盖层或地下水位以上岩层影响太大，无法真实反映地下含水层的情况。

无穷远极 OC 的距离应选择大于 AO 的 5 倍，使 C 极所形成的电场与 A、B 极所形成的电场相比而言可忽略不计。

2. 测量极距的选择

山区找水实质上是寻找构造破碎带，一般断层破碎带的宽度不是很大，如果 MN 过大，则断层反映不明显，过小则信号较弱且易受地形条件的干扰。根据实践经验，$MN/2$ 的距离取 $10\mathrm{m}$，测点距离取 $MN/2$ 相等的距离，工作起来既方便效果也较好。

3. 测线方向的选择

测线方向即为布极方向，其方向的选取应尽量垂直或斜交于预计的断层破碎带的走向。联剖测量的 A、B 两个电极中，沿测线前进方向的前方一个为 B 极，另一个为 A 极。为了减小工作量，尽快找到断层位置，当第一个测点测毕后，看一下哪一边的 ρ_s 值小，将 ρ_s 值小的作为 ρ_s^B，即作为前进方向，另一个作为 ρ_s^A。改变测点时，仪器可以随 A、M、N、B 逐点移动，也可以仪器不动只移动 A、M、N、B。在测线长度不是很大时，无穷远极 C 一般固定不动。

四、确定富水构造

不同地层、不同地质构造的联合剖面曲线的形态多样。根据多年的野外实践经验，对变质岩地层，联合剖面曲线主要有同步升降、正交点、反交点、"麻花"形低阻异常、V 形低阻异常、U 形低阻异常等形式，其含水构造与曲线的形态有关。

1. 同步升降

若联剖曲线的两支同步升降，且升降的幅度不大，表明在勘测范围内，地层岩性均匀，地下水富水性较差，含水构造不明显，一般可判为贫水地段，在此范围内不宜再进行电测深等其他勘探找水工作。

2. 正交点

在联剖曲线上，若在交点左侧 $\rho_s^A > \rho_s^B$，右侧 $\rho_s^A < \rho_s^B$，此类交点称为正交点。正交点分为低阻正交点和高阻正交点两种。产生正交点的原因很多，有富水性较好的断裂带、破碎带产生的正交点，也有地形、覆盖层、低阻岩体等各种干扰产生的正交点。在野外测量时应加以分析，排除各种干扰异常，寻找含水构造。

在联合剖面曲线上，两条曲线出现交点。若在交点左侧 $\rho_s^A > \rho_s^B$，在交点右侧 $\rho_s^A < \rho_s^B$，此类交点称为正交点。若联剖曲线的正交点两支分离不大，在低阻交点处一般为断裂带富水构造，井的位置选择交点处（图 5-12）。

图 5-12 井位定在联剖曲线的低阻正交点处

【例 5-5】 日照市某村的联剖曲线如图 5-12 所示。从图中可以看出，联剖曲线的两支分离不大，9 号和 10 号测点之间出现一低阻正交点，推测为小型断层富水构造。在交点处定一钻孔，孔深 60m，出水量为 34m³/h。

3. V 形低阻异常

在联合剖面曲线上，如果 ρ_s^A、ρ_s^B 同步下降，到达某一个极小值后，又同步上升，形成 V 形曲线，这种也称为尖底低阻凹斗异常。规模较窄的断层破碎带在联合剖面曲线上常表现为尖底的 V 形低阻异常，是含水地带的反映，井的位置应选择在凹斗的底部。

【例 5-6】 山东省日照市东港区某村布置一条东西向的联合剖面，其联合剖面曲线如图 5-13 所示。由 2～7 号组成一个宽大的 V 形曲线，推测为一条小型断层。在凹斗底部（4 号测点）布置一钻孔，井深 63m，出水量为 30m³/h。

4. "麻花"形低阻异常

在联合剖面曲线上，如果 ρ_s^A、ρ_s^B 同步平行距离较大，而在 2～3 个测点上，双支产生正反相交时，称为"麻花"低阻异常。由于地质体的规模较小或埋藏较深，故地电反映不甚明显，只能使两支略有接近形成"麻花"状。"麻花"低阻异常一般是含水地带的反映，井的位置应选择在"麻花"中间部位。

【例 5-7】 山东省胶南市某村的联剖曲线，在 3 号、4 号、5 号 3 个测点出现正反两个交点，形成"麻花"低阻异常，如图 5-14 所示。在"麻花"低阻异常的中间 4 号测点打井一眼，井深 52m，出水量 32m³/h。

图 5-13 井位定在联合剖面曲线的 V 形低阻异常处

图 5-14 井位定在联合剖面曲线的"麻花"低阻异常处

5. U 形低阻异常

当联剖曲线有 2～3 个测点组成较宽的低阻凹斗时，称为 U 形低阻异常。引起宽大低阻凹斗的原因很多，有宽大的断裂带、厚层低阻岩层、横跨规模较大的压性断层时，也会产生类似的反映。胶南群变质岩一般不具备较大规模的断裂带，野外出现的较宽的低阻凹斗一般是低阻岩层或压性断裂的断层泥等非富水构造形成的，井位一般不能选定在凹斗的底部，可在断裂构造的两侧寻找低序次构造选定井位。因此对曲线中的该种异常现象，应加强水文地质分析，综合判断分析。

6. 反交点

在联剖曲线上，若在交点左侧 $\rho_s^A < \rho_s^B$，右侧 $\rho_s^A > \rho_s^B$，此类交点称为反交点（图 5-15）。反交点分为高阻反交点和低阻反交点两种。高阻反交点一般为高阻岩脉的表现。片岩岩性软弱，呈低阻反应，而石英岩脉、长石岩脉、花岗岩脉岩性较脆，一般富含少量的裂隙水，并出水量一般较小，只能用于解决群众饮用水和点种问题。需要注意的是，在野外测量中应排除山脊部分形成低阻反交点假异常，提高成井率。

五、联合剖面法确定断层的产状

图 5-15 井位定在联合剖面曲线的反交点处

在地形平坦又无其他异常体干扰的情况下，联合剖面法除了用来确定构造破碎带的位置外，还常常用来确定断层的走向、倾向、倾角等产状。

1. 断层的走向

将各条测线按一定比例绘在平面图上，然后将每条测线上矿交点的位置在平面图绘出来，将各矿交点连接成直线即为断层的走向（图 5-16）。

2. 断层的倾向

在实际工作中，可以采用两个极距大小不同的联合剖面装置，同时在一条测线上进行测量。大极距可以确定断层在深部的位置，小极距确定断层在浅部的位置。将测量结果点绘在同一坐标系的剖面图上，如果大小极距曲线上的矿交点的位置一致，说明断层是直立的；不一致则说明断层面是倾斜的，两个矿交点的连线即为断层面的倾向。

3. 断层的倾角

假设两个极距之差为 ΔH，两个正交点在平面上的距离为 Δx，则 $\tan\alpha = \Delta H / \Delta x$，可以求出断层的倾角 α。

图 5-16 联合剖面法确定断层的产状

六、各种因素对联合剖面曲线的影响

由于联合剖面法采用的测量装置形式是两个对称的三极装置，点电源 A 及 B 分别位于测点两侧，所以地形的变化或低阻岩层的存在，都会给测量结果带来很大的影响，使得所测联剖曲线产生严重畸变，造成判断错误。所以在对联剖曲线进行分析推断时，应考虑地形、低阻岩层、覆盖层布均匀等因素的影响，克服减小地形及低阻岩层对联剖曲线的影响，一方面要在布置测线时考虑它们的影响，在测量过程中将测线方向平行于山脊或山沟的走向布置或平行于岩层的走向，可以大大地减小它们的影响；另一方面在资料解释时，要注意分析它们的影响。所以在对 ρ_s 曲线进行分析推断时，对地形及低阻岩层的影响应给予充分的重视，否则就会得到错误的结论。

1. 地形对联合剖面曲线的影响

图 5-17 表示联合剖面通过与地面成 $45°$ 角的山脊或山沟时，ρ_s 曲线的畸变。联合剖面通过山脊时，ρ_s 曲线在山脊所对应的位置上出现 ρ_s 为极小值的交点；在山坡脚所对应的位置上，对称地出现两个不典型的矿交点。联合剖面通过山沟时，ρ_s 曲线在沟底所对应的位置上出现 ρ_s 为极大值的交点；在山沟的两侧对称地出现两个非矿交点。这些交点均随着极距的增大而逐渐变得不明显。产生畸变的原因可用 M、N 处电流密度的变化规律来说明。

图 5-17　地形对联合剖面产生的干扰

2. 低阻岩层对联合剖面曲线的影响

岩层电阻率的变化使联合剖面曲线复杂化，出现矿交点与非矿交点。但高阻岩层在 ρ_s 曲线不会出现矿交点，不会成为寻找断层的干扰因素。而低阻岩层有时会使曲线出现矿交点，因此必须注意低阻岩层对曲线的影响。

（1）巨厚层低阻岩层的影响。当低阻岩层厚度 $H > 3AO$ 时为巨厚岩层。在高、低阻岩层接触面上，ρ_s^A、ρ_s^B 曲线发生突变，有时两条曲线变得十分靠近，但不出现交点。远离接触面后，两曲线靠拢，在高阻岩层一侧 ρ_s 大，低阻层一边 ρ_s 小（图 5-18）。

（2）厚层低阻岩层的影响。当 $AO < H < 3AO$ 时为厚层岩层。厚层低阻岩层会使曲线出现矿交点。当低阻岩层直立时，ρ_s 极大值出现在高阻岩层一侧，ρ_s 极小值出现在另一侧，并在低阻岩层中出现矿交点，ρ_s^A、ρ_s^B 曲线对称（图 5-19）。

图 5-18　巨厚层低阻岩层对联剖曲线的影响

图 5-19　厚层低阻岩层对联剖曲线的影响

当低阻岩层倾斜时，ρ_s 曲线不对称。两条曲线的极大值均出现在低阻岩层的上界面上，极小值均出现在下界面上，在极小值附近出现矿交点，岩层从极大值向极小值倾斜。

（3）薄层低阻岩层的影响。当 $H<AO$ 时，为薄层岩层，薄层低阻岩层的存在有时也会使曲线出现矿交点，ρ_s 特征与厚层低阻岩层曲线相似，只是异常带宽度小一些。

3. 覆盖层的影响

覆盖层电阻率一般小于坚硬岩层的电阻率，覆盖层越厚，低阻屏蔽现象越严重，ρ_s 曲线越平缓，基岩中的异常反映越不明显。如当 $AO<3H$ 时，在土层变厚处及土层电阻率变小的地方都会出现矿交点；在覆盖层厚度相对较大时，尽管 AO 很大，也会出现假的矿交点。根据模型实验结果，一般使用 $AO\geqslant 3H$ 时，可大大降低覆盖层的影响。

通过上述分析可以看出，地形及低阻岩层的影响对联合剖面曲线都会造成一定的影响，在曲线上出现矿交点或非矿交点。若要克服或减小地形及低阻岩层对 ρ_s 曲线的影响，一方面要在布置测线时考虑它们的影响；另一方面在资料解释时，要注意分析它们的影响。在测量过程中将测线方向平行于山脊或山沟的走向布置或平行于岩层的走向，可以大大地减小它们的影响。这不仅仅是联合剖面法在野外工作时应注意的问题，也是其他剖面法野外工作时应注意的问题。

第四节　中间梯度法

一、中间梯度法原理

在地质情况复杂的（例如在复杂的变质岩地区或岩溶发育的石灰岩地区）地区测量时，因为水平方向地层的岩性或电性变化复杂，地下介质很不均匀。所以应用一般的电剖面法测量时，随着整个测量装置的移动，供电电极附近将会遇到岩性或电性不均匀的地层，从而对电流的分布产生严重的影响（吸引或排斥），使所测的 ρ_s 曲线产生畸变，造成真假难辨。为克服以上问题，野外测量时经常采用中间梯度法。

中间梯度法的装置，就是在测量过程中供电电极 A、B 固定不动，使测量电极 M、N 在 AB 中间 1/3 的范围内移动，进行测量，每移动一次 M、N，分别测得 ΔU_{MN} 和 I，即可求得 ρ_s（图 5-20）：

$$\rho_s = K\frac{\Delta U_{MN}}{I} \tag{5-3}$$

其装置系数按式（5-4）计算：

$$K = 2\pi\frac{AM \cdot AN \cdot BM \cdot BN}{MN(AM \cdot AN + BM \cdot BN)} \tag{5-4}$$

中间梯度装置还可在离开 AB 连线一定距离（$AB/6$ 范围内）且平行 AB 的旁测线上进行观测，如图 5-21 所示。其装置系数的表达式为

图 5-20　中间梯度法装置　　　　　　　图 5-21　旁侧中间梯度法装置

$$K=\frac{2\pi}{\dfrac{1}{AM}-\dfrac{1}{AN}-\dfrac{1}{BM}+\dfrac{1}{BN}} \tag{5-5}$$

其中　　$AM=\sqrt{y^2+(AB/2+x-MN/2)^2}$，$AN=\sqrt{y^2+(AB/2+x+MN/2)^2}$

$BM=\sqrt{y^2+(AB/2-x+MN/2)^2}$，$BN=\sqrt{y^2+(AB/2-x-MN/2)^2}$

　　在进行大面积的普查工作时，为提高工作效率，可在一条测线的两侧，再布置数条测线同时进行 ρ_s 观测，装置形式如图 5-22 所示，两侧最远的测线至中间测线的距离不得超过 $AB/3$。

图 5-22　旁侧中间梯度法测线布置

　　这样，对于每一次固定的 A、B，都可在 AB 的中间地段构成一个长、宽均为 $AB/3$ 的正方形测区。此时位于测区一侧的测线上，某条测线的 K 值按式（5-6）计算：

$$K=2\pi\frac{\sqrt{(AM^2+D^2)(AN^2+D^2)}+\sqrt{(BM^2+D^2)(BN^2+D^2)}}{MN[\sqrt{(AM^2+D^2)(AN^2+D^2)}+\sqrt{(BM^2+D^2)(BN^2+D^2)}]} \tag{5-6}$$

式中　D——某条测线与中间测线之间的垂直距离。

　　野外测量时，测线方向要大体与被探测物的走向相垂直，AO 极距的大小要略大于或等于被探测物的埋藏深度，MN 极距等于测点之间的距离。需要注意的是，由于测量极距是变化的，其装置系数也是变化的，测量电极每移动一次要计算一次 K 值。

二、中间梯度法的应用

　　在电测找水过程中，将中间梯度法与其他测量方法配合，可以了解灰岩区岩溶发育带的位置，追踪高阻岩脉和构造破碎带、探测地裂缝等。中间梯度的测量结果，可绘成 ρ_s 剖面图或等 ρ_s 平面图。

1. 追踪高阻岩脉

中间梯度法由于在测量过程中 A、B 固定不动，所以供电电极附近的不均质影响或地形的影响就是一个常数，这时移动 M、N 电极所测得的 ρ_s 曲线再有明显的变化时，必然是反映 M、N 电极附近介质的变化情况。在变质岩地区，由性质较软岩性组成的岩石，裂隙发育差，构造不发育，而分布其中的脆性岩石如石英岩脉、花岗岩脉，往往裂隙发育，富水性好，是山区地下水主要蓄水构造。对于这类高阻体，由于其排斥电流作用，使得在高阻岩脉的上方呈现突出的高峰。

【例 5-8】 山东日照市某村岩性为片岩，岩性呈塑性，富水性很差。布置一中间梯度测线，测点间距为 10m，$AB/2=80\text{m}$，$MN/2=5\text{m}$，其中间梯度曲线如图 5-23 所示。视电阻率一般在 $240\Omega\cdot\text{m}$ 左右，在 12～13 号测点之间呈高阻突出，视电阻率达 $380\Omega\cdot\text{m}$，推测为高阻岩脉，经钻井验证为石英岩脉，出水量为 $9\text{m}^3/\text{h}$。

图 5-23　中间梯度曲线确定高阻石英岩脉

【例 5-9】 图 5-24 是用中间梯度法测得的 ρ_s 剖面平面图。图中两条连续的 ρ_s 高峰值是由含铅锌矿的石英岩脉引起的。周围花岗岩已风化含水，电阻率较低。

【例 5-10】 图 5-25 是用中间梯度法追踪伟晶岩脉的实例，利用 ρ_s 曲线半极值点间的宽度 q 值计算脉顶埋深 $H=0.5q$，求得 H 为 4～5m，与实际相符。

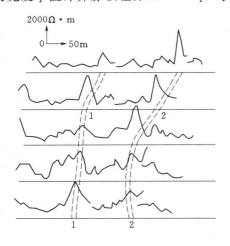

图 5-24　用中间梯度法追踪高阻石英岩脉

（$AB=600\text{m}$，$MN=10\text{m}$）

1—已知石英脉；2—新圈定的石英脉

图 5-25　伟晶岩脉上的中间梯度法 ρ_s 曲线

2. 探测地裂缝

在西安市曾用中间梯度法探测地裂缝的分布位置和产状要素，取得良好效果（取 $AB=30\sim60\text{m}$，测点距 0.5～2.0m）。图 5-26 表明西安市小寨商场大院中心剖面出现 3 个高阻异常是由未充水地裂缝引起的。经探槽验证，上部为杂填土，下部为黄土，地表下 0.4m 有 3 条近直立的地裂缝，宽 0.5～2.5cm。

图 5-26　西安市小寨商场大院中心剖面

第六章 激发极化法找水

在电阻率法测量时，人们常常发现这样一种现象：在向地下供入稳定电流的情况下，地面两个测量电极之间的电位差值随着时间的延长而增大，并经过相当长的时间后（一般约几分钟）才趋于某一稳定的饱和值（这一过程相当于充电过程）；断开供电电流后，在测量电极之间仍然存在一个随时间的延长而逐渐减小的电位差，并在相当长的时间后衰减趋近于零（这一过程相当于放电过程）。在充电和放电过程中，由电化学作用引起的这种附加电场随时间缓慢变化的现象，称为激发极化效应。激发极化法就是通过观测，研究地质体的激发极化特性，以达到找水、找矿目的的一种物法勘探。

激发极化法简称为激电法，它是通过观测、研究地质体的激发极化特性及其在外电流场作用下产生的二次电场的变化规律，达到找水、找矿和研究有关地质问题的目的。激电法最早是用于找矿，在寻找金属矿床的效能方面具有一些独特的优点，目前已成为我国金属矿床勘探中的一种重要方法。应用激电法进行找水的研究，国外从 20 世纪 50 年代就已经开始，但大都处于室内研究阶段，并未大量推广应用。在国内，陕西省第一物探队从 1969 年开始试验，提出了应用激发极化衰减时法寻找地下水源的方法。山西省于 20 世纪 70 年代初期亦开展了此方法的研究，并研制开发了激电法找水的专门仪器。在 20 世纪 70 年代中期，山东省水利科学研究院在山东省内率先开展了激电法找水应用的研究，针对山东找水的特点，研制了 SDJ 型激电法找水专门仪器，进行了大量的试验研究和应用推广工作。

第一节 激发极化法的基本原理

根据所用场流和观测技术的不同，激发极化法可分为直流激发极化法和交流激发极化法。由于直流激发激化法设备简单，操作方便，所以目前大多数采用直流激发极化法。

一、激发极化现象

何谓激发极化现象，下面用一个试验装置来说明这个问题。在水槽里放上焦炭块和石块混合物，灌水淹没，然后设置 A、B、M、N 4 个电极，接通电源开关，向水槽内供电，在装满焦炭块和石块的槽内形成电流场；测量电极 M、N 之间形成电位差。若保持供电电流不变继续供电，可以发现 M、N 间的电位差逐渐增大，开始增加快些，后来逐渐减慢，数分钟后达到饱和。断开供电开关后，可以发现 M、N 间的电位差迅速减小，但不是零，而仍具有一定数值且随着时间的延长逐渐衰减，最后趋于零，如图 6-1 所示。

刚供电的瞬间，在测量电极间产生的电位差不包含激发极化效应（它只与介质的电阻率、观测装置以及供电电流的大小有关），称为一次场电位差 ΔV_1；供电一段时间后测量

图 6-1　激发极化效应
①—充电；②—放电

电极间的电位差除 ΔV_1 外，还包含激发极化效应产生的二次场电位差 ΔV_2，即 $\Delta V = \Delta V_1 + \Delta V_1$，称为总场（或极化场）电位差。断电后，$MN$ 间存在的电位差称为"二次场电位差"，以 ΔV_2 表示，ΔV_2 减少的过程称为"放电过程"。

在外电流场的激发下，地质体被极化而产生的持续一段时间的现象，叫做激发极化现象简称 IP 效应。

二、激发极化找水机理

激发极化现象在地质体中是一种客观存在。当把 4 个电极 A、M、N、B 插入地下，进行通断一次的电流强度 I 和电位差 ΔV 的记录，在突然通电和断电时，电位差 ΔV 都不会立刻达到稳定值或零值，而是随时间变化趋于渐近值，这种瞬态现象可延续几秒或几分钟。

地质体的激发极化效应一般可分为两大类：一类是金属矿物引起的电子导体激发极化效应，其激电效应的机制问题的看法比较一致，认为是电子导体同围岩中的水溶液界面上产生的电极极化和氧化还原作用引起的，这种极化电位跳跃又称为超电压；另一类是离子导体的激发极化效应，对大多数沉积岩以及其他不含金属矿物的岩石来说，都属于此类，激电找水也在此类之中。关于离子导体激发极化效应的解释，比电子导体要复杂得多，假说也很多，有偶电层变形假说、黏土的薄膜极化假说等，目前还没有一个统一的认识。

地质体的激发极化效应产生的原因，可采用电学中的电容器进行解释。由于岩石颗粒一般可视为绝缘体，其中没有电子导电，也阻止离子通过。所以在岩体表面迎着电流方向的一面，外电场一方面推来大量的正离子，同时又带走了大量的负离子，因此就形成了正离子的堆积。而在背着电流方向的一面，情形与此相反，外电场一方面带走了大量的正离子，同时又推来大量的负离子，于是就形成了负离子的堆积。这样，就好像电容器的充电一样，岩体就像是电容器的绝缘体介质，岩体两边的溶液就像电容器的两片极板，充上了相反符号的电荷，当外电场消失后，被极化了的岩体就通过周围介质放电，从而观测到放电过程中的二次场电位场，亦就是激电效应。

地质体是复杂多变的，但一般的造岩矿物都是不导电的，大部分通过非矿化岩石的电流是由裂隙中的溶液来传导。因而，地质体产生激发极化现象，必须具备两个条件：一个是岩石必须存在裂隙；二是裂隙中还须存在水溶液，只有这两个条件都具备了，才有可能观测到较明显的激电效应。而这两个条件，亦正是基岩裂隙水的赋存条件，从这个意义上讲，激电法具备基本的山区找水前提。激电效应与基岩裂隙水具有较密切的关系。激电效应显著的地方，则可能预示着地层具有一定的富水程度。但由于地质体的复杂性以及产生激电效应的机理来分析，还不应把激电参数与出水量直接联系起来。

第二节 激发极化法野外工作方法

激发极化法（也称作激电法）采用的测量装置形式及野外工作方法和技术，基本上与电阻率法相同，可分为激电剖面法、激电测深法等。

一、测量电极的选择

由于二次电位差 ΔV_2 的数值一般仅几毫伏，要准确地测量它的大小和随时间衰减的规律，除了要有精度较高的仪器外，还要求测量电极极化电位差小而稳定，所以测量电极的极化电位必须使用不极化电极，其极差应小于或等于 $\pm 2mV$。目前常用的是瓷瓶不极化电极，其结构如图 6-2 所示。瓷瓶的上部内外都是上釉部分，其下部是没上釉的素瓷，具有适当的孔隙度和渗透率，允许导电离子的通过。瓶内装满饱和的硫酸铜溶液，并插入紫铜棒。这样，在测量时紫铜棒就可以通过硫酸铜溶液与土壤接触，从而保证了极差小而稳定。

二、测量极距 MN 的选取

与电阻率法不同的是，激电法测试中测量极距 MN 的距离一般选取得比较大。这一方面是为了取得较强的信号强度；另一方面根据有关研究成果，激电法二次电场的等位线向外的发散程度较大，如图 6-3 所示，即使 MN 值较大，也同样能够较准确地反映出二次场的情况。根据实际情况，MN/AB 之间的比值，可在 $1/5 \sim 2/3$ 区间选取。

图 6-2 不极化电极结构示意

1—胶木隔板；2—蜡；3—胶木盖板；4—注蜡孔；5—紫铜棒；6—铜螺母；7—瓷釉；8—素烧瓷缸；9—硫酸铜溶液；10—未溶解的硫酸铜

———— 等位线　　----- 电流线

图 6-3 二次场电流线与等位线形态示意

三、测量方法

视电阻率法测量的装置形式，都可以用于激电法测量。但由于激电法工作效率较低，故凡是能用其他方法解决的问题，尽量不采用激电测深。在实际工作中，一般只在已发现的异常中心布置个别的激电测深点（常作十字测深），主要任务是确定极化体的埋深和判断极化体与围岩的相对导电性。

第三节　激发极化法参数的测定

激发极化法主要是从以下两个方面来研究地下介质的地质情况的：一是二次场强度；二是二次场的衰减速度。采用不同的激发激化仪，所描述激发极化现象的参数也不同。SDJ－X 系列积分式激发极化仪是用半衰时 $S_{0.5}$、衰减度 D、充电率 M 等参数来描述激发极化现象的；JJ－X 系列积分式激发电位仪是用极化率 η、激发比 J、衰减度 D 等参数来描述激发极化现象的。下面以 SDJ－3 型积分式激发极化仪为例，来说明参数的确定方法。

在每一个极距 $AB/2$ 上，一次供电，仪器板面上两个表依次显示 6 个数据，即一次场的 ΔV、I 和二次场衰减过程中的 4 块面积（图 6-4）：

图 6-4　二次场的衰减曲线

$$\Delta A_1 = \int_{0.1}^{0.6} V_2(t)\,\mathrm{d}t$$

$$\Delta A_2 = \int_{0.6}^{1.6} V_2(t)\,\mathrm{d}t$$

$$\Delta A_3 = \int_{1.6}^{2.6} V_2(t)\,\mathrm{d}t$$

$$\Delta A_4 = \int_{2.6}^{3.6} V_2(t)\,\mathrm{d}t$$

4 块面积的单位是 mV·s。每一积分时段内的平均电位差即可求出，即 $\Delta V_{2-1} = 2\Delta A_1$，$\Delta V_{2-2} = \Delta A_2$，$\Delta V_{2-3} = \Delta A_3$，$\Delta V_{2-4} = \Delta A_4$，单位为 mV。

一、衰减度 D

衰减度 D 是二次场电位衰减速度的反映，由于不同时间衰减速度不同，所以用 3 个不同时间的衰减速度来表示其衰减过程，即

$$D_1 = \frac{\Delta V_{2-2}}{\Delta V_{2-1}} \tag{6-1}$$

$$D_2 = \frac{\Delta V_{2-3}}{\Delta V_{2-1}} \tag{6-2}$$

$$D_3 = \frac{\Delta V_{2-4}}{\Delta V_{2-1}} \tag{6-3}$$

由图 6-4 可知，衰减度 D_1 对应的时间为 $0.1+(0.5+1.0)/2=0.85$s，同理可求出 D_2、D_3 对应的时间为 1.85s、2.85s，见表 6-1。

平均衰减度 D 为

$$D = \frac{1}{3}(D_1 + D_2 + D_3) \tag{6-4}$$

衰减度 D 越大，说明二次场衰减的过程越慢，地质体的含水性越好。

表 6-1　衰减度与时间的关系

衰减度/%	D_1	D_2	D_3
时间/s	0.85	1.85	2.85

二、半衰时 $S_{0.5}$

半衰时 $S_{0.5}$ 是二次场电位衰减至一半（50%）时所需的时间，单位为 s。半衰时 $S_{0.5}$ 的确定有理论计算、量板法量取两种方法。

（一）理论计算法

由图 6-4 可知，二次场电位衰减为曲线分布，假设二次场电位衰减度与时间为对数分布，半衰时 $S_{0.5}$ 计算公式如下：

$$S_{0.5} = 10^{\frac{b-50}{a}} \tag{6-5}$$

式中　a、b——两个待定参数，按下述步骤确定。

（1）根据 D_1、D_2、D_3 计算出两个参数：

$$R = D_1 + D_2 + D_3 \tag{6-6}$$

$$T = 0.453D_3 + 0.267D_2 - 0.071D_1 \tag{6-7}$$

（2）根据最小二乘法原理，对表 6-1 衰减度与时间进行拟合，得到参数 a、b 计算公式：

$$a = \frac{0.651R - 3T}{0.425} \tag{6-8}$$

$$b = \frac{R + 0.651a}{3} \tag{6-9}$$

图 6-5 量板法确定半衰时 $S_{0.5}$

（二）量板量取法

以衰减度为纵坐标（算术坐标），时间为横坐标（对数坐标），将 D_1、D_2、D_3，$t_1 = 0.85s$、$t_2 = 1.85s$、$t_3 = 2.85s$ 点绘一条曲线，半衰时 $S_{0.5}$ 从量板上量取（图 6-5），即衰减度为 50% 对应的时间即为半衰时 $S_{0.5}$。

半衰时 $S_{0.5}$ 越大，二次场衰减速度越慢，则说明地质体的含水性越好。

三、充电率 M

充电率 M 是第一块积分面积所对应的电位 ΔV_{2-1} 与一次场电位 ΔV_1 的比值。

$$M = \frac{\Delta V_{2-1}}{\Delta V_1} \qquad (6-10)$$

M 值可以用来反映二次场信号的可靠程度，同时还可以鉴别矿体的干扰。

山西省水利系统所用的 JJ-X 激发极化电位仪所测定的参数为极化率 η、衰减度 D、激发比 J，其定义如下。

四、极化率 η

$$\eta = \frac{\Delta V_2}{\Delta V_1} \times 100\% \qquad (6-11)$$

式中　ΔV_1——一次场电位差，mV；

　　　ΔV_2——停止供电后 0.25s 时二次场的电位差，mV。

η 越大表明二次场强度越大，则含水性越好。

五、衰减度 D

$$D = \frac{\Delta \overline{V}_2}{\Delta V_2} \times 100\% \qquad (6-12)$$

式中　$\Delta \overline{V}_2$——停止供电后 $0.25 \sim 5.25s$ 内 $\left(\Delta \overline{V}_2 = \dfrac{1}{5} \displaystyle\int_{0.25}^{5.25} \Delta V_2(t)\,\mathrm{d}t \right)$ 二次场电位差的平均值。

六、激发比 J

$$J = \frac{\Delta \overline{V}_2}{\Delta V_1} = \frac{\Delta \overline{V}_2}{\Delta V_2} \frac{\Delta V_2}{\Delta V_1} = D\eta \qquad (6-13)$$

在利用激发极化法测定参数时，应当注意，由于各型号的仪器所给出参数的积分区间不同，定义不同，所测定的参数就不一致，不便进行比较。如衰减度 D，SDJ-X 系列积分式激发极化仪和 JJ-X 两种型号的仪器所确定的 D 概念相同，但定义不同，所以在同一测点上进行观测时相差就很大。在使用不同仪器测量时类似这种情况一定要慎重对待。

第四节　激发极化法在找水中的应用

激发极化法寻找地下水，主要是利用半衰时 $S_{0.5}$、衰减度 D、充电率 M、极化率 η、激发比 J 数值，找出含水异常，再结合地质分析确定井的位置。

一、观测资料整理

1. 衰减度 D、半衰时 $S_{0.5}$、充电率 M 曲线图

在一个测点测量时，对每一个极距，有一个 D、$S_{0.5}$、M，以 $AB/2$ 为横坐标，以 D、$S_{0.5}$、M 为纵坐标，即得到 D、$S_{0.5}$、M 与 $AB/2$ 的关系曲线。

2. 含水因数剖面图

在一个测区内，沿某一剖面可绘制含水因数 M_s 剖面图。在 $S_{0.5}$ 与 $AB/2$ 的关系曲线上，曲线与横坐标围成的面积称为含水因数，即

$$M_s = \int_{x1}^{x2} s(x)\mathrm{d}x \qquad (6-14)$$

式中　x_1、x_2——极距间距。

x_1、x_2 选择不同，则反映不同深度上的含水性大小。M_s 越大，则含水性越好；M_s 越小，则含水性越差。

3. 等 $S_{0.5}$（或 D）和等 M_s 平面图

将某一测区内的测网按一定比例绘于平面图上，在每一测点上将某一极距（对应于某一高程平面）的 D、$S_{0.5}$、M_s 标出，然后勾绘等值线图（图 6-6），此图反映了某一深度平面上的变化情况。

4. 等 $S_{0.5}$（或 D）和等 M_s 剖面图

以测点为横坐标，$AB/2$ 为纵坐标（对数坐标），把每个测点上对应各个极距的 D、$S_{0.5}$、M_s 标出，然后勾绘等值线图（图 6-7），此图反映了某个剖面地下水的富集情况和变化规律。

图 6-6　$S_{0.5}$（或 D）等值线图

图 6-7　衰减度 D、半衰时 $S_{0.5}$ 等值线剖面图

二、观测成果的解释与分析

（一）背景值

所谓的背景值是指地下岩层不含水时衰减参数值的大小，即半衰时的背景值、衰减度的背景值、充电率的背景值等。即将覆盖层、隔水层、含水层综合在一起时，所测定的参数的临界值。背景值的大小，对分析含水层，评价地下水的富水程度非常重要。

在同一测区内（地层岩性组合相同），背景值的变化不会太大。但当测区面积较大时，由于地质条件的变化，背景值可能会有较大的变化，因此应考虑背景值的不均匀性。

确定背景值的方法有以下几种：

1. 利用干孔确定背景值

在无水的干孔附近，做激发极化法的井旁测深，从 $S_{0.5}$、D、M 的测深曲线上，求出 $S_{0.5}$、D、M 的大致平均值，作为该测区的 $S_{0.5}$、D、M 背景值。根据多年的野外实践经验，泰山群变质岩地层，如果半衰时 $S_{0.5}$ 小于 $1.5\sim2.0\mathrm{s}$，一般是无水或含水性较差，可作为背景值的参考值。

在无干孔测区，可利用视电阻曲线的无水段确定背景值。

2. 利用出水量 Q 与 M_s 相关图确定背景值

图 6-8 Q 与 M_s 相关图

在已知孔较多地区，用含水因数与出水量进行回归分析，绘制 Q 与 M_s 相关图（图6-8），可确定背景值。

（二）确定含水构造

将观测成果点绘成 $S_{0.5}$、D、M 曲线，根据曲线特征确定含水异常。一般来讲，大于背景值的部分或激电测深曲线（$S_{0.5}$、D、M 曲线）呈峰值变化的线段是含水层的反映，即没有遇到含水层时，曲线比较平直，参数大小接近背景值；遇到含水层后，参数逐渐增大，达到极大值后，又逐渐降低，形成一个高值异常，此高值异常则对应含水层部位。

工程实用上一般用半衰时 $S_{0.5}$、衰减度 D 的异常来辨别含水构造。半衰时 $S_{0.5}$ 主要有单峰异常、多峰异常，根据每个峰值的宽度大小，又分为窄幅单峰异常、宽幅单峰异常、窄幅多峰异常和宽幅多峰异常 4 种形式；衰减度 D 曲线的变化规律基本上和半衰时 $S_{0.5}$ 曲线相同。

1. 窄幅单峰异常

如果激电测深曲线上有 2~3 个极距组成单峰形态，称为窄幅单峰异常。窄幅单峰异常峰值对应的一般是较小的含水体，如裂隙密集带、小型断裂带。其富水程度主要取决于峰值幅度的大小，如果异常幅度很大，出水量还是比较可观的。

【例 6-1】 山东省宁阳县某村岩性为泰山群变质岩，群众吃水非常困难。为解决该村吃水问题，进行了联合剖面、四极对称电测深和激电测深分析。在村北作一联合剖面，在 6 号点附近有一不明显的正交点，如图 6-9 所示。同时进行了四极对称电测深，

视电阻率 ρ_s 曲线反映不明显，无法判别是否有水。后在该测点进行了激电测深，半衰时 $S_{0.5}$ 曲线如图 6-10 所示，衰减度 D 曲线如图 6-11 所示。从图 6-10 可以看出，半衰时 $S_{0.5}$ 明显呈单幅异常，20～50m 为单峰异常，半衰时 $S_{0.5}$ 最大值为 2.8s，而该地区半衰时的背景一般为 2s 左右，从图 6-11 可以看出，衰减度 D 和半衰时 $S_{0.5}$ 的变化规律基本同步，在 30m 左右，衰减度 D

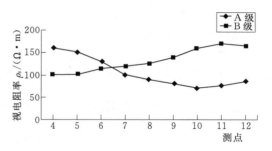

图 6-9 联合剖面曲线

达到峰值，最大值为 76%，之后又开始下降。半衰时 $S_{0.5}$ 和衰减度 D 最大值位置，推断为小型断层。经钻探岩芯破碎，井深 50m，出水量为 32m³/h，解决了该村吃水问题。

图 6-10 半衰时 $S_{0.5}$ 单峰异常曲线

图 6-11 衰减度 D 曲线单峰异常曲线

2. 宽幅单峰异常

一般由 4～5 个高值点组成，这类异常对应的含水层一般较厚。异常值越大，上升角度越大，幅度越宽，含水越丰富。在泰山群变质岩中，出现这种异常的可能性不大，仅在规模比较大的断裂中偶尔出现。如果出现宽幅单峰异常，同时排除地阻矿体的干扰，一般为较好的含水构造。

【例 6-2】 山东省泰安市某地的激电测深曲线，为典型的宽幅单峰异常（图 6-12），半衰时 $S_{0.5}$ 最大值达 3.7s，衰减度 D 最大值达 89%。考虑到该测点地处泰山大断裂的次生断裂带内，推断为大型断裂富水构造，经施工证实，花岗片麻岩岩石破碎，坍孔严重，出水量达 80m³/h，在变质岩地层中罕见。

3. 窄幅多峰异常

窄幅多峰异常一般由 2～3 个极距急升急降，呈多峰形态。这种异常与窄幅单峰异常无本质区别。

图 6-12 半衰时 $S_{0.5}$ 宽幅单峰异常曲线

4. 宽幅多峰异常

宽幅多峰异常一般由 4～5 个高值点组成，呈多峰形态。这类异常是由连续出现的两个以上缓升缓降的小型异常组成，反映了多个含水层的存在，每一个峰值对应一个含水层，一般来讲含水比较丰富。在变质岩地区出现的几率也很小。

三、确定含水层的埋深

含水层的界面深度可按前述经验系数法进行修正，即以高值异常的拐点分别作为含水层上、下界面，界面深度 $h = S \cdot AB/2$，修正值系数为一经验数值，不同地区、不同地层 S 的取值略有不同，一般情况下取 $S = 0.9～1.0$。

四、不同地层激电法找水应用

激电法在找水工作中，即可以单独实施，也可以配合其他物探方法综合使用。如与联合剖面法相结合，以联合剖面曲线图圈定出构造的范围和走向，再施以激电测深确定井位，两种方法相互验证，综合分析，取长补短，从而获得较好的找水效果。

1. 石灰岩地层

石灰岩地区岩溶裂隙发育，含水条件较好。但在补给区却山高水深，历来是群众吃水最困难的地区；而在径流排泄区又是工农业供水的主要含水层，所以石灰岩一般是找水工作的重点。

图 6-13　山东省临沂市城关附近两个钻孔的孔傍测深对比曲线

【例 6-3】 图 6-13 是山东省临沂市城关附近两个钻孔的孔傍测深对比曲线。该处地势平坦，土层厚度 3～8m，下伏中奥陶灰岩，裂隙发育，地下水埋深仅 3m，成井条件较好。该处化肥厂 3 号井 117m 终孔，单井出水量大于 100m³/h；而由于裂隙发育不均，相隔不远的七里沟村却打了一个深 150m，单井出水量为 5m³/h 的废孔。从试验结果分析，两孔的电阻率曲线均基本呈 45°角上升，显示不出任何差别，而激电法的 $S_{0.5}$ 和 D 曲线的异常反映却十分明显。富水孔的 $S_{0.5}$ 和 D 的二次场参数从 40m 开始上升，90m 时出现极大值，分别为正常值的 3.1 倍和 1.4 倍，而废孔曲线平直无明显异常。从这个实例可以看出，激电参数 $S_{0.5}$ 和 D 对石灰岩地区的基岩裂隙水呈现较好的探测效果。

2. 碎屑岩地层

这种地层在山东省分布较广泛，岩性主要有砾岩、砂岩、粉土岩、页岩等，且多为砂、页岩互层，富水条件极不均匀。由于此种地层岩性变化大、电性不均，储水构造与围岩电性差异不大，电阻率法找水极为困难。

【例6-4】 图6-14是在白垩系王氏组砂岩上进行的两个孔旁测深对比曲线，有水无水电阻率测深曲线差别不明显，但半衰时异常十分显著。干孔 $S_{0.5}$ 最大值在1.4s左右，含水部位的 $S_{0.5}$ 都在2s以上，极大值3.3s，为干孔的2.36倍。

3. 变质岩地层

这类地层在山东省有泰山群、胶东群和粉子山群。由于地层较老，历经地壳运动影响，构造多而复杂，有的经过多次活动，又为后期岩浆充填，岩性变化较大，含水条件差，利用水文地质分析与电阻率法确定井位一般较困难。而与激电法测试相结合，则可收到良好的找水定井效果。

【例6-5】 图6-15是威海后双岛村的定井曲线，在地质踏勘和进行电阻率测深后已基本清楚的基础上，又进行激电测深。根据半衰时 $S_{0.5}$ 曲线分析，预计25～40m和50m左右有两个含水层，实打80m终孔，单孔出水量72m³/h，主要含水层在28～31m，分析结果与施工情况基本相符。

图6-14　两个孔旁测深对比曲线

图6-15　威海后双岛村的定井曲线

4. 火山岩地层

山东火山岩地层主要有第三系玄武岩、凝灰岩、白垩系的玄武岩夹层、青山组的安山岩等。火山岩时代越晚，含水条件越好。玄武岩地层较易成井，而安山岩地层成井很少。这种地层的含水，电阻率法反映不是很好，而激电法测深曲线上反映较明显。

【例6-6】 图6-16为青岛四曲村的供水井井旁测深曲线，该井井深85m，实打地层为安山岩，埋深21～32m、46～52m岩芯破碎，70m以后开始裂隙发育，从钻孔岩芯分析有一张性构造。在激电曲线上这一段反应明显，$S_{0.5}$ 极大值为3.1s，是正常值的2倍以上；而电阻率测深曲线却无明显异常。该井试抽涌水量为 70m³/h，主要含水层在 70m 以下，与曲线反映一致。

5. 侵入岩地层

这类地层在胶东地区有大片分布，鲁中南也有零星片状出露，地下水多赋存于风化裂隙和构造裂隙中，富水性差，成井困难。

【**例 6 - 7**】图 6-17 为威海轮胎厂的实际激电测深定井曲线，地层岩性为花岗岩。当时主要依据半衰时 $S_{0.5}$ 从 15～60m 这一段呈现高值富水异常的反映而确定的井位。实际结果，11～64m 区间玲珑期花岗岩破碎含水，打到井深 90m 终孔，单孔涌水量 25m³/h。

图 6 - 16　青岛四曲村的供水井井旁测深曲线　　图 6 - 17　威海轮胎厂的实际激电测深定井曲线

第五节　激发极化法找水野外常见干扰及处理措施

在激发极化法找水野外测量过程中，经常会遇到供电电流不稳、极化不稳、电磁耦合、不稳定的地电场、感应电动势、观测信号弱、低阻矿体等各种因素的干扰和影响，影响观测精度，降低成井率。因此有必要对这些干扰和影响因素进行分析，探讨排除各种干扰的措施方法，提高观测精度。

一、供电电流不稳

在激发极化法测量中，由于供电时间较长且供电电流强度较大，往往会出现电流随时间的延长而逐渐减小的现象（极少数也有增大现象）。这主要是由于电极表面的电化学反应（在电极表面形成电解产物，或周围溶液变化）造成接地电阻的变化引起的。在使用干电池时，由于超过其额定电流，引起电池内阻增大，也会导致电流随时间延长而减小。

消除供电电流不稳的现象，可采取以下措施：

（1）增加电极数目或加大电极入土深度，以减少电极表面的电流密度，当电极表面电流密度小于 0.5mA/cm² 时，由于电化学反应缓慢，不会引起接地电阻的明显变化，从而保证电流足够稳定。

（2）当用干电池时，应把电池组并联使用，使之不超过额定电流，并及时更换新电池以保证电池内阻的稳定。

二、极化不稳定

极化电位虽采用了不极化电极，但仍存在着一定的极化电位。尤其是当极化电极制作不良时，更会产生较大的极化电位。此外，当接地条件较差时，如表层土壤较干燥或为粗砂砾石时，就会产生较大的极化电位差，对测量产生严重干扰。极化不稳定对观测质量的影响与极化不稳定程度和被测信号的大小有关。如果极化电位虽不稳定，但线性变化，则可以通过改正消除或减小干扰。如果是非线性变化，则必须设法减小这种干扰，方法如下：

（1）保证不极化电极足够稳定，即制作时应严格保证各电极的所有条件一致。

（2）通过加大供电电流或增大 M、N（在不漏掉有意义异常的前提下）之间的距离来增大有用信号。

（3）当有植物碰到电极的金属部分或测量导线漏电时，也会引起电极电位跳跃性变化，因此必须严防这些现象的发生。

三、观测信号弱

激发极化法测量的二次场电位数值很小，一般只有 $1\sim3mV$，有时候由于受到各种干扰，观测信号弱，导致观测误差较大。

二次场电位 ΔV_2 的值为

$$\Delta V_2 = \frac{\rho_s \eta I}{K} \qquad (6-15)$$

式中　ρ_s——岩石的电阻率；

　　　η——极化率；

　　　I——供电电流；

　　　K——装置系数。

对于四极对称激电测深，装置系数由下式确定：

$$K = \frac{\pi}{4} \frac{AB^2 - MN^2}{MN} \qquad (6-16)$$

由式（6-15）可知，二次场电位 ΔV_2 主要与岩体的视电阻率、极化率、供电电流、装置系数有关，岩体的视电阻率、极化率主要取决于岩土的性质，在观测中无法改变其大小；供电电流越大、装置系数越小，二次场电位 ΔV_2 越大，在野外观测时，可通过加大供电电流、减少装置系数来增大二次场电位 ΔV_2。

1. 加大供电电流

（1）在电源功率允许的条件下，通过加大电压来加大 I，因而可以增大二次场电位 ΔV_2。

（2）采用串并联的电池组、采用截面大、导电性强的导线，以减少供电电极的接地电阻，这一措施不但能使小功率电源获得大电流，而且还能减小漏电影响。

2. 减小供电极距 AB 或增大测量电极

由式（6-16）可知，减小供电极距 AB，可减少装置系数 K，因而可以增大 ΔV_2；加大 MN，可有效地减少装置系数 K，因而有效提高二次场电位 ΔV_2。

【例 6-8】 保持供电极距 $AB/2=25\text{m}$ 不变，$MN=10\text{m}$，装置系数 $K=188.4$；如 $MN=20\text{m}$，则装置系数减少为 $K=82.4$，可大大提高二次场信号。

四、电磁耦合干扰

激电法测量是通过观测断电后二次场衰减过程中电压的变化，研究地下岩（矿）石的激电特性，以达到其地质目的的。实际上，除了激电效应外，各种电磁耦合效应也会影响断电后电场的衰减过程，将对激电法测量造成干扰。

（一）电磁耦合的内容和特点

电磁耦合是指供电回路和测量回路间的电容耦合和电感耦合。

1. 电容耦合

供电导线、测量导线与大地以及供电导线与测量导线之间存在分布电容，电流通过它们形成电容性漏电，这种漏电随直流脉充的充、放电时间而变。因而形成极化率异常。电容耦合的规律是：

（1）供电导线与测量导线之间的电容耦合通常较小，且随两导线之间的距离的增大而减少；当两者之间有一定距离时则完全可以忽略。

（2）导线与大地间的分布电容随电极接地电阻的增大而增大。

总体来说，在激电法中，电容耦合一般不会构成严重干扰，但在地表很潮湿时，导线与大地分布电容较大时，仍要注意和消除电容耦合的干扰影响。

2. 电感耦合

供电和测量导线本身及相互间存在自感和互感，它们与大地之间也有（互）感效应。这些感应耦合效应均与非稳定电流随时间的变化密切相关，使得在向地下供入直流脉冲时，电场有一个形成和衰减过程，因而也形成极化率异常。

（二）减少电磁耦合的方法

野外工作中，为减少电磁耦合对激电法的干扰，可采取以下措施：

（1）在研究深度允许的条件下，尽量采用小的电极距。

（2）合理布置导线和电极，让供电导线与测量导线尽量远离，必须交叉时，宜相互正交通过；可架空导线和降低接地电阻，以减少电容耦合。

五、不稳定的地电场

在地球内不断流通着微弱而变化的电流，它们的流向也可以变化，但一般平行于地面，浅部有高频成分，随深度而衰减。不规则的大地电流常常是因为外空因素导致地磁场微小变化感应而引起的。在测量 ΔV 时，不稳定的地电场（如大地电流、工业游散电流、随时间变化渗滤电场等），会造成指针摆动，甚至无法读数。

1. 大场电流场

电场强度一般较小，有一定方向性，夏季强冬季弱，中午强夜间弱，但周期性较复杂，是一种随机干扰。可采取如下措施避免或减少：在大地电流较弱时间观测（如避开中午）；加大供电电流，以增大信号比噪音比（简称信噪比）；进行多次观测，合理地读数。

2. 游散电流

在城市、矿山、电气化铁路等用电量较大的地区，因接地线的存在，有强大的游散电流。另外在变压器、有线广播线的附近，接地线也能产生游散电流。由于用电量大小、时间和地点变化，使游散电流的分布、强度和方向变化多端，因此游散电流场的存在会引起指针无规律的摆动，解决方法为：在停电或用电低峰时间观测；加大供电电流，以提高信噪比；尽量使布极方向垂直于游散电流方向。

3. 随时间变化的渗滤电场

降水或灌溉等在短时间内会引起渗滤电场的变化，进而引起指针缓慢漂移。为避免这种干扰，雨后不要立即进行观测；浇水后，应半小时以后再进行观测。

六、感应电动势

（1）测量导线切割地磁场磁力线，引起指针左右摆动。测量导线应尽量不要悬空，无法实现时要将导线拉紧，使之不能随风摆动。

（2）供电回路接通或断开的瞬间，在周围产生感应电流，供电瞬间感应电动势加入仪器后与 ΔV 方向相同，导致读数增大。但维持时间很短，因此在观测读数时，应读其稳定读数。

（3）当测量导线邻近并平行于高压、低压输电线或通信电缆时，都会产生感应电动势，前者使指针抖动，后者使指针产生脉冲性偏转。消除方法主要为使测量线垂直于输电线，远离后再平行铺放。

七、低阻矿体干扰

在激电法勘测中，电子导电性矿物或人工电子导体是一个不利的干扰因素，往往造成错误的分析判断。因此在测量过程中，要注意排除电子导体的低阻矿体的干扰，正确地辨认含水层，提高定井的成功率。如果充电率 M、η 过大时，往往意味着地下有电子导体存在。根据泰山群变质岩地区野外电测经验，当充电率 M 大于 3ms 时，一般是电子导体的反映；离子导体极化率 η 值较低，一般不会超过 5%。当 η 值过大，超过了 5%，往往意味着地下有电子导体存在，应结合地质分析的方法，判断有无矿体的存在。

1. 天然低阻矿体的干扰

在采用激发极化法找水时，要特别注意天然低阻矿体（金属矿体）产生的干扰。如果充电率 M 曲线平直，则基本上可以排除低阻矿体的存在；但是若 M 值过大，则可能是矿体的反映。

【例 6-9】 山东省泰安市某村激电测深曲线，M 曲线从 $AB/2=16m$ 开始上升，至 74m 达 3.3ms，钻探证实，30m 开始出现含铁质片麻岩，井深 60m，出水量只有 0.5m³/h。

2. 人工电子导体的干扰

在无天然低阻矿体的地区，虽然不存在天然低阻矿体的干扰，但也应该注意人工电子导体的干扰。

【例 6 - 10】 山东省临沂市某变质岩地层中，测得一组激电测深曲线，M 值超过 4.0ms，初步分析认为应该是电子导体引起的高值异常。后经钻探验正，岩层为花岗片麻岩，52m 终孔。从岩芯上看，裂隙并不发育，也未发现有金属矿物存在，出水量只有 4m³/h。后经详细调查，发现在距钻孔 5m 远处有一金属供水管道，由于测线方向平行于管道方向布设，且管道又位于勘探体积内，所以造成了假异常，导致找水定井的失败。

3. 天然低阻矿体和含水层同时存在

如果天然低阻矿体和含水层同时存在，其半衰时、衰减度、充电率等激电参数是对低阻矿体和含水层的综合反映，一般来讲不容易将其区分开来。在实际工作中，应加强地质分析，分析有无低阻矿体存在，必要时可采用小口径地质钻孔来鉴别岩芯。在这种情况下，可采用四极对称电测深法、联合剖面法、甚低频法等物探方法综合分析，排除低阻矿体的干扰，正确辨认含水层，提高找水定井的成功率。

激发极化法找水，仍属于间接找水，目前其机理尚不成熟，同时由于设备复杂，耗电量大，测量工作烦琐，所以限制了其推广使用。但该法受地形影响小，曲线反映异常直观。解释方便，是一种很有前途的找水方法。只要采取综合物探、物探与水文地质相结合，进行综合地分析研究，才能够取得较好的找水效果。

第七章 放射性探测法找水

放射性探测法是通过测量岩石中天然放射性元素的含量及种类的差异，以及在人工放射源激发下岩石辐射特征的不同，来寻找矿产资源的一种地球物理方法。其用于找水起源于 20 世纪 60 年代，我国于 20 世纪 70 年代中期在不同地区、不同地质条件下进行了广泛的实验，并取得了一定的成效。

第一节 放射性探测法找水原理

一、放射性探测法找水机理

放射性法找水，利用的是含水岩层与不含水岩层之间存在放射性的差异这一特征，来达到找水的目的。而含水岩层与非含水岩层之间是否存在放射性差异，取决于地质构造条件。这是因为在构造带内，岩石破碎，裂隙发育（在未胶结充填的前提下），是地下水运动的良好的通道及储存的场所。而地下水在运动过程中，又将地下深部的放射性元素携带至地表附近，在地表造成岩石中的放射性差异。这些构造带中的裂隙，既为放射性元素的迁移提供了良好的通道，同时又为放射性元素的富集提供了有利的条件。所以作为放射性探测法找水来讲，实际上就是找含水的构造裂隙带。由于含水的构造带有利于放射性元素的运移、溶解，或者使地下深部的放射性元素通过地下水携带至地表附近，从而造成放射性的正异常；或者由地表水的冲刷而造成含水构造中的放射性元素被携带走，从而造成放射性的负异常，从而可被地面上的放射性仪器所探测，通过分析曲线的异常来识别含水的构造，以达到找水的目的。

二、放射性元素分布规律

岩石中含有的天然放射性元素主要有铀（U）、钍（Th）、镭（Ra）、氡（^{222}Rn）及它们的衰变产物，它们的原子核能自发地衰变并放射出 α、β、γ 射线、^{218}Po。这三种射线实际上是三种高速运动着的粒子。α 射线为氦核，带两个正电，穿透能力弱，在空气中只有几厘米；β 射线为电子流，穿透能力较强，在岩石中可达百分之几厘米；γ 射线是光子电磁波，穿透能力最强，在空气中可达百米，在岩石中亦有一米左右。^{218}Po 是 ^{222}Rn 衰变的第一代子体。

氡 ^{222}Rn 浓度在自然界的分布以矿体岩石最高，地下水次之，地表水和大气降水更次，大气中最低。然而 ^{222}Rn 在地壳岩石和第四系松散沉积物中的分布也很不均匀。平原地区很厚的第四系沉积物的表层土层土壤和山区基岩上覆的薄层土壤中，由于含 ^{222}Rn 很少的大气降水、地表水的渗透、溶解、溶滤和 ^{222}Rn 自身的衰变、扩散、逸出等作用，一般来说 ^{222}Rn 的浓度是不高的。但在下伏基岩中存在富水断裂构造的情况下会出现高值异常。

147

这是因为富水的断裂构造，岩石破碎，裂隙、裂缝、孔隙等微小构造发育，而又开启性好，连通性强，再加上充填物少，结构疏松等特点，不仅是地下水汇流运移的良好通道和赋存富集空间，也是^{222}Rn 汇集运移的通道和富集场所。

第二节　放射性测量方法

　　岩层的断裂带、构造带中，裂隙发育，是地下水赋存或迁移的场所。地下水在这些裂隙中运动时，将地下岩石中的铀、镭、氡等元素溶解，使之迁移和析出，在地面上可形成放射性元素富集的异常；在不同岩性的接触带中，由于不同岩性中放射性元素含量的差异，也会引起放射性元素富集的变化。因此，通过地面对放射性元素的测量，可以发现与地下水有关的蓄水构造，从而达到间接找水的目的。

　　放射性探测可分为两大类：一类是天然放射性方法，主要有 γ 测量法、α 测量法、^{218}Po测量法等；另一类是人工放射性方法，主要有 X 射线荧光法、中子法、光核反应法等。在水文物探中，目前使用的主要是天然放射性方法。

一、γ 测量法

1. γ 测量法原理

　　γ 测量法是利用仪器测量地表岩石或覆盖层中放射性核素发生的 γ 射线，根据 γ 射线强度（或能量）的变化，发现异常或 γ 射线强度（或能量）的增高地段，借以寻找矿产资源、查明地质构造或解决水文地质问题等。

　　测量法分为 γ 总量测量和 γ 能谱测量。γ 总量测量简称 γ 测量，它探测的是地表 γ 射线的总强度，其中包括铀、钍、钾的辐射，无法区分它们。γ 能谱测量探测的是特征谱段的 γ 射线，根据测量资料可以区分出是铀的 γ 辐射，还是钍或钾的 γ 辐射，故能解决较多的地质问题。但由于其测量成本较高，应用不及 γ 测量广泛，所以这里只介绍 γ 总量测量法。

　　γ 总量测量法测量使用的仪器是闪烁辐射仪，其主要部分是闪烁计数器，它是一种把 γ 射线变成电信号的转换元件，闪烁计数器由荧光闪烁体和光电倍增管组成，其转化原理如下：

　　当 γ 射线进入闪烁体后，γ 射线与荧光体物质作用的结果，产生具有一定能量的带电离子，这些带电离子可以使荧光物质中的电子由稳定的正常能态跃迁到不稳定的较高的能态。当被激发的荧光物质中的电子恢复到正常能态时，就会把多余的能量以光子的形式释放出来，出现闪烁现象。因此，每当一个 γ 射线射入荧光体后，荧光体就闪光一次，入射的 γ 射线越多，闪烁体的闪光次数就越多。光子通过光导体到达光电倍增管，光电倍增管的作用是把来自荧光体的闪光转换成电脉冲信号输出。因此对于整个闪烁计数器来说，就是起到把入射的射线转变成电脉冲输出的转换作用，测量输出电脉冲的数目就可以反映出物质的放射性强度。

2. γ 测量法找水应用

　　【例 7 - 1】　四川某地位于背斜北端的山前盆地中，分布着白垩系砂岩和页岩，其中发育有含水层。为了寻找裂隙水，沿着近南北方向布置了 3 条剖面，结果均有 γ 异常显示，并由此推断出裂隙带的位置和范围（图 7 - 1）。抽水试验表明，裂隙带中的 ZK1 钻孔的涌水量达 1000m³/d。

【例 7 - 2】　在某些情况下，例如表层浮土中的放射性元素经雨水的冲刷、淋滤，并沿着断裂带被地表径流携带走，这时地面 γ 测量出现负异常。图 7 - 2 为广西都安清水地区 γ 测量结果，该区地层为茅口灰岩、栖霞灰岩，岩溶、漏斗发育，在漏斗暗河上出现 γ 强度低于背景值的负异常。

图 7 - 1　四川某地裂隙含水带 γ 强度剖面图

图 7 - 2　广西都安清水地区 γ 测量的剖面图
1—第四系；2—栖霞灰岩

二、α 测量法

α 测量法是指通过测量氡及其衰变子体产生的 α 粒子的数量来寻找铀矿、地下水及其他地质问题的一类放射性勘探方法。这类测量方法的种类很多，这里只对水文地质工作中用得较多的 α 径迹测量法和 α 卡法作一个概略的介绍。

1. α 径迹测量法

具有一定动能的带电粒子以及裂变碎片射入固体绝缘物质中时，在它们经过的路径上会造成物质的辐射损伤，留下微弱的痕迹，称为潜迹（其直径相当小，约为 $\times \sim \times \times \overset{\circ}{A}$，$1 \overset{\circ}{A} = 10^{-10}$m）。潜迹只有在电子显微镜下才能观察到。但如果把这种受到辐射损伤的材料浸泡到一定的化学溶液中，则损伤的部分能较快地发生化学反应而溶解到溶液中去，使潜迹扩大成一个小坑，称为蚀坑，这种化学处理过程称为蚀刻。随着蚀刻时间的增长，蚀坑不断地扩大。当其直径达到微米级时（1μm = 10^{-6}m），便可以在光学显微镜下观察到这些经过化学腐蚀的潜迹，它们就是粒子射入物质中形成的径迹。能产生径迹的绝缘固体材料称为固体径迹探测器。α径迹测量就是利用固体径迹探测器探测径迹的放射性物探方法。

α径迹测量时，要将探测器置于探杯内，杯底朝天埋在小坑中，岩石（或土）中的放射性元素氡，通过扩散、对流、抽吸以及地下水渗滤等复杂作用，沿裂隙破碎带逸出地表，并进入探杯，就在探测器（常用醋酸纤维和硝酸纤维薄膜）上留下了氡及其各代衰变子体发射的α粒子形成的潜迹。经20天后取出杯中的探测器，用NaOH或KOH溶液进行蚀刻，再用光学显微镜观察、辨认和计算蚀刻后显示的径迹的密度。（所谓径迹密度系指每平方毫米面积内的径迹数，用符号j/mm²表示。

【例7-3】　无锡某地的上志留系砂岩和石英砂岩，产状为北西70°，区内裂隙发育，有两组密集带，以290°一组为主。为了寻找地下水，布置南北向α径迹测量剖面，α径迹曲线出现双峰异常（图7-3），推测主峰是含水裂隙密集带的反映，将井定在断裂构造上盘位置，井深130m，静水位5.9m，降深50.8m，出水量30.71m³/h。

（a）α径迹测量剖面曲线　　　　　　　　（b）地质剖面图

图7-3　α径迹找水实例

图7-4　α卡法测量方法

2. α卡法

α卡法是一种短期积累测氡的方法。α卡法是用对氡的衰变子体（^{218}Po和^{214}Po等）具有强吸附力的材料（聚酯镀铝薄膜或自身带静电的材料）制成的卡片，将其放置在倒置的杯子里，埋入地下聚集土壤中氡衰变子体的沉淀物，数小时后取出卡片，在现场用α辐射仪测量卡片上沉淀物放出的α射线的强度，便能发现微弱的放射性异常（图7-4）。

【例7-4】　安徽黄山在燕山期花岗岩与下元古界变质岩的接触带中有温泉发育，水温约40℃。图7-5为黄山温泉40线静电α卡测量与其他放射性测量成果的对比。由于该地浮土覆盖较薄，所以γ测量、α径迹测量和静电α卡法都能明显示出花岗岩与变质岩的接触带。与前两种方法相比，静电α卡法在反映地质岩性变化的基础上，还能清楚地显示地下构造的存在。图中ZK301孔正是布置在与电法推测一致的主要断裂带上。

图 7-5 黄山温泉 40 线综合剖面

三、²¹⁸Po 测量法

该法是通过直接测定²²²Rn衰变的第一代子体²¹⁸Po的计数率，间接地了解平面上或某一方向的水平剖面上各点土壤中²²²Rn的瞬时浓度及其各点间的变异情况，在基岩裸露区鉴别断裂、岩脉、裂隙发育带、背斜和向斜轴部等构造的富水构造性和富水部位；在基岩隐伏区寻找各种富水构造和富水部位，从而可更加准确地确定出比较理想的井位来。

该方法具有以下特点：

（1）仪器轻便，操作简单，性能稳定，灵敏度较高，精确度能满足找水要求；

（2）测量快速高效，省时省力，现场可直接获取测量成果。这种方法无须拉线，节省劳力，一般情况下，平均每测一个点只需数分钟的时间即可完成。条件较好的找水区，只需几十分钟或几小时即可定出较好的井位来；

（3）适应性很强，在任何地层和地形地貌条件下都能适用。特别是用水单位所具备的找水区范围很小时，用其他方法都施展不开，用该法便可进行测量；

（4）干扰因素较少，水文地质效果好，方法不受地电、地磁和化学要素的影响，也不存在探测器污染和钍射气干扰等问题，测量数据准确可靠，与地下水关系密切，找水定井成功率高。

（一）仪器与操作方法

一般使用 FD-3017RaA 型测氡仪。这种仪器是一种新型的瞬时测氡仪，主要由操作台和抽气泵两部分组成。抽气泵除了完成抽取地下土壤中的气体外，还能起到储存收集 ^{222}Rn 子体 ^{218}Po 的功能，当含 ^{222}Rn 的气体由取样器经橡皮胶管、干燥器被抽入抽筒内后，随即开始衰变，并产生新的子体 ^{218}Po。^{218}Po 初始形成的瞬间是带正电的粒子，本仪器就是利用它的这一带电特征，使 ^{218}Po 粒子在电场作用下，被浓集在带负高压的金属收集片上。在经过一定时间（一般为 2min）的加电收集后，取出金属收集片放入到操作台上的测量盒内，便很快测算出 ^{218}Po 的 α 计数率。α 计数率与 ^{222}Rn 的浓度成正比，按式（7-1）可计算出 ^{222}Rn 的浓度：

$$C_{\mathrm{Rn}} = JN\alpha^{218}\mathrm{Po} \tag{7-1}$$

式中　C_{Rn}——^{222}Rn 的浓度，Bq/L；

　　$N\alpha^{218}\mathrm{Po}$——^{218}Po 的 α 计数率，cpm；

　　　　J——换算系数，BG/L/CPM。各仪器 J 值不同，由标定确定。

为研究测量剖面内不同点基岩裂隙岩溶发育情况，达到鉴定断裂构造富水性以至选定井位之目的，只需要了解一个测量剖面上各测点 ^{222}Rn 浓度的绝对值。又因为同一部测氡仪的 J 为常数，^{222}Rn 的浓度 C_{Rn} 与 ^{218}Po 的 α 计数率成正比，一个剖面上各测点 C_{Rn} 的相对大小比率与 $N\alpha^{218}\mathrm{Po}$ 的相对大小比率一样，亦即两者在同一剖面上不同点间的相对大小变化是同步的，平行的，对应的。故而利用 $N\alpha^{218}\mathrm{Po}$ 的数值在剖面上不同点之大小变化规律，鉴定断裂构造富水性，与用 C_{Rn} 的分析结果是一致的。由此，在利用 ^{218}Po 测量法鉴定构造富水性和找水定井时，只用 $N\alpha^{218}\mathrm{Po}$，而不用 C_{Rn}，省略了计算过程，测量效率高，效果也很好。

FD-3017RaA 测氡仪的操作方法，有逐点测量法和连续测量法两种。逐点测量法容易掌握，但效率较低，需 4～5min 完成一个测点，使用这种仪器的初期可以采用。连续测量法掌握起来有一定难度，初学者容易出错，但工作效率较高，只需 2min 即可完成一个测点，其效率比逐点测量法高 40%～50%。该仪器的具体结构和操作步骤，仪器出厂时所带的说明书，均有详细说明，按其施行即可。

（二）测量剖面的选择和点距的确定

合理地选择测量剖面和测点点距，是有效地鉴定构造富水性，确定断裂构造富水部位和选取最优井位的重要环节。不同的地质和水文地质条件，测量剖面位置的选择方法不尽相同。但前提都要作好工作区及其周围的地质与水文地质调查，大量收集历史资料是必需的。

1. 测量剖面的选择

（1）基岩裸露区。地层岩性和地质构造比较清楚。在这种条件下，首先要根据地质和水文地质踏勘所得资料，进行综合分析，选择有富水可能和成井条件的地方布测剖面和测点。一般应遵循以下原则：

1）优先选择张性、张扭性和扭性的断层，两盘为脆性、可溶性地层的新构造或形成较晚的断裂构造作为测量对象。

2）有些压性、压扭性断裂，旁侧构造发育，有张性、张扭性小构造和裂隙发育密集带等，选择剖面时也不容忽视。

3）因断裂上的不同地段，力学性质和两盘岩性，即所谓张中有压，压中有张，脆中有柔，柔中有脆。所以，对同一条断裂也要择其有利地段布测剖面和测点。

4）有的背斜、向斜轴部和岩脉、接触带等也有富水的可能，也可作为测量剖面的选择对象。

总之，要把测量剖面选定在各种类型的富水蓄水构造的富水部位上。并且要加以比较，优中选优，取其最好者作为测量对象。应要求测量剖面必须通过构造线及两盘影响带，并一直延长到正常地层中一定距离，剖面方向尽量与构造线走向垂直。

（2）基岩隐伏区。尽管地形地貌看得清楚，但由于第四系地质的覆盖，下伏基岩的地层岩性和地质构造都不可能直接观察得到，这给剖面选择和点距确定造成一定困难。在这种条件下，首先是寻找断裂构造，然后才是鉴定其富水性。为此，应首先调查前人在工作区及其周围的地质、水文地质研究历史和研究深度，尽量收集有关钻探、物探、化探及其他勘探资料和井泉调查、长期观测资料，对区域地质和工作区的地层岩性和地质构造有所了解。特别要重点研究工作区内构造线的走向和大体展布位置。

1）如果工作区面积较大，前人资料丰富，研究成度较深，经分析认为地层适宜，又有构造线通过时，使测量剖面尽量布设在隐伏构造线的展布位置上，并使测量剖面方向与构造线走向垂直。若测得的第一条剖面资料能反映出构造线的地面位置及富水特征，可在构造线的走向上布测1～2条剖面，进一步查清隐伏构造位置和富水部位。该情况下，点距可稍大些，如10～20m。但应注意，在测量剖面曲线上出现高值异常，即峰值点的两侧，采用插补法加密测点，如点距可为3～5m或1～2m，使峰值出全，峰形完整，较准确地反映构造富水部位和富水特征。

2）如果前人对工作区的地质、水文地质工作较少，研究不深，缺乏资料时，也要根据区域地质概况作以简要分析，起码对隐伏基岩的地层岩性和形成时期有个大体估计和评价，尽量减少测量工作的盲目性。这种情况下，常常根据工作区形状，将测线、测点布成宽 U 形，如图 7-6（a）所示。并使测线、测点位于工作区边界内又接近边界，以工作区的长边作为 U 字形的底 [图 7-6（a）中 BC]，两短边作为 U 字形的两边 [图 7-6（a）中 AB 和 CD]。

3）有时，在整个 U 形测线上只出现一个峰，为了查明构造线的走向，可在出峰点附近选布 2 条辅助测线 [图 7-6（a）中 HG 和 IG]，使其与原测线大体上构成等腰直角三角形 [图 7-6（a）中 RtΔHGI]，原测线为三角形之边（HI），两辅助线之夹角等于90°左右 [图 7-6（a）中 ∠HGI]，两辅助线与最大峰值点的垂直距离 [图 7-6（a）中 MN 和 MP]，为原测线出峰宽度 [图 7-6（a）中 JK] 的 3 倍左右，这样，辅助线上出现峰值的点 S 与原测线上的峰值点之连线（MS）便是构造线的大体位置和走向。为验证其正

（a）U形三角形布线法

（b）散点布置法

图 7-6 基岩隐伏区测线与测点布置示意图

确性，可在 MS 连线及延长线上选布几个测点，看其测值大小是否符合规律。有时在工作区只布测一条测线，就出现了 ^{218}Po 的峰值点，也可用上述三角形布线法确定构造线位置与走向。

4）有的工作区，面积很小，并有很多障碍物影响，无法选布测线，只能将测点无规律地布置在有测量条件的地方，使测区的测点成散点状，如图 7-6（b）所示。这种情况下，也应将各点测值作以比较，突出大者作为峰值，两个峰值点连线方向即为可能的构造线走向［图 7-6（b）中 AB］。有时为了验证峰值点的可靠性和代表性，在出峰点周围近处选测若干点，其测值可供分析参考。

2. 点距的确定

点距的确定，实际上是测点的选择，坚持点距服从点位的原则。其原则是在断裂的不同构造岩性带；断裂破碎带两侧与两盘岩石的接触带；背斜、向斜的轴部；岩脉中间及两侧接触带；脆性、可溶性沉积岩与岩浆岩、变质岩的接触带等都应尽量选布测点，且点距要小些。如点距为 3～5m 或 1～2m。断裂构造的影响带在正常地层中，也应选布测点，但点距可相对大些，如点距为 5～10m 或更大。总之，应使测量剖面上各点的 ^{218}Po 的 α 计算数率测值，构成一条较为完整的曲线，将构造上不同部位的富水性较为全面地反映出来。

（三）资料整理与分析方法

1. 峰顶形态曲线类型

将每条测量剖面上各点测得 ^{218}Po 的 α 计数率 $N\alpha^{218}$Po（cpm），按照一定比例绘制在垂直坐标系内（可用方格纸），纵坐标表示 ^{218}Po 的 α 计数率 $N\alpha^{218}$Po（在此用 $N\alpha$ 代替）；横坐标表示测线长度和点距［在此用 $L(M)$ 代替］，每个测量剖面可作一条曲线。各不同剖面的曲线，都有各自的具体形态，形形色色，多种多样。但从总体上可以归纳为三大类型，即高值异常峰顶型、低值异常凹斗型和无异常平缓型，如图 7-7 所示。

（1）高值异常峰顶型曲线。高值异常峰顶型曲线，按出峰个数又可分为单峰型（一条剖面曲线上只出现一个峰）、双峰型（一条剖面曲线上出现两个峰）、多峰型（一条剖面曲线上出现 3 个或更多个峰）。每个单峰按峰顶形态还可分为尖顶峰、平顶峰、斜顶峰、弧顶峰和凹顶峰（峰顶两侧高，中间低）等，如图 7-8 所示。按峰顶在断裂上出现的部位，也可分为上盘峰（峰顶出在断裂的上盘）、下盘峰（峰顶出现在断裂的下盘）、断面峰（峰

图 7 - 7　^{218}Po 测量剖面区线类型

图 7 - 8　峰顶形态曲线类型图

顶出现在断裂破碎带内）。断裂破碎带宽大时，按峰顶出现在断裂破碎带的不同位置，断面峰又可分为断中峰（峰顶出现在断裂破碎带的中部）、上侧峰（峰顶出现在断裂破碎带靠上盘的一侧）、下侧峰（峰顶出现在断裂破碎带靠下盘的一侧）。

（2）低值异常凹斗型曲线。低值异常凹斗型曲线是因断裂破碎带为断层泥、糜棱岩等挤压胶结密实的物质充填，^{218}Po 的 α 计数率测值较小，甚至低于两盘正常地层的侧值（背景值），在曲线形态上构成凹斗状。按斗底形态也可分为尖底斗、平底斗、斜底斗、弧底斗、凸底斗等。低值异常凹斗型曲线，斗底两侧有时也可能出现高值异常峰顶型曲线段，即上盘峰或下盘峰。

（3）无异常平缓型曲线。无异常平缓型曲线，就是断裂破碎带及两盘影响带的整个剖面曲线，形态平缓，其上各点测值变化不大，既没有突出的高峰，也没有明显的凹斗。

2. 富水构造

（1）凡是在剖面曲线上出现高值异常峰顶形的部位，都是断裂相应富水的部位。无论是整个断裂破碎带，或是断裂破碎带的中部及靠近上盘的一侧和靠近下盘的一侧；也不论是断裂的上盘或下盘，只要曲线明显出峰，就一定富水。也就是说，前文所提到的断面峰、断中峰、上侧峰、下侧峰、上盘峰、下盘峰，都是相应部位富水的反映和标志。

（2）峰顶极值越大，峰形越突出，峰顶、峰腰、峰底的平均宽度越宽，富水性越强，单井出水量越大。

（3）断裂的出峰部位越多，各峰顶极值之和越大，各峰形平均宽度（峰顶、峰腰、峰底的平均值）之和越宽，断裂构造总体富水性越强；水井穿过断裂的出峰部位越多，相应的峰顶极值之和越大，峰形平均宽度之和越大，单井出水量越大。

（4）一个峰的峰背比（峰顶极值与背景值之比）越大，相应部位富水性越强；水井穿过各出峰部位的相应峰背比之和越大，单井出水量就越大；整个断裂各出峰部位相应的峰背比之和越大，整个断裂的总体富水性越强。峰背比或峰背比之和与单井出水量之间近乎成正比关系。

（5）在第四系覆盖层中，越有结构非常密实而厚度较大的重黏土大面积分布，或断裂上部被黏泥等物质充填得很密实，而下部没有充填或充填很少，或断裂带及其两侧岩溶非常发育时，由于 ^{222}Rn 气体上移受阻，在表土中形成的异常明显减弱，使曲线的峰形、峰宽、峰顶极值和峰背比与断裂富水性失去一一对应关系，即它们不能将其富水性全部反映出来，根据异常分析估算出单井出水量比实际出水量明显减少。

（6）低值异常凹斗型曲线，斗底部位常为断层泥、糜棱岩或紧密挤压的构造岩带，是不富水的部位。穿过斗底相应部位的井，出水量很少，甚至是干井。但斗底两侧曲线明显出峰时，往往也是富水的反映。

（7）无异常平缓型曲线，各测点测值又很小时（等于接近背景值），不仅整个断裂带的所有部位均不富水，而且整条曲线平缓段所对应的所有地段都不富水。打在这上面的井，即使不是干井，出水量也非常小。但若平缓型曲线，各点测值普遍很大，或实际上是曲线出峰点多而密集，峰值均很大者，一般是剖面线大体与富水断裂走向平行，而又非常靠近富水断裂的反映，或者是剖面通过了相距很近的富水断裂带的表现。

第八章 其他物探方法找水

前文所介绍的物探找水的方法，都是从岩石的电学性质的角度来研究水文地质问题的。这些勘测方法虽说应用得最早，而且也最为广泛，但是有它一定的局限性。当地下介质电性不均匀或含水岩层与不含水岩层之间的电性差异不明显时，那么仅用电法勘探就很难将它们加以区分。所以在一些地质条件复杂，而岩石的电性特征又不明显时，就很容易造成分析判断方面的错误，导致找水定井工作的失败。近几年出现了许多找水新技术，如甚低频电磁法、瞬变电磁法、双频激电法、地质雷达、声频大地电场法、核磁共振法等，这些新方法有的仍属于电法勘探范畴，如声频大地电场法、双频激电法；有的属于磁法勘探范畴，如甚低频电磁法、瞬变电磁法、核磁共振法，本章主要介绍甚低频电磁法、瞬变电磁法、地质雷达、声频大地电场法、自然电场法、充电法等找水技术原理、野外测量、室内资料整理、找水应用实例等。

第一节 甚低频电磁法

甚低频（VLF）电磁法是一种被动源的电探方法，它是利用超长波通信电台发射的电磁波为场源，通过在地表、空中或地下探测电磁场参数的变化，从而来达到解决有关水文地质问题的目的。超长波通信电台的功率一般比较强大，通常为 $n \cdot 10^2 \sim n \cdot 10^3 \mathrm{kW}$，工作频率约为 $15 \sim 25\mathrm{kHz}$。我国重庆地质仪器厂所生产的 DDS-1 型甚低频电磁仪，就是以设在日本（NDT）和澳大利亚（NWC）海军通信电台发射的电磁波为场源，其工作频率分别为 $17.4\mathrm{kHz}$ 和 $22.3\mathrm{kHz}$。显然，把这种频段称为甚低频，纯属无线电工程中的一种分类，就电探方法而言，这已属于高频电磁法所采用的频段。

甚低频电磁法用于水文地质调查的时间不长，国外20世纪70年代才有比较广泛地应用。由于该方法不需专门建立磁场源，根据地质任务的不同即可探测磁分量，因而近年来在地质调查方面得到了比较广泛地应用。

一、甚低频电磁法的基本原理

甚低频电磁法电磁场空间分布如图8-1所示。在远离电台的地区可以把它视为典型的平面电磁波。由于发射天线是垂直的，所以在垂直于电磁波的传播方向有磁场的水平分量。当地下存在良导体时，因受磁场分量的作用，在地质体中将感应出涡旋电流及相应

图8-1 甚低频电磁法电磁场空间分布示意图

的二次磁场。若良导体（图 8-1 中的 D_1）的走向与电磁波的传播方向一致，由于一次场垂直作用于良导体，则感应的二次场较弱。因此，根据具体的地质情况，选择合适的甚低频电台作为场源，才有可能观测到较强的二次场信息。

甚低频电磁法主要是采用剖面法测量，按所测参数的不同，其测量方法可以分为倾角法和波阻抗法。通常采用波阻抗法，其测量的参数有：磁场水平分量 B_Y、电场水平分量 E_X，按下式计算视电阻率：

$$\rho_s = \frac{2 \times 10^5}{f} \left(\frac{S_a}{r} \right)^2 \left(\frac{E_X}{B_Y} \right)^2 = K \left(\frac{E_X}{B_Y} \right)^2 \tag{8-1}$$

式中　f——所选电台的工作频率（若为 NDT 台，则 $f = 17.4 \times 10^3$ Hz）；

　　　S_a——磁性天线的灵敏度，μV/Pt；

　　　r——测量电极 MN 间的距离，m；

　　　K——装置系数，$K = \frac{2 \times 10^5}{f} \left(\frac{S_a}{r} \right)^2$；

　　　E_X——电场水平分量的读数，格；

　　　B_Y——磁场水平分量的读数，格。

甚低频法在野外工作时，必须先将接收机校准于所选电台的频率。其方法是：使接收机的线圈面对准电台方向转动，以寻找最大接收信号。当寻找到最大接收信号时，线圈面所指的方向即为电台方向。然后照准该方向（即以该方向为水平轴）观测 B_Y、E_X。

甚低频法的资料解释主要是定性的确定出低阻体（断裂带或岩溶发育带）的位置。从甚低频法的理论曲线分析可知，利用极化椭圆倾角 D 曲线的零值点及磁场水平分量极值点的位置均可确定断层带及低阻发育带的位置。

二、甚低频法在找水中的应用

【例 8-1】　广西某地岩溶区为 10m 厚的黏土所覆盖，下部基岩为泥盆系石灰岩，地下岩溶发育，地表可见塌陷地形。工作区测线方位为北东 70°，选择 NDT 台作为场源，用 DDS-1 型甚低频电磁仪观测电场水平分量 E_X 和磁场水平分量 B_Y，并用式（8-1）计算视电阻率。同时还用 NWC 台观测极化椭圆倾角 D 及磁场水平分量 B_Y 和垂直分量 B_X。图 8-2 展示了该区 B 线上甚低频法及联合剖面法的观测结果，由图 8-2 可见，在该线上甚低频法有明显的极化椭圆倾角及磁场水平分量异常，而联合剖面法及甚低频视电阻率法却只反映出存在较宽的低阻异常带。经钻探验证，在 100 号点处见到岩溶发育带，95 号点位黄土充填的岩溶塌陷。此实例说明，甚低频电磁法在岩溶区寻找浅层含水裂隙带是有效的。

【例 8-2】　柳州市西南部利用甚低频法配合电阻率法寻找岩溶水取得了良好的效果。该测区内，浅部覆盖有 8m 厚的黏土、亚黏土层，下部为石炭系的灰岩、白云质灰岩。甚低频法采用频率为 22.3kHz，测量方式主要为倾角法。测线方向南东 140°，点距 20m。从该区 VLF 滤波倾角（F）平面等值线图上，发现一条长轴为北东 50° 的异常带［图 8-3(a)］，而且与 ρ_s 平面等值线的低阻异常带［图 8-3(b)］基本吻合。从 256.5 剖面上［图 8-3(c)］来看，位于 458 点附近，D 曲线出现零值点，且两侧对称；F 曲线出现极

图 8-2　广西浪桥堡 13 线综合勘探剖面图　　　图 8-3　柳州利用甚低频法寻找岩溶水实例

大值，其峰值达 890；N_H 曲线亦出现极大值，峰值为 80 格。从联合剖面曲线上看，位于 458 点附近，两条曲线同步下降、同步上升，呈低阻的凹槽状，并出现正交点。经综合分析，推断该异常为岩溶引起。根据 $D.F$ 曲线推断其岩溶发育带的顶板埋深为 40m 左右。经钻孔验证，在 43～46m 处见到溶洞，其充填物为黏土、粗砂和少量灰岩岩块。抽水结果，涌水量达 $1800m^3/d$。

甚低频法受地形、表部高阻层和电阻率不均匀的影响较小，而且具有简便、工作效率高等优点，故它在寻找岩溶地下水及基岩裂隙水方面得到了广泛的应用。但是该方法也存在着测量方法单一（仅能作剖面法测量）、测线方向受发射台位置的制约，测量结果受岩石电磁特性，覆盖层厚度变化的影响等一系列问题。所以在找水过程中，要与其他勘探方法配合使用。

第二节 瞬变电磁法

瞬变电磁法属时间域感应电磁法，近年来已在资源勘探、水文地热、工程勘探、灾害检测和环境调查中成为新的勘探技术，探测效果显著，应用领域极其广泛。我国于 20 世纪 70 年代初开始研究瞬变电磁法，投入研究的单位主要有中南工业大学、长春地质学院、地矿部物化探研究所、西安地质学院、有色金属工业总公司矿产地质研究院等。近几年，国产仪器在研制方面取得了进展，研制出的仪器主要有 SD-1、WDC-11、SDC-1 及 LC 系统等。

一、瞬变电磁法的基本原理

瞬变电磁法属时间域电磁感应方法，其数学物理基础是基于导电介质在阶跃变化的激励磁场激发下引起涡流场。其测量的基本原理是，利用不接地回线或接地线源向地下发送一次脉冲磁场，即在发射回线上供一个电流脉冲波形，脉冲后下降的瞬间，将产生向地下传播的瞬变一次磁场，在该磁场的激励下，地下导电体中将产生涡流，在一次场消失后，这种涡流不会立即消失，它将有一个过渡过程，随之将产生一个变化的感应电磁场（二次场）向地表传播，在地表用线圈或接地电极所观测的二次场随时间变化及剖面曲线特征，将反映地下导电体的电性分布情况，如图 8-4 所示，从而判断地下不均匀体的赋存位置，形态和电性特征。

图 8-4 瞬变电磁法测量原理示意图

瞬变电磁法与频率域电磁法（FDEM）同属研究二次涡场的方法，并且两者通过变换相互关联。在某些条件下，一种方法的数据可以转成为另一种方法的数据，但是就一次场对观测结果的影响而言，两种方法并不具备相同的效能，TEM 法是在没有一次场背景的条件下观测研究纯二次场的异常，大大地简化了对地质体所产生异常场的研究，提供了该方法对目标层的探测能力。此外，TEM法一次供电测量各电磁场分量随时间的变化，相当于频率域测深各频点测点的结果，使工作效率大大提高。

二、瞬变电磁法的找水工作方法

（一）工作装置的选择

按瞬变电磁法的应用领域，可把工作装置分为以下四种。

1. 剖面测量装置

常用的剖面测量装置分为重叠回线装置、中心回线装置、偶极分离回线装置和大定源回线装置 4 种，如图 8 - 5 所示。它是被用来勘查良导电地质体、进行地质填图及水工勘察的装置。其中，最常用的为重叠回线装置，它是指发射回线 T_x 与接收回线 R_x 相重合敷设的装置。

2. 测深装置

常用的测深装置为中心回线装置；电偶源、磁偶源和线源装置，中心回线装置是使用小型多匝 R_x（或探头）放置于边长为 L 的发送回线中心进行观测的装置，常用于探测 1km 以内浅层的测深工作。

3. 井中装置

井中装置是指发射线圈铺于地面，而接收线圈（探头）沿钻孔逐点移动观测磁场井轴分量的装置，井中 TEM 方法的地质目的在于探测分布于钻孔附近的深部导电地质体，并获得地质体形态、产状及位置等信息。

图 8 - 5　瞬变电磁法剖面测量装置

4. 航空装置

主要应用于大面积范围内快速普查良导电地质体及地质填图。

在以发现异常为目的的普查工作中，一般认为偶极装置轻便灵活，它可以采用不同位置和方向去激发导体，提高了地质解释能力和可靠性，尤其是对于陡倾薄板状导体有较好的耦合及分辨能力。重叠回线装置具有较高的接收电平、穿透深度大及便于分析解释的特点。因此，目前我们在进行野外找水勘查时，均采用重叠回线装置。

（二）影响瞬变电磁法探测深度的因素

影响瞬变电磁探测深度的因素很多，这些因素之间彼此相互联系又相互制约，只有在假定了某些条件之后，才能得出该条件下确切的探测深度。

1. 瞬变电磁系统中的电磁噪声

瞬变电磁系统的噪声主要是来自外部的电磁噪声，这种噪声限制了观测弱信号的能力，从而亦限制了探测深度。一般情况下，外部噪声来源于天电及工业电的干扰，其平均值为 $0.2nV/m^2$ 左右，在干扰比较强的地区，噪声电平可达 $5nV/m^2$，主要是工业用电的干扰。在野外找水勘查过程中，对山东各地的电磁噪声电平进行了测量（频率 $25Hz$、叠加次数 256 次），具体数据见表 8-1。

表 8-1　　　　　　　　　　　山东各地电磁噪声电平的平均值

地 点	日 期 /(年.月)	噪 声 /(mμV/m²)	地 点	日 期 /(年.月)	噪 声 /(mμV/m²)
泗水泉林	1993.7	0.426	广饶	1995.6	0.662
临朐五井	1994.6	0.635	肥城仪阳	1995.7	0.444
泰安城关	1994.11	1.019	崂山仰口	1995.7	4.011
东阿牛店	1995.3	0.142	平邑东阳	1995.9	1.138
长清平安	1995.4	2.048	费县岩坡	1995.10	1.156
淄川寨里	1995.5	0.405	寿光王高	1995.11	1.072

2. 功率-灵敏度

电磁系统中，功率-灵敏度是衡量仪器系统探测能力的一个重要指标，它是指当发送与接收线框间距为 100m 时在接收线圈中感应的电动势。该指标与抑制噪声的措施有关，为仪器本身的固有性质。

3. 回线边长

对于某一固定的发送磁矩、测道及导电体综合参数而言，导电体的异常幅度随边长的增加而成线性增加，最后达到某一饱和值。然而，在实际工作中我们总希望回线边长不要太大，同时，随着回线边长的增大对于局部导电体的横向分辨能力也变差，因此，根据理论计算和野外实际工作情况，定义最佳回线边长为达到 $0.8V_{max}$ 时的回线边长值。

4. 地质噪声

在导电围岩或导电覆盖层较厚的条件下，随着回线边长的增大，围岩响应的增加率要比导电体响应快，使用较大的回线工作有可能导致信噪比的降低，因此不宜再按高阻围岩区的边长选择原则，应尽可能减小边长以减弱与围岩的耦合，突出导电体的响应异常，此时必须靠增大发送电流及增加观测的叠加次数来提高观测精度，以保证在信号的"时间窗口"内观测值的可靠性。

（三）野外工作的程序

瞬变电磁法的应用前提是欲测对象与周围介质存在一定的电性差异。由于瞬变电磁法测量涡流产生的二次场，因此，该法对低阻体的探测能力优于高阻。野外工作时，应注意以下几个方面的问题。

1. 回线边长及测网的选择

回线边长对异常响应是一个比较复杂的函数关系。回线边长一般依据被测对象的规模、埋深及电性来选定。一般选择的原则是回线边长与探测对象的埋深大致相同，因为回线边长的增大对于局部导体的分辨能力变差，且受旁侧地质体的干扰增大。剖面点距一般选等于回线边长或回线边长的一半，对异常进行详查时，点距可以等于回线边长的四分之一。

依据山区找水的特点和找水实践，回线边长可选取 50m 或 100m，点距为 20m 或 25m，较为适宜。

2. 布线原则

野外布线时，测线方向应与可能的构造走向垂直，远离铁路、地下管道和电力线等地电干扰。

3. 干扰电平的观测

各个观测点的干扰电平并不完全一致，为了确定各个观测点观测值的观测精度，一般要求在每个测点上或相间几个测点上实测干扰电平。

4. 叠加次数和观测时间范围的选择

仪器的叠加次数、时间范围的选择主要取决于测区的信噪比和其灵敏度。通过多次试验对比后认为：在干扰电平不太大的情况下，叠加次数 256 次或 512 次时，既能保证观测质量，又能保证观测速度，能够取得较好的效果。在基岩地区进行测量，一般采用仪器的高频档 25Hz，其时间范围为 0.087～17.5ms，内分 20 道。

（四）资料整理与成果图件

1. 资料整理

野外工作中，资料整理除要求检查验收原始记录数据、对原始记录数据进行整理外，还要对数据进行滤波处理、绘制各测点的衰减曲线和各测线的多测道剖面曲线图以及根据需要计算各种导出参数（ρ_τ、S_τ、h_τ、τ_S、a_S 等）。

对数据进行滤波处理，通常采用下列三点自相关滤波公式：

$$V_i' = \frac{V_i}{2} + \frac{V_{i+1} + V_{i-1}}{4} \tag{8-2}$$

式中 V_i'——第 i 测道滤波后的值；

V_i 及 V_{i+1}、V_{i-1}——第 i 测道及相邻两测道的原始观测值。

2. 成果图件

工作成果报告一般应提交下列主要图件：①实际材料图；②几个选定测道的 $V(t_i)$ 平面图；③综合剖面图，包括多测道 $V(t)$ 异常剖面曲线图、$\rho(t)$ 拟断面图。

3. 资料的解释分析方法

一般采用线计算机正反演解释方法。

三、瞬变电磁法找水应用实例分析

【例 8-3】 某村庄地处石灰岩山区，由于长期缺水，严重制约了当地的经济发展。应用瞬变电磁法在该村进行了剖面法测量，通过分析测量结果认为该处适合打深井，最后定井一眼，解决了该村的生产生活用水问题。该处土层仅数米，下伏地层为中寒武系的灰岩、页岩互层，区域地下水位 10m 左右。

本次测量采用 50m×50m 重叠回线装置进行，点距 25m，频率为 25Hz，叠加次数取

256次。如图8-6和图8-7所示，分别为该剖面的多测道$V(t)/I$异常剖面曲线图和等视电阻率拟断面图。从测试曲线的对比分析可以看到，有一明显的向西倾斜的板状导电体（即断层）存在，经计算可得其倾角约为67.5°，且异常点与背景点的时间特性曲线两者差异明显。对井位测点应用瞬变电磁测深进行正反演的计算结果如图8-8所示，由图中可以看出，在140m深度附近，有一明显的低阻异常。

该井的实打结果，160m以上为张夏灰岩、页岩互层，128～155m裂隙发育，为主要含水层；160m以下是徐庄组页岩、灰岩及砂岩，岩石完整，裂隙不发育，钻至240m终孔，为一自流井，自流量为20～30m³/h。

图8-6 多测道$V(t)/I$异常剖面曲线图

图8-7 等视电阻率拟断面图

164

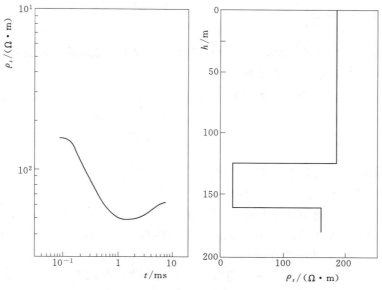

图 8-8 井位测点正反演解释结果

第三节 地 质 雷 达

地质雷达也称为探地雷达，其工作原理与探空雷达基本相同，都是利用高频电磁波束在界面上的反射来达到探测有关的目的物的。所不同的是，地质雷达是利用高频电磁波束在地下电性界面上的反射，从而来达到探测有关地质对象的一种电波勘探方法。雷达技术用于地下目标的探测虽然提出较早，但由于仪器、设备的限制，长期以来其应用范围却十分有限。近年来，随着电子技术的飞速发展，地质雷达在技术装备上也有了很大进步。目前，地质雷达以在地质及水文地质调查、洞穴探测、考古研究等领域获得了广泛地应用。

一、基本原理

地质雷达所用的电磁波频率在 $50\sim900\mathrm{MHz}$，频段远大于一般的地面电磁波，属于分米波。图 8-9 为地质雷达探测原理图，发射天线和接收天线紧靠地面，由发射机以脉冲的形式发射短脉冲电磁波，一部分电磁波沿着空气或介质（如岩层）的分界面传播，经过一段时间 t_0 后到达接收天线，为接收机所接收，此波称为直达波；另一部电磁波传入地下介质中，在地下传播过程中遇到电性不同的另一介质（如岩层的层面、洞穴、裂隙等）的分界面后便被反射或折射，经过一段时间 t_s 被反射回地面并被接收天线所接收，此波称为回波。显然，根据回波信号及其传播时间便可判断电性界面的存在及其埋深。

图 8-9 地质雷达探测原理

接收机接收到回波的时间为：

$$t_s = \Delta t + t_0 \qquad (8-3)$$

式中　t_0——直达波传播的时间，可按发射天线与接收天线之间的距离计算；

　　　Δt——回波与直达波的时间差。

然后按式（8-4）计算回波的行程：

$$D = v t_s \qquad (8-4)$$

$$v = \frac{c}{\sqrt{\varepsilon_r}}$$

式中　v——电磁波在岩石中的传播速度，m/s；

　　　c——空气中电磁波的速度，m/s；

　　　ε_r——地下岩层的相对介电常数。

如果有多个测点的 D 值，便可以确定反射面的位置和形状，再结合已知的地质条件，即可判断反射面（体）的地质性质。

地质雷达现场测量时，通常采用剖面法、宽角法两种方式来进行，如图 8-10 所示。

图 8-10　地质雷达的观测方法

1. 剖面法

剖面法的测量方式是将发射天线（T）与接收天线（R）之间的距离固定，沿测线同步移动进行观测的一种测量方式。其记录的是一种时间剖面图，这种测量方法可以反映地下同一深度介质的反射信号。

2. 宽角法

宽角法的测量方式是将发射天线固定在地表某点，接收天线沿地表逐点移动进行观测的一种测量方式。此时记录的是电磁波通过地下不同深度的传播时间，从而反映了不同层次介质的速度。

二、地质雷达的应用

地质雷达接收的是来自地下目的物反射的信号，现有的地质雷达设备一般都配备有图像记录仪，可在现场及时地显示地下断面的二维图像。目前地质雷达的图像识别方法主要是采用目视判读法，得出关于地下目的物的形状、大小及其空间位置。图 8-11 为一个地下洞穴的图像模型。当洞穴在剖面上为椭圆形时，在测量剖面通过洞穴时，地质雷达中回波的图像相应地成拱形，只是拱形曲线的曲率变大。其他地质对象如坑道、掩埋古河道、断层错开的水平地层等均有比较规则的图像模型。认识和分析这些已知目的物的图像模型，对地质雷达实测图像记录的判读有重要意义。

图 8-11　地下洞穴的图像模型

（图中数字 1~8 为测点）

地质雷达不仅具有很强的抗干扰能力和极高的采样率，而且由于数据处理技术的高度开发，其探测成果具有高精度的表现能力。这些进步在推动探测方法发展的同时，大大地拓展了其应用的领域范围，如地基调查、地下空洞探测、考古研究等。但由于地质雷达所发射的电磁波（频率在 50~900MHz）只能在岩层内传播，而且由于岩层具有强烈的吸收作用，使其衰减较大，因而探测深度较小。在较好的条件下，其探测范围已拓展为 30~50m，探测的分辨率可达到数厘米，深度符合率小于 5cm。

第四节　声频大地电场法

声频大地电场法是 20 世纪 70 年代后期推广使用的一种找水方法，使用的仪器为SDD-1 型声频大地电场仪，该法利用天然存在的电磁场，无需人工电源，只需观测天然电磁场在地面上产生的电分量异常，不测磁分量，利用电分量与视电阻率的关系，分析岩石的特性，从而达到找水的目的。该法具有受地形影响小、仪器简单、测量迅速、资料解释直观、效率高等特点。

一、声频大地电场法基本原理

产生天然电磁场的原因很多，也十分复杂，如电磁场的微变。宇宙射线、磁暴发生、雷雨时大地放电、工业电流等，这些电磁场的频率很低，电场强度很弱。

利用仪器测出电磁场中的电分量，然后按下式换算为视电阻率：

$$\rho_s = \frac{f}{\mu\omega}\left(\frac{E_x}{H_y}\right)^2 \qquad (8-5)$$

式中　E_x——x 轴方向的电场强度，V/m；

$\quad\quad H_y$——y 轴方向的磁场强度，A/m；

$\quad\quad \omega$——角频率，krad/s；

$\quad\quad \mu$——导磁率，H/m。

从式（8－5）中可以看出，视电阻率与电场强度成正比，电场强度 E_x 越大，视电阻率 ρ_s 越大。电场强度可按式（8－6）计算：

$$E_x = \frac{\Delta V_s}{MN} \tag{8－6}$$

式中　ΔV_s——仪器读数电位差，V；

　　　　MN——测量极距的间距，m。

二、测量方法与曲线分析

1. 测量方法

一般采用电剖面法，在远离异常区选一相对电位零点，埋设固定电极，另将 MN 沿所设剖面线移动，每隔一定距离测一点，测出各点与相对电位零点之间的电位差 ΔV_s，绘制整条剖面的自然电位曲线，根据 ΔV_s 异常，分析构造或含水体位置。如果平行布置多条测线，就可以利用异常对应关系，确定含水体在平面上的分布规律。

2. 曲线异常分析

电场强度异常值按式（8－7）计算：

$$\eta = \frac{\Delta V_{smax} - \Delta V_{smin}}{\Delta V_{smax} + \Delta V_{smin}} \times 100\% \tag{8－7}$$

式中　ΔV_{smax}——电位差最大值；

　　　　ΔV_{smin}——电位差最小值。

一般断裂富水带或灰岩含水层，在曲线上呈低阻反映。在土层覆盖地区，如覆盖层较厚，曲线反映较差。当土层较厚而水位埋深较浅时，ΔV_s 曲线呈低值反映明显。水位深而断裂规模较大时，剖面线反映也较明显。对于土层较厚，水位深、含水层薄、断裂规模小的地区，ΔV_s 曲线反映往往不明显。

【例8－4】　山东省泰安市土产西仓库机井，位于泰山大断裂带内，岩石破碎，异常值 $\eta=142\%\sim119\%$，ΔV_s 曲线在3号点到13号点出现低阻异常，分析3号点 $\eta=142\%$，为灰岩含水反映（图8－12）。经钻探验证，覆盖层厚10m，3号点孔深150m，31～41m为下寒武同灰岩，岩芯破碎，出水量100m³/h。

图8－12　电场强度异常曲线

3. 异常分析注意的问题

（1）该法用天然大地电流作为场源，电源不稳定，往往会导致剖面曲线发生畸变。

（2）由于大地电磁场是不稳定的，其频率、振幅都随时间变化，因此读数应迅速，尽量在最短的时间内读完，以减少大地电磁场瞬时变化所造成的影响。

（3）当测线接近高压线、变压器、电缆时，曲线会产生畸变，当天气有雷电或广播电台工作时，不宜测量。

（4）地形的起伏对该法影响很大，当剖面线接近悬崖、沟谷时，曲线都会产生低阻异常，因此要求剖面线布置在平坦的地形上。

（5）声频大地电场法是一种剖面法，用于在平面上查找脉状含水体，效果很好。但不能解决垂向深度上的变化，必须配合电测深来解决。

第五节 自然电场法

在自然条件下，无需向地下供电，地面两点通常能观测到一定大小的电位差，这表明地下存在着天然电流场，简称自然电场。产生自然电场的原因较多，本节主要研究自然电场的成因，以及利用观测到的自然电场分析解决有关水文地质问题，如确定地下水流向，确定抽水半径大小，查明水库土坝漏水等。由于该方法设备简单，无需电源，在水文地质和勘探供水方面得到广泛的使用。

一、自然电场产生的原因

自然电场产生的原因十分复杂，其机理尚不成熟，目前主要有以下几种。

1. 电化学电场

野外观测资料表明，在金属矿床的地面上观测到电位差达几十至几百毫伏，其电场类似于地下存在一个"原电池"电场。这种自然电场，主要是由于电子导体与离子溶液接口上的氧化还原作用形成的，称为电化学电场。

电化学电场形成的过程如图 8-13 所示，如良导体一部分位于地下水位以上，一部分位于地下水位以下。此时含有大量氧化物的地表水到达矿体上部周围，溶液具有较强的氧化作用。氧化作用使原来呈中性的溶液带负电，出现过多负离子，处于水面以下的矿体，由于矿体及周围岩石本身的风化程度低，质地较密实，地表水与氧化物不易进入，具有还原作用，还原作用使溶液中出现过多正离子，而矿体上部带正电，下部带负电，矿体为一个天然电池，电流由矿体内部由上向下流，而围岩为一回路，电流由下向上流，形成自然电场。所以在矿体顶端地面上，常常可以观测到反映矿体存在的氧化还原反应，利用这种

图 8-13 电化学电场形成过程示意图

氧化还原电场，可进行金属或其他电子导体矿的普查和勘探，在找水中一般为干扰因素。

2. 过滤电场

地下水流经岩石的孔隙、裂隙时，由于岩石颗粒对正负离子有选择的吸附作用，便出现正、负离子的不均衡，从而形成自然电场（图 8-14）。

图 8-14 裂隙渗透电场及上升泉电场

由于岩石颗粒的晶格在其表面出现过剩的离子价键，它将吸引水中的异性离子，是吸附正离子还是负离子，主要取决于岩石的成分。实验表明，石英晶体，硫化物、泥质颗粒以及所有含泥质成分的岩石均具有吸附负离子作用，而碳酸岩类的石灰岩、白云岩则吸附正离子。一般来讲，沉积岩大多数具有吸附负离子的作用，故通常谈到岩石对离子的吸附作用，一般仅指吸附负离子特性。

由于地下水的流动作用，流动的水带正电，而不动的水带负电，这种由岩石吸附作用形成的电场，称为过滤电场，方向与水流向相反。

由地形起伏形成的过滤电场称为山地电场，这是潜水由山顶向山谷渗流产生的，在山顶形成负电位，在山谷形成正电位（图 8-15）。

图 8-15 山地电场

3. 扩散电场

当两种不同浓度的溶液接触时，便会发生扩散现象。溶质由浓度大的一侧移向浓度小的一侧，以达到浓度平衡。水中正、负离子也一起移动，由于其迁移速度不同，一般来讲负离子运动较快，因此，浓度较小溶液中就有多余的负离子，而浓度大的溶液中就出现多余正离子，形成扩散电场。

在自然条件下，扩散电场常与过滤电场同时发生，扩散电场场强较小，例如在地面观测地表水（如河水）与地下水接触处于浓度不同而形成的扩散电场，一般为 10～20mV，由于地表水处于浓度小的状态，故为负电位。

扩散电场可以用于圈定矿化水的分布区，为农业灌溉、工业寻找卤水提供依据。

4. 其他自然电场

电位学电场、过滤电场、扩散电场，一般都是稳定场，是不随时间变化的。除了上述电场外，还有其他原因产生的自然电场，如大地电流场、雷雨放电电场等，这些电场为不稳定场，随时间变化，另外由于光照作用，使土层温度和湿度发生变化，从而引起水分蒸发、迁移引起电场变化。温度变化越大，电场变化也越激烈，有时日变化可达数十到数百毫伏。这种随时间变化的电场，对观测结果具有一定的干扰作用，为避免其影响，一般要避免在阴雨天或雨后测量，可在晴天的早晨、傍晚工作。

二、自然电场法的仪器设备和野外工作方法

1. 仪器设备

所有用于电阻率的仪器设备都可以用于自然电场法，由于自然电场场强较小，故必须采用与激发极化法一样的弱极化电极。

2. 野外工作方法

自然电场法测量，有电位法和梯度法两种，目前一般采用电位法。

（1）电位法。其方法是在测线外选择一个固定的电位零点（N 极），而另一电极（M 极）沿测线方向移动，观测每一测点与相对电位零点之间的电位差，得出整个测线的自然电位曲线。相对电位零点，应选在不受所探测异常影响的地带。电位法是自然电场的基本观测方法，用来探测地下水流向和影响半径。

（2）梯度法。在测区内，如存在强烈干扰，无法采用电位法测量时，可采用梯度法测量。梯度法是测量相邻两个电极之间电位差的测量方法。测量过程中，与仪器 M 极相连的电极始终在前方，而 N 极始终在其后，并保持平行移动，观测沿着测线方向两测点之间自然电场的变化情况。按其排列形式可以分为直线法和环形法（图 8-16）。

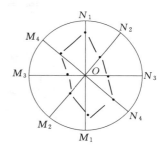

图 8-16 梯度法观测影响半径

三、自然电场法在水文地质中的应用

滤电场是自然电场法解决水文地质问题的前提。通过观测过滤电场，既可以探测地下水的流向、抽水时的影响范围、确定地下水与河水的补给关系、水库漏水地段的位置。

1. 确定地下水的流向

以观测点 O 为中心，并以 P 为半径布置一条环形测线（圆的半径由 P 点地下水的埋藏深度确定，通常为水深的两倍），然后通过测点中心对称地布设 4 条测线，并与环形测线相交，得 8 个交点（图 8-16）。测量过程中，将 M、N 电极依次放在同一直径的两个交点上，测量出两点的自然电位差，然后将 MN 测线旋转 45°再进行测量，直到测完一圈为止。将各方位测量的结果按一定的比例画在相应的直径延长线上（在观测点 O 的两侧各取观测值的一半），即得到"8"字形自然电位曲线。该曲线的长轴方向即代表地下水流

向，因为在水的流向方向产生的电位差最大。但该法要求地下水埋深浅，测量精度要求较高。

【例8-5】 图8-17为河南荥阳地区地下水流向实测结果，图中显示潜水总的流向为北东向，但在图的西北部黄河附近，地下水因为补给河水而转成北西向。

图8-17 河南荥阳地区潜水流向图

2. 测定抽水试验的影响半径

在农业灌溉及工业水源地的水文地质工作中，为计算地下水的出水量或某一地区地下水资源的评价，都需要知道水井在抽水时的影响范围，即抽水影响半径。为确定影响半径参数，常需在抽水孔附近布置许多水位观测孔，这样既浪费资金又消耗大量的时间。而利用自然电场法观测，则是一种行之有效的方法。

在抽水孔进行抽水时，地下水从四周向钻孔流动，因而产生过滤电。其特点是距离抽水井越近，则电场强度越大，远离抽水孔的地方，场强较小，在抽水影响半径以外，场强不受抽水影响，因此可以根据抽水前后场强的变化来确定抽水的影响半径。

测量方法可分为电位法和梯度法两种。

（1）电位法。电位法的相对电位零点，一定要选在预计影响半径以外的地方。在抽水孔的两侧布置一条或几条测线，测线上设置测点。抽水前、后，沿着该测线分别测量各个测点与相对零点之间电位差，并绘出各自的自然电位剖面曲线。在影响半径范围之内，抽水前后的电位曲线分离，在影响半径之外地段，则两曲线基本重合，两曲线的分离点到抽水孔距离即为影响半径。

（2）梯度法。以井孔为中心分别布设数条环型测线，在抽水前和抽水期间，分别观测各条环型测线上两个测点之间的电位差，并绘出"8"字形的自然电位曲线。在抽水半径影响范围内，抽水前后水流发生变化（抽水前为自然流向，抽水时流向抽水孔），导致过滤电场强度发生变化；而影响半径以外，地下水流向不变，其过滤电场强度不发生变化，通过比较数条环形测线上的"8"字形的自然电位曲线，即可确定出抽水影响半径。

在松散的冲积层中，由于含水层的透水性比较均匀，分布比较广泛，抽水影响范围多为圆形或椭圆形；在基岩地区，由于地下水的通道多为带状分布，故在抽水孔周围，其抽水半径很不均匀，因此在测量地区，应布置多条测线，以了解不同方向上的影响范围。

梯度法反应明显，并且在自然电位曲线上可以了解抽水所形成的降落漏形状和特性，故野外一般采用梯度法测量。

3. 确定地表水与地下水的补给关系

利用自然电场法可以确定地表水与地下水互为补给的关系。当地下水补给地表水时，地面上能观测到自然电位的正异常，图8-18（a）为石灰岩与花岗岩接触带上的上升泉，观测到明显的自然电位正异常；反之，如地表水补给地下水，则观测到自然电位的负异常，图8-18（b）为地表水补给地下水出现的负异常。

（a）地下水补给地表水　　　　　（b）地表水补给地下水

图8-18 地表水与地下水的补给关系

4. 查明土坝漏水地段

确定土坝漏水地段时多采用电位法观测。在土坝的漏水地段，由于水向下游流动，产生过滤电场，在地表附近就有多余的负电荷积累，产生负电位异常；而不漏水的地段，则不会产生负电位异常，曲线是平均的。

5. 寻找断层破碎带

由于断层带基岩破碎，地下水渗透性显著增加，形成了地下水排泄通道，因此在断层破碎带上方，会出现自然电场异常。

第六节 充 电 法

充电法是以研究地质体被充电以后一次场电位的变化为基础的一种电测方法。它既可以用来确定地下水的流向和流速、滑坡体的滑动方向和滑动速度，又可以用来确定良导体的形状、大小和位置。过去测定地下水的流向和流速时，是在主孔旁边打几个副孔，在主孔内加入各种试剂，然后在副孔中不断采取水样进行化验，用主、副孔之间的距离除以指示剂由主孔流至副孔的时间，求得地下水的流速。用该方法即浪费资金又耗费时间，如果采用充电法测量时，仅需一个钻孔及少量试剂即可解决问题，故效率较高。

一、充电法的基本原理

将供电电极 A 放在井下含水层的位置上。供电电极 B 远离井口（可视为无穷远处），使它产生的电场对 A 电极附近电场的影响可忽略不计。

将地下水充电，电流充满了含水体，使地下水成为一个等电位的带电体，在地下水周围的岩石中形成电场。在井口周围测定各点的电位，并绘出等电位线。然后在供电电极 A 处，注入电解质溶液（食盐水），带电的电解质溶液随着地下水流动时，将形成一个电解质溶液带，等电位线沿着水流的方向被拉长，由原来的圆形等位线变成椭圆形，等电位线移动方向即为地下水的流动方向（图8-19）。

图8-19 地下水流向、流速的测定

二、野外工作方法

1. 测线布置

（1）供电线路。将供电电极 A 放入含水层中部，B 电极一般位于远离井口（20～50）L 的任意方向，L 为地表到 A 电极的距离。供电电极用铁电极，A 电极用单根电极或电极组，而 B 电极一般采用并联电极组，以减少接地电阻，增大供电电流。

（2）测量线路。测量电极 M、N 一般使用单根铜电极。

2. 观测方法

测线网一般由环行测线与4条测线相交的8个测点构成，按 M、N 之间的排列关系，可分为下列几种方法：

（1）电位法。设 N 电极为相对零点电位，直接用 M 电极在测线上观测各个测点的电位，最后绘出剖面电位曲线和平面等位线图。应该注意，N 电极级要位于无穷远处，并在 B 电极相反方向，以减少 B 电极对 N 电极的影响。

电位法能直观地反映电场的特征，受周围岩石及覆盖层电阻率不均匀的影响较少。

（2）梯度法。梯度法测量时不需设电位相对零点，在测量过程中，测量电极 M、N 沿着测线的方向并保持固定的距离移动（$MN=C$），以观测电位梯度值变化的方法称为梯度法。测量过程中，M、N 电极的前后次序要保持不变，以免搞错电位差符号。

梯度法优点是分辨力较强，缺点是受围岩和覆盖层电阻率不均匀的影响较大，在表土电阻率低，点距较小时，观测较困难。

三、充电法在水文地质方面的应用

1. 测定地下水的流向和流速

利用充电法测定地下水的流速流向，只需一个钻孔或水井，不需另设观测孔，具体工作方法如下：

（1）将供电电极 A 置于井下含水层的中间部位，电极 B 应放置在预计水流的下游方向无穷远处。N 电极大致在地下水的上游方向固定，其至井口的距离等于 A 电极至地表的距离（井内有套管时应为 A 电极至地表距离的 $2\sim3$ 倍）。供电后地下水周围的岩层中形成电场。这时以井口为中心呈放射状移动 M 电极，逐一测量各点的电位，并连成等电位线，这时的等位线大致为圆形。

（2）然后在 A 电极绑上食盐袋，并放回原来的位置。食盐被溶解并使含水层中的地下水盐化，则等电位线沿水流方向上发生改变，由原来的圆形变成椭圆形（图 8-20）。

等电位线图中等位点移动最大的方向即为地下水的流向，中心点移动速度的 2 倍即为地下水的流速：

$$V=\frac{2S}{t} \qquad (8-8)$$

式中 V——地下水的流速，m/h；

　　　t——加盐后到测量时的时间间隔，h；

　　　S——等电位线的中心点移动的距离，m。

实践证明，等电位线的圆心随着岩层倾角大小，向倾斜方向偏移，等电位线的形状也随倾角大小，向倾斜方向偏移，等电位线的形状也与岩层走向有关。采用中心移动距离计算流速误差较大，所以一般按式（8-9）计算流速：

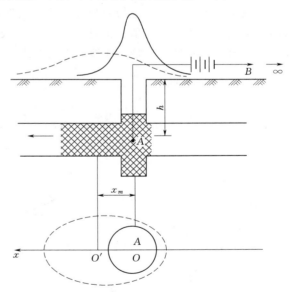

图 8-20 充电法测定地下水的流向和流速

$$V=\frac{L}{t} \qquad (8-9)$$

式中 L——圆至椭圆最远端之间的距离，m。

【例 8-6】 加盐以前电位等位线图的直径 $D_1=7.57\mathrm{m}$，加盐以后电位等位线图（椭圆）的长轴 $D_2=8.61\mathrm{m}$，则圆至椭圆最远端之间的距离 $L=8.61-7.56=1.05(\mathrm{m})$，观测时间间隔 2h，则 $V = L/t = 1.05/2 \approx 0.5 \text{m/h}$。

用向量法观测时，测出在一定时间内等位点在各测线上向外延长的距离，然后以各方向的伸长值，用矢量作图的方法求出伸长最大的方向，即为地下水的流向。流向方向上伸长的距离除以两倍时间间隔，即可求出地下水流速：

$$V = \frac{\Delta R}{2\Delta t} \qquad\qquad (8-10)$$

【例 8-7】　根据表 8-2 所测资料，将相对方向相减得各方向的相对伸长量：北为 1.4m，北东为 1.58m，东为 1.0m，北西为 0.5m，矢量合成后得 $\Delta R = 3.6$m，方向为北东 36°（图 8-21），地下水流速为：$V = \frac{\Delta R}{2\Delta t} = \frac{3.6}{2 \times 7} = 0.26(\text{m/h})$。

表 8-2　　　　　　　　　　　　　观 测 资 料

相对位移 ＼ 测线方向	北	北东 45°	东	南东 45°	南	南西 45°	西	北西 45°
观测时间：5 月 4 日 8：00～15：00	1.75	1.58	1.33	0.60	0.35	0	0.33	1.10

2. 探测地下暗河

充电点放在地下暗河的露头上，垂直暗河的可能走向布置测线，并进行电位或梯度测量。作电位法观测时，N 电极要放在异常场之外。图 8-22 即为观测结构，暗河上方附近出现电位极大值和梯度零值。把各剖面上电位极大值点和电位梯度曲线的零值点连接起来，这个异常轴就是地下暗河在地面上的投影。

图 8-21　用矢量法求地下水流速、流向

图 8-22　充电法探测地下暗河
1—潜水面；2—暗河

3. 测定滑坡体的移动方向、移动速度和滑坡厚度

在钻孔中每隔一定的距离放一个铁球，由导线接到地面，作为供电电极 A_1、A_2、A_3……然后用土填满。另一供电电极 B 放在无穷远处。分别用 $A_1 B$、$A_2 B$、$A_3 B$……供电，在钻孔附近测定其等位线。如果没有滑坡现象，所测等位线都呈圆形，而且重合在一

起，相隔一定的时间再测量时，其结果还是一样。如果有滑坡存在，这时的等位线就不再重合了，从等位线位移的方向及距离，便能确定移动方向和移动速度。观测出等位线是从第几个 A_i 电极开始位移的，大概能估算出滑坡厚度。如 A_i 电极以上的等位线位移，而 A_i 以下电极的等位线不位移，说明滑坡体厚为 A_i 电极到地面的距离。

第九章 成 井 工 艺

　　管井是指采用机械施工的水井，这类水井的特点是井的直径较小、深度比较大。所谓的管井的成井工艺是指井孔建造过程中的施工程序和技术方法，主要包括：井孔钻进、破壁疏孔、安装井管、围填滤料、封闭隔离、洗井和抽水试验等一系列工序。实践证明，要建造一口高质量的机井，必须认真对待成井工艺中的每个环节，如果稍有疏忽，则往往会对机井的质量造成难以补救的缺陷。

第一节 井 孔 钻 进

　　井孔钻进的方法很多，有冲击钻进、回转钻进以及反循环钻进和空气钻进等。但在农用管井施工中，目前普遍使用的方法多为冲击钻进和回转钻进，现分述如下：

一、冲击钻进

　　冲击钻进的基本原理是使钻头在井孔内做上下往复运动，依靠钻头自重来冲击孔底岩层。然后再用抽筒捞出井底破碎的岩屑。如此反复，逐渐加深，而成井孔。

图 9-1 CZ-22 型冲击钻机示意图
（单位：mm）

1—前轮；2—后轮；3—辕杆；4—底架；
5—电动机；6—连杆；7—缓冲装置；
8—桅杆；9—钻进工具钢丝绳天轮；
10—抽砂筒；11—起重用滑轮

（一）冲击钻机的构造与性能

　　1. 冲击钻机的构造

　　冲击钻机的构造，常因型号不同而有差异，但基本构造比较相似，现仅以 CZ-22 型冲击钻机为例予以说明。其结构如图 9-1 所示。

　　2. 冲击钻机的性能

　　常见的冲击钻机有冲击 150 型、丰收 120 型、CZ-20 型、CZ-22 型、CZ-30 型等多种，各类常用冲击钻孔的机械性能规格见表 9-1。

（二）冲击钻进的技术规程

　　1. 冲程及冲击频率

　　冲程即钻头在冲击破碎岩层时，钻头提升离孔底的高度。冲击频率则是钻头每分钟冲击孔底的次数。冲程的大小及冲击频率的高低主要根据岩层的可钻性而定。在坚硬岩层中钻进应选大冲程、低频率。相反，在松软岩层中则适于小冲程、高频率。一般情况下，冲程可选择在 0.6~0.8m。冲击频率可选择为 38~40 次/min。

178

表 9-1　　　　　　　　　　　　常用冲击钻孔的机械性能规格

项目　　　　　　型号	冲击 150 型	丰收 120 型	CZ-20 型	CZ-22 型	CZ-30 型
泥浆护壁的井孔直径/mm	500	500	700	800	1200
钻具最大冲程/mm	800 760 630	750 350	1000 450	1000 350	1000 500
钻具冲击次数/(次/min)	38	40	40 45 50	40 45 50	40 45 50
泥浆护壁钻进深度/m	150	120	120	150	180
工具卷筒起重/N	13000	15000	15000	20000	30000
工具卷筒上用钢丝绳直径/mm	17	17	19.5	21.5	26
桅杆高度/m	7.3	8.5	12.0	13.5	16.0
桅杆起重量/kN	100	100	50	120	250
电动机　功率/kW	14	10	20	20	40
电动机　转速/(r/min)	1460	1460	970	980	735
电动机　电压/V			220/380	220/380	220/380
柴油机　型号			3110~4110	4110	6108~6135
柴油机　功率/kW	14.7	14.7	20.1~29.4	29.4	44.1~58.8
柴油机　转速/(r/min)	1500	1500	1500	1500	1500
适应地层	各种土、砂层、砾石、卵石、石				

2. 钻具重量

钻具重量的大小，常视岩层软硬程度不同而定，坚硬岩层宜大，松软岩层宜小。一般在黏土、砂层中钻进，每厘米井孔直径重量应有 $10\sim16$ kg；在卵石、漂石地层中钻进，每厘米井孔直径重量应有 $15\sim25$ kg。调整钻具重量的方法一是调换使用不同重量的钻头，二是在钻头上安装加重钻杆以增加其重量。

3. 回次时间及回次进尺

每两次提钻倒泥沙间隔的钻进时间为一回次时间。在每一回次时间的进尺深度为回次进尺。一般在黏土、砂层中钻进时，回次时间短而回次进尺大。一般每一回次时间为 $10\sim20$ min，进尺 $0.5\sim1.0$ m。但在卵石、漂石岩层中钻进时，回次时间长，而回次进尺小，一般每一回次时间 30min，进尺 $0.25\sim0.35$ m。

4. 回绳长度

即在冲井钻进时，每次应放松钢丝绳的长度。回绳过短时会发生"打轻"或"打空"现象。这不但影响钻进效率，而且易于损坏机件。但回绳过长时，也会降低钻头冲程，且会使钢丝绳冲击扎壁，容易引起坍塌。故回绳的长短应视进尺的快慢而定。一般情况，每次回绳长度可控制在 $10\sim30$ mm。

此外，根据岩层的可钻性，选择适宜形状的钻头，也可提高钻进效率。冲击钻进常用钻头有一字形、十字形、工字形及抽筒钻头等。对可钻性差的坚硬岩石宜选用一字形钻头；裂隙岩层宜选用十字形或工字形钻头；松散岩层宜选用抽筒钻头。

冲击钻进法适合各种岩层，尤其适宜钻凿卵石、漂石地层。在塑性岩层中钻进效率高，基岩中钻进速度慢。

二、回转钻进

回转钻进的基本原理是钻头在一定的钻压下在孔底发生回转，进行切屑研磨和破碎孔底岩石，同时用具有一定流速的泥浆（冲洗液）通过空心杆向孔底压入，并从钻杆外反流出孔口，借其循环将孔底岩屑携出井外。如此不断循环，可使钻头继续向下钻进，从而形成井孔。

（一）回转钻机的构造与性能

1. 回转钻机的构造

回转钻机的类型很多，构造不一，现仅以常用的大口径回转式钻机 SPJ - 300 型为例说明其构造。

SPJ - 300 型钻机是一种大口径回转式钻机。它的主要优点是：钻进效率较高，适于松散岩层，机械可拆性强，便于运输到交通不方便的地区。SPJ - 300 型钻机的主要部件为泥浆泵、柴油机、卷扬机、绞车、转盘、钻塔等。

2. 回转钻机的性能

国产的大口径回转钻机有 205 型、红星 - 300 型、500 型和 SPJ - 300 型等多种，现将各类钻机的性能、规格列入表 9 - 2 中。

表 9 - 2　　　　　　　　　　　常用回转钻机的机械性能规格

钻机型号 / 项目	205 型	红星-300 型	500 型	SPJ - 300 型
最大开孔直径/mm	560	560	500	500
钻井深度/m	250	300	250	300
主卷扬机型式	摩擦式	摩擦式	游星式	游星式
卷筒直径/mm			350	330
卷筒容绳量/m	150	150	84	120
钢丝绳直径/mm	19.5	19.5	19.5	20 或 19.5
单绳提升能力/kN		20	30	30
副卷扬机				
卷筒直径/mm			200	170
卷筒容绳量/m	300	350	250	330
钢丝绳直径/mm	12	12	16	14 或 33.5
单绳提升能力/kN		5	12	20
塔架高度/m	15	14	15	13
塔架承受最大负荷/kN	180	200	180	240
泥浆泵型号	600/12	600/12	320/35	2 台 250/50
泥浆泵最大泵压/N	117.6	117.6	343	490

续表

钻机型号 项目	205 型	红星-300 型	500 型	SPJ-300 型
泥浆泵最大排量/(L/min)	600	600	320	250(15m³/h)
钻杆直径/mm	89	73.114	89	73.89
钻杆所需功率/kW	44.1	44.1	44.1	39.7
适应地层	各种土,砂层,砾石,基岩			

（二）回转钻进的技术规程

1. 钻压

钻压系指钻机加于钻头的轴向压力。它是回转钻进中一个重要的技术参数。对不同性质的岩层适当地调节钻压，不仅可提高钻进效率，而且可减免一些不必要的故障和事故。岩心钻机是通过油压传动系统或手把给进的方式来调节钻压的；而磨盘钻机则是利用钻具的重量（自重）进行加压，并通过钻具卷筒刹把来调节钻压的。一般来说，因松散岩层研磨性小，进尺较快，所以要适当加压，以控制钻进速度；而对于坚硬的岩层来说，则因其研磨性大，进尺较慢，故应在保证安全的条件下，充分加压，以提高钻进速度。

2. 转速

转速对钻进速度影响很大，对研磨性小的岩层，其回转速度与钻进速度成正比，而对研磨性大的岩层，其回转速度与钻进速度成反比。一般钻机的转盘转速应控制为钻头圆周转速为 0.8～3.0m/s 范围内较合适。

3. 泵量

所谓的泵量是指钻孔所配置的泥浆泵单位时间的排水量。泵量的大小应随岩层的性质和研磨性的不同加以调节。一般在松散岩层中因进尺较快，排出岩屑也较多，故应采用大泵量；而在坚硬岩层中，因进尺较慢，排出岩屑的数量相应也少，如泵量过大时，则易引起钻孔内岩层稳定性较差部分产生塌孔现象，故应采用小泵量。泵量的大小还应根据井孔直径的大小而定，通常应保持在 10～15L/min。

第二节 破 壁 与 疏 孔

一、破壁

破壁是清除钻进时在开采含水层处的井孔壁上所形成的厚泥浆，以利于地下水能畅通无阻地由含水层中流出并通过滤水管流入井内。因而，它是保证机井减小进水阻力达到设计出水量的重要一环。常用的破壁方法有以下三种：

（1）扩大钻头破壁。此法就是用直径比孔径大 20～30mm 的扩孔钻头扩孔，以扩掉钻进过程所形成的厚泥浆皮。扩孔时宜采用稀泥浆并应轻压、慢转大泵量进行。在含水层处扩孔时，应上下活动钻具反复扩孔，以达彻底破掉泥浆皮的目的。这种破壁方法，在上部有含水层时是不适用的。

（2）钢丝刷破壁。钢丝刷破壁，即在疏孔器上焊上钢丝，形如洗瓶的刷子。将其送至含水层处，边送水回转，边反复上、下提拉钢丝刷，使厚泥皮遭到破坏。

（3）双钩破壁器破壁。双钩破壁器如图 9-2 所示，使用时先将破壁器的双钩收于托

盘内，用钻杆将其下入含水层处，送水回转，双钩在离心力的作用下自动甩开，并破坏泥皮，被破坏的泥皮碎屑，一部分被水冲出孔外，一部分通过托盘上的 4 个孔洞，漏于孔底。破壁时应在含水层处反复进行，并开最大泵量冲孔。破壁完成后，稍微倒转钻杆双钩即可收钩，然后提钻，再用稀泥浆冲净落于孔底的沉淀物。

上述三种破壁方法除钢丝刷破壁法能在基岩中的井孔应用外，其他两种都不能使用。

如前所述，破壁是保证机井出水量的重要措施，因此使用浓泥浆钻进的孔眼，破壁应是必不

图 9-2 双钩破壁器构造示意图

可少的工序。如采用稀泥浆或清水钻进所形成的泥皮不厚时，也可不必破壁，但必须彻底更换浆来弥补未破壁带来的不足。

破壁虽然对增加井出水量大有益处，但过量的破壁有可能造成孔眼坍塌，因此破壁一定要适当进行。

二、换浆

换浆的目的是将孔内泥浆及沉淀物排出孔外，换入稀泥浆，便于填料洗井。换浆可与破壁工作同时进行，亦即边破壁边送水换浆，换浆时一定要先浓后稀，逐步进行，否则不易使孔底的沉淀物排出孔外。破壁后应将钻具下至孔底继续换浆，直至将孔内泥浆变稀（黏度在 17s 左右）。但换浆和破壁一样，要适可而止。

三、疏孔

疏孔的目的是为了安装井管而扫清井下的障碍，保证井孔的垂直，以顺利地安装井管。疏孔多采用疏孔器，它是由在一根钻杆上焊接的 3～4 个导正圈所组成，导正圈的直径应比井孔小 20～40mm，导正圈的间隔为 2m（图 9-3）。疏孔过程中，将疏孔器下入孔底，如通行无阻则说明孔眼圆直，方可以下管。如果中途遇阻，说明井下存在障碍或井孔偏斜应提出疏孔器并重新修整孔眼，直至能通行无阻地下入疏孔器时，方能认为井孔已经修整完毕。

图 9-3 疏孔器构造示意图

第三节 井 管 的 安 装

井管的安装，简称下管，是管井施工中最为关键而且是最易出问题的一道工序。常见的下管方法有以下几种。

一、钻杆托盘下管法

该法适用于采用非金属管材建造的管井，因下管易于保证井管垂直，故使用较为普遍，钻杆托盘下管法如图9-4（a）所示。其主要设备为托盘、钻杆、井架及起重设备。托盘构造如图9-4（b）所示。

钻杆托盘下管法的方法步骤为：

第一步：将第一根带有反丝扣接箍的钻杆与托盘中心的反丝锥形接头在井口连接好，然后将井管吊起套在钻杆上，徐徐落下，使托盘与井管正连接在一起。

第二步：把装好井管的第二根钻杆吊起后放入井内，用垫叉在井口枕木或垫轨上将钻杆端部卡住，另用提引器吊起另一根钻杆。

第三步：将第二根钻杆对准第一根钻杆上端接头，然后用另一套起重设备，单独将套在第二根钻杆上的井管提高一段，拿去圆形垫叉，对接好两根钻杆，再将全部钻杆提起一段高度，并使两根井管在井口接好之后，即将接好的井管全部下入井内。第二根钻杆上端接头再用垫叉卡在井口枕木上。去掉提引器，准备提吊第

（a）钻杆托盘下管法　　　（b）托盘构造

图9-4　钻杆托盘下管法示意

1—钻杆；2—大绳；3—绳套；4—井管；

5—垫叉；6—托盘；7—反丝扣接头

三根钻杆上的井管，如此循环直至下完井管。

待全部井管下完及管外填砾已有一定高度，且使井管在井孔中稳定以后，才允许按正扣方向用力徐徐转动钻杆，使之与托盘脱离，然后将钻杆逐根提出井外。

二、悬吊下管法

悬吊下管法主要适用于钻机钻进，并且是由金属管材（钢管或铸铁管）和其他能承受拉力的管材建造而成的深井。该法是用钻机的起重设备提吊井管，全部井管的重量是由钻塔承担的，因此钻杆的抗拉强度、卷扬机的起重能力和钻塔的安全负荷是下管深度的控制条件。

该方法的特点是：下管速度快、施工安全，并且容易保证井管垂直。悬吊下管法的主要设备有：管卡、钢丝绳套、井架和起重设备（图9-5）。井架及起重设备，通常多是用钻机上的井架和卷扬机，但当钻机的起重能力不足时；则可采用浮板下管法，利用泥浆浮力来减轻井管重量。

图9-5　悬吊下管法示意图

1—钢丝绳套；2—井管；3—管箍；

4—铁夹板；5—方木

图 9-6　下管用管卡子

悬吊下管法的下管步骤较为简单，首先用管卡子（图 9-6）将底端没有木塞的第一根井管在箍下边夹紧，并将钢丝绳套套在管卡子的两侧，通过滑车将井管提吊起来下入孔内，使管卡子轻轻落在井口垫木上，随后摘下第一根井管的钢丝绳套，用同样的方法起吊第二根井管，并用绳索或链钳上紧丝扣，然后将井管稍稍吊起，卸开第一根井管上端的管卡子，向井孔下入第二根井管。按此方法直至将井管全部安装完毕。

第四节　管　外　填　封

一、管外围填的目的与方法

管外围填工作是指在下完井管以后，向井管外壁与井孔壁之间的环状空隙内围填滤料的这道工序。由于滤料一般多选用砾石，故通常也将围填滤料的工作简称填砾。管外围填滤料的目的是通过在管壁与孔壁之间的环状空隙填入滤料，以形成人工过滤层，可以增大滤水管的进水面积，减少滤水管给进水阻力；防止孔壁泥沙通进井内，从而起到增大井水量，减少井水的含砂量及延长井的工程寿命的目的。

（一）围填滤料的要求

1. 围填滤料的质量要求

除要求滤料的颗粒形状必须保证浑圆度好，不含泥土杂物，符合规格标准外，还要求在围填的过程中做到填砾及时和填砾均匀，以防止产生滤科的蓬塞或离析等不良现象，从而满足填砾的设计标准。

2. 围填滤料的数量要求

一般要求在围填滤料之前，应结合井孔和井管的规格及钻孔柱状圈，对所准备的砾石进行估算，在数量上应具备 10%～15% 的安全富余量，以防止在围填过程中因产生超径现象而造成滤料数量不足。

3. 围填砾石的厚度要求

在滤料质量符合标准的情况下，一般滤料有效厚度在 8～10cm 时即可起到滤水拦砂的作用。但实践证明；在井壁管直径一定的前提下，增大滤料的厚度，不仅可以有效地防止井内涌砂，而且还可以增大水井出水量。因此，在不过分增加钻井费用的前提下，适当地加大井孔的直径，增大填砾的厚度是完全必要的。

4. 围填滤料的高度要求

围填滤料高度应根据滤水管的位置确定，要求对所有设置滤水管的部位必须进行填砾，而且高度要高出含水层的隔水顶板 5～10m，以防止在洗井或抽水过程中因滤料发生下沉而产生滤水管涌砂等不良现象。

（二）围填的方法

在围填滤料的过程中必须随时丈量深度，并记录其填入的数量。围填过程中，必须要做到：从井管四周的井孔内慢慢均匀投撒，要绝对禁止大量集中从一侧倒入，以免形成柱塞或将井管拥斜。

一般每回填高度 3～5m 后，须测量一次，用铅丝拎上一个长 0.5～1.0m 的铁棍，其重量应是下入井内铅丝重量的1倍以上。不断测量的主要目的是为了核对填入滤料的体积与深度的关系是否对应。如果发现滤料没有下到预定位置，则说明发生了蓬塞现象。围填滤料时还应注意以下几点：

（1）当井管全部下入井孔后，应立即进行填料，以防止泥浆沉淀或孔壁坍塌。

（2）围填滤料的过程中，要防止滤料填不到预定位置，而中途蓬塞。

如果发现堵塞现象，可以采取适当的办法予以处理，通常采用的方法如下：

1. 振荡法

在滤水管上部使用活塞或小型抽砂筒进行有一定频率的抽动，可消除堵塞使滤料继续下沉。

2. 冲水填料法

在井内下入水管（或）钻杆，然后将井口封闭，向井管内送入稀泥浆或清水，使井管泥浆向上流动，即可冲破堵塞。

3. 反循环填料法

采用一专用水泵，将吸水管置入井管中，而将其出水管置于井管与井壁之间的空隙中。当开动水泵时，井壁内水位下降，而井壁外水位固定，于是在井壁管内外水头压力差的作用下，井管外的液体便向下流动，通过滤水管又流入井管内，并不断循环。在这种情况下，围填滤料不仅可以防止滤料的蓬塞，而且可以减少或免除滤料颗料大小离析现象的发生。

二、管外的封闭与隔离

为保证取水层的水质、水量不受其他含水层的影响，而将其他含水层进行封闭，使其不会沿井壁管串通到取水层或涌出地面的一种措施，称为封闭隔离。

（一）封闭隔离常用的材料

1. 水泥

水泥可用做封闭料，一般选用较高标号的硅酸盐水泥，使用时拌和成水泥浆，用钻杆或导管将水泥浆送至预定位置。一般在压力较高的含水层中用水泥封闭效果较差，并且会给以后井的修复造成困难，所以在一般情况下，不宜采用水泥封闭。

2. 黏土

农田灌溉机井多采用黏土封闭，其封闭效果也较好，但作为封闭材料的黏土，必须是质地纯洁，含砂量小的优质黏土。

（二）黏土封闭材料的制作

1. 天然状态的干黏土封闭

使用这样的黏土封闭时，要求使用经过分选的黏土碎块，块径 3～5cm，最好不要用黏土粉末，这是因为黏土粉末在下沉过程中会溶于泥浆中，影响封闭效果。经过筛选的干黏土块虽较黏土粉末好些，但其遇水后崩解的速度较快，所以也很少使用。

2. 采用黏土球进行封闭

选用优质的黏土加水掺和均匀后，制成直径 2～3cm 的黏土球，并要求大小均匀，滚圆度要好，阴干（勿暴晒），控制其含水量在10％左右。因为黏土经过人工拌合后，其颗粒间的结构较原始状态更为紧密，不再具有节理，所以在泥浆中的崩解速度，远较原始状态的干黏土块慢，一般超过30min才能彻底崩解，能够较理想地围填到预定位置。经试验，当黏土球崩解后，初期其体积被压缩10％时，其渗透系数为0.095m/昼夜；经过一段时间，当体积被压缩15％时，渗透系数进一步降低到0.006m/昼夜左右。由此可看出，使用黏土球封闭较易于控制，且有较好的封闭止水效果。

图 9-7　分段封闭隔离示意图

1—滤料；2—黏土封闭隔离

（三）封闭隔离的方法

1. 连续封闭隔离

当所取含水层比较单一，或在某一含水层段集中取水时，常采用这种方式。即当含水层部位的滤料围填完毕后，在其上部直至井口完全封闭，称为连续封闭。这种方式施工较为简便，封闭位置也易于掌握。

2. 分段封闭隔离

在多个含水层中取水时，若其中某个含水层因为某种原因而必须封闭隔离时，多采用这种方式封闭。如图9-7所示，含水层Ⅰ、Ⅲ作为取水层要围填滤料，含水层Ⅱ为有害水层须封闭隔离，而含水层Ⅰ以上至井口又须进行封闭，这种分段交错隔离的方法即称为分段封闭隔离方式。它能保证含水层Ⅰ、Ⅲ充分进水，而又不至于使含水层Ⅱ的水通过井壁管串通到其他取水含水层。这种隔离方式施工要求较高，对于每一层的围填都应精确测量与计算，预留其沉陷量。使用黏土球时，应按25％的沉陷量来考虑，一般不至于发生错位现象，可以保证有较好的封闭隔离效果。为了确保封闭质量，应对所采用黏土进行试验，以确定投填时黏土球的适宜含水量与崩解时间，每填完一段后应停2～3h，令其充分沉陷。

（四）高压含水层封闭

在高压含水层建井时，承压水会从井口涌出地面，若封闭隔离处理不好，不但会影响水质，而且还会造成井口附近地面的冲刷，因此封闭隔离必须采取一些专门措施以保证封闭质量。

高压含水层的封闭材料也是黏土或水泥浆，所不同的是：在相应于开始封闭部位的井管上绑扎数个棕皮或海带塞子，大小与井孔的直径相当，其作用是堵住井管与孔壁间的环状间隙，以减少承压水头，使封闭材料能落到封闭位置。

机井的井口封闭，也应给予特别注意。一般是在靠近井口2～3m处，用黏土围填并予以夯实，在适当的位置处，于井管外焊接一个与井孔直径相当的铁盘，使黏土与铁盘紧密接触，井口地面要铺设一定厚度的混凝土，以防止井口地面被渗水冲刷，如图9-8所示。

图 9-8　高压含水层中机井封闭示意图

1—井管；2—滤水管；3—棕皮或海带塞子；4—扶正器；5—水泥砂浆；6—黏土；7—铁盘图

第五节 洗 井 技 术

在钻井中，由于泥浆在井孔中反复地循环，除了在孔壁上形成泥皮而外，泥浆还会渗透到距井孔相当远的含水层的孔隙中，因而黏土颗粒便黏化堵塞了含水层的渗流通道，阻碍了地下水向井孔的运动。根据机井水力学的原理可知，越靠近机井的滤水管地下水的流速越大，如不改善这一带的透水性就会严重地影响井的出水量。

洗井的目的是为了清除井孔内的泥浆，破坏孔壁上的泥皮，冲洗掉井孔附近含水层中的泥沙等细颗粒物质，以便在滤水周围形成良好的天然反滤层，从而增大井孔周围含水层的渗透性，增大水井的涌水量。

一、洗井原理与要求

洗井的原理就是通过突然增压、减压或直接振荡以冲掉含水层中的细颗粒和破坏孔壁的泥皮，然后抽水以降低井中水位，使含水层中的地下水快速向滤水管运动，携带细颗粒流入井内而被抽除，于是可在滤水管外侧周围形成由粗到细的反滤层。洗井时间的长短直接关系着洗井的质量，具体每个含水层应洗多长时间，应根据不同含水层的性质和厚度而定，一般洗井所用时间的长短可参考表9-3，但仍需具体情况灵活掌握。

表9-3　　　　　　　　　　各类岩层洗井所用时间表　　　　　　　　单位：h

含水层岩性 洗井方法	中、细、粉砂层 或基岩弱裂隙带	中、粗砂层 或基岩强裂隙带	粗砂、卵石、砾石层 或岩溶
空压机洗井	72	60	48
井深<100m	15	20	20~25
150~200m	40	60	60~80

洗井时应按含水层的层次从上向下分层冲洗，以防止在洗井过程中，下部的洗井设备被从上部含水层中冲洗出来的细粒物质所掩埋。洗井也应该在围填滤料后立即进行，以防泥皮硬化后增加洗井的困难，甚至冲洗不掉。

二、洗井方法

洗井的方法很多，基本上可以分为两类：机械洗井法和化学洗井法，前者目前被普遍使用，而后者最有发展前途。

（一）机械洗井法

机械洗井法所采用的提水设备主要有：水泵、风泵（空气压缩机）、活塞等设备。下面仅对后两者进行简单的介绍。

1. 空压机洗井

利用空压机洗井，其实质上仍是抽水洗井。但与水泵洗井法相比较，这种洗井方法较为彻底，但设备较复杂，成本也较高。

（1）空压机洗井的原理。利用风管把由空气压缩机产生的高压气体输送到井下并使之

图 9-9 空压机抽水
安装示意图

1—风管；2—水管；3—混
合器；4—井壁管

与水混合，形成水气二相混合体，其体积增大、比重相应减小。在地下水压力及高压气体的顶托上举作用下，水气混合体便会不断涌出井口，从而使井内的水位随之下降，这样在滤水管内、外侧就形成一个水头差。在水头差的作用下，井管周围含水层中的地下水就会通过滤水管急速流向井内，从而便可冲掉泥皮，同时携带含水层中的细颗粒也进入井内，即达到洗井目的。如果将从风管出来的高压气体直接冲洗滤水管，使高压气体的能量直接作用于孔壁的泥皮，则会提高洗井的速度和洗井的效果。若在空气压缩机与风管的连接处接有放气闸阀，可在抽水过程中，定时控制该闸阀放气，以调整井内的空气压力，使井中的水位猛起猛落，则可形成强烈激荡的水流而从滤水管孔眼喷出，更能提高洗井效果（图 9-9）。

（2）空压机洗井的使用条件。空压机洗井效果的好坏，在很大程度上取决于沉没比选择的正确与否。

混合器在动水位以下的淹没深度与混合器中心至出水口的距离之比称为沉没比 α。

$$\alpha = \frac{H}{H+h} \tag{9-1}$$

式中　H——混合器在动水位以下的沉没度，m；

　　　h——动水位至出水管口的距离，m；

　　$H+h$——水气混合液的提升高度，m。

沉没比越大，水、气混合得越好，提升单位体积的水量所需要的空气量（即气水比耗值）越小。通常要求沉没比为 $50\%\sim60\%$，若沉没比小于 50%，水、气混合不好，洗井效果差。所以对于有些深度比较浅、而水位埋藏较深的机井，便无法使用空压机洗井。

但沉没比过于大（即混合器在动水位以下的沉没度太大），则所要求的空气压缩机的启动压力也就越大。而启动压力受空气压缩机额定压力的限制，所以当混合器在动水位以下的沉没度大于空气压缩机的额定压力时，就会因启动压力过小，而抽不上水来。

抽水时的启动压力 P_0 的计算：

$$P_0 = P + \Delta P \approx 0.1(H + h - h_o + 2) \tag{9-2}$$

式中　P——混合器的中部至天然水位的静水压力，Pa；

　　ΔP——风管阻力，一般为 1.96×10^4 Pa；

　　h_o——静水位至出水口的距离，m。

抽水时的工作压力：

$$P_n = 0.1(H + P_l) \; (\text{Pa}) \tag{9-3}$$

式中　P_l——输水途中的压力损失，一般换算为 m，通常为 $2\sim3$，最大不超过 5。

风量 V 是指每提升 1m^3 水所需压缩空气的体积，风量的大小与出水量的大小有十分密切的关系。

$$V = K \frac{h}{2.3 Lg \frac{H+10}{10}} \qquad (9-4)$$

式中 K——经验数值，可按 $K=2.17+0.016$ 计算。

（3）空压机洗井器材规格的选择。选择空压机洗井时，主要应考虑机井的井管直径、地下水埋深及井的深度和可能出水量等因素而定，主要器材的各种规格见表9-4～表9-6。

表 9-4   常用空压机规格性能表

设备类型/m³	9	6	3
组装形式	移动式柴油机带动	移动式柴油机带动	移动式电动机带动
风量/(m³/min)	9	6	3
风压/(kg/cm²)	7	7	7
形式	2级4缸直立式空气冷却	2级压缩	2级压缩
传动方式	摩擦法离合器连接	摩擦法离合器连接	电动机直接传动
动力机	80马力柴油机	60马力柴油机	30马力柴油机
转速/(r/min)	860	1200	730
外形尺寸(长×宽×高)/(m×m×m)	4.5×2×2.3	3.0×2.0×2.2	2.83×1.6×1.8
全机重量/kg	5600	3910	1900

表 9-5   各类井适用的空压机容量

含水层的种类	井的口径/mm	井的出水量/(m³/h)	适用的空压机容量/(m/min)
细砂、中砂	200～250	60～80	6
粗砂	200～300	80～125	6
砂砾	250～350	125～200	6～9
卵石	300～330	200～330	9

表 9-6   空压机洗井常用的水管、风管规格

井的出水量（m³/h）	井的滤水管直径/mm	井的直径/mm	风管直径/mm
12～16	100	75	25
16～20	125	89	25
20～40	150	100	32
40～60	200	125	38
80～125	250～300	150	38
160～250	300～400	200～250	50～75

从表9-4～表9-6中可以看出，选择空压机型号时，主要根据机井滤水管的直径和其可能出水量的大小，可确定空压机的型号和水管、风管的直径等。水管、风管长度则根据井的深度和动水位的深度而定。

（4）空压机洗井的方法。利用空压机洗井的方式，根据水管和风管的相互位置可分为同心式和并列式两种，如图9-10和图9-11所示。

图9-10 同心式洗井
安装示意图
1—出水管；2—风管；3—水槽；
4—压力表；5—放气阀

图9-11 并列式洗井
安装示意图
1—出水管；2—风管；3—空压机

同心式的洗井方式是将风管安装在输水管内，它适用于口径较小的机井，安装较为方便，但气、水混合均匀性较差，过水断面小，因而抽水量也小，洗井时间便要延长，洗井效果也较差。

并列式洗井方式，风管与输水管并列安装在井内，但风管嘴接在输水管的侧面，这种安装方法适用于口径较大的水井，由于气、水混合均匀，洗井效果较前种要好，但安装较为复杂，尤其是移动冲洗位置时，升降较为不便，故较上法使用为少。

2. 活塞洗井

活塞洗井是一种简单而有效的洗井方式。它适于各种井型（包括筒井与管井），如与空压机联合洗井，则可大大降低费用和提高洗井效率。

图9-12 木制活塞示意图
1—活门；2—排水孔；3—橡胶
带；4—木塞；5—钻杆；
6—铅丝

（1）活塞的构造。活塞的构造形式很多，按制作材料可分为木制和铁制两种。

1）木制活塞。木制活塞是将两瓣半圆的木合卡在钻杆或抽筒上而组成活塞（图9-12），活塞的中间部位钉上橡胶以保证能与井管紧密接触。这种形式适用于金属井管。如用于水泥类的井管时，活塞可加2~3个，但活塞的直径要比井管的内径小40~50mm，活塞的外周应紧扎宽20~30mm的橡胶带或汽车内胎，以防冲击井管。为避免使活塞下降时受阻，卡在钻杆上的活塞上应设有排水孔，卡在抽筒上的活塞则由抽筒的活门起排水作用。

2）铁制活塞。如图9-13所示，在钻杆上安装一个或数个由数个法兰盘夹紧的橡胶板以构成活塞，为不使活塞下降时受阻，在活塞上部的钻杆上设有排水孔，下端则装有进水活门。此种形式主要适于安装金属井管的机井。

（2）活塞洗井的原理和方法。活塞洗井的原理是当活塞上提时，在活塞的下部形成很大的负压，含水层的地下水急速向井内流动，冲破井壁上的泥皮并把含水层中的细粒物质带入井内；当活塞下降时，又将井中的水从滤水管孔眼处压出，以冲击泥皮和含水层。如此反复将活塞提拉，就会在短时间内将孔壁上的泥皮全部破坏，并随水流流入到井内，最后用抽砂筒或空压机将井底淤积的物质抽出井外（图9-14）。

图9-13 铁制活塞示意图
1—带花眼钻杆；2—法兰盘；3—橡胶板；
4—隔离木套管；5—钻杆；
6—紧固螺母

图9-14 活塞洗井原理示意图
（箭头表示地下水在含水层中流动方向）

在使用活塞洗井时，要注意不能使用直径过大的活塞，以防过紧而卡死在井管中。尤其是木制活塞更要注意。

活塞洗井时，活塞提拉的速度不宜太快，一般控制在0.5～1.0m/s，每个含水层部位活塞提拉的时间不能太长，不宜追求水清砂净，一般用活塞提拉到水中的泥沙含量显著减小时即应停止，再配合其他方法缓慢冲洗，直到达到要求。

（二）化学洗井法

化学洗井法是近些年来国内外正在发展的一种新式的洗井方法。这种方法具有操作简便、成本低廉的优点，特别是对于因化学或生物化学作用而产生堵塞的水井，其洗井效果远比机械法洗井要好得多，尤其是对位于碳酸岩盐含水层中水井，化学洗井还可起到扩大裂隙岩溶通道的作用。目前采用的化学洗井方法主要有液态二氧化碳洗井和多磷酸钠盐洗井法。

1. 液态二氧化碳洗井

液态二氧化碳洗井具有设备简单、成本低廉、节省时间、不受水井条件制约等优点。该法常用于机械洗井效果不好的水井中，现简要介绍其洗井的原理和方法。

液态二氧化碳是二氧化碳气体在一定压力、温度条件下的产物。根据实验，二氧化碳

气体在 $5.099 \times 10^5 Pa$ 的压力、$-37℃$ 的温度条件下即可液化；也能在 $71.44 \times 10^5 Pa$ 的压力、$31.2℃$ 的温度条件下液化。装在氧气瓶中的液态二氧化碳的压力，随着温度的变化而剧烈地变化。实验表明，当温度从 $-25℃ \rightarrow 0℃ \rightarrow 45℃$ 时，其压力相应的由 $16.2 \times 10^5 Pa \rightarrow 30.4 \times 10^5 Pa \rightarrow 109.4 \times 10^5 Pa$。

二氧化碳洗井的基本原理是：通过高压管将液态二氧化碳送入井下，经过吸热和降压后使其气化，体积急剧膨胀，形成水气二相混合体，比重变小，在井下产生强大的、高压的水气流。急速上升的水气流可以破坏井壁上的泥浆皮，并将井内的泥沙携带至地表，同时井内的地下水位迅速下降，在井壁的内、外侧形成水头差。在水头差的作用下，含水层中的水即迅速涌入井内，并疏通被充填的空隙通道，所携带的细颗粒即随之喷出井口，这样就达到了洗井的目的（图 9-15）。

图 9-15 二氧化碳洗井设备安装示意图
1—压力表；2—高压阀门；3—管；4—高压软管；
5—高压硬软管；6—二氧化碳线；7—三通；
8—钻杆；9—井孔

在碳酸岩及含石膏等可溶岩地层中洗井时，可先向井内注入一定数量的盐酸，静候 $2 \sim 3h$ 后，再注入液态二氧化碳。这时液态二氧化碳由于吸热膨胀而产生压力，先将盐酸压入裂隙岩溶通道深部，起到加速溶解可溶岩和扩大裂隙通道的作用，而后被溶解的物质又随着井喷被携带至地表，使用这种洗井方法，一般可明显地增大水井的出水量。有时在碳酸岩盐的水井中，即使是只注入盐酸，也可因化学反应生成大量的 CO_2 气体而形成井喷。

试验统计资料表明，采用液态二氧化碳洗井，比用常规方法洗井可提高水井的出水量数倍（最大达 27 倍），同时可省大量的动力材料，节省费用在 50% 以上。因此，是一种值得大力推广的洗井方法。

2. 多磷酸钠盐洗井法

目前在洗井中使用的多磷酸钠盐有：六偏磷酸钠 $[(NaPO_3)_6]$、三聚磷酸钠 $(Na_5P_3O_{10})$、焦磷酸钠 $(Na_4P_2O_7)$ 和磷酸三钠 (Na_3PO_4) 等。现以在洗井中经常使用的工业用焦磷酸钠 $(Na_4P_2O_7)$ 为例来说明该方法的原理。

工业用焦磷酸钠又称为无水焦磷酸钠，白色粉末状，易溶于水，呈碱性（pH 值＝9.2），对钢材腐蚀性较小，而且价格比较便宜，故易于野外批量使用。

焦磷酸钠洗井的方法如下：首先下置井管，待滤料填至设计高度后，即用泥浆泵将浓度为 $0.6\% \sim 0.8\%$ 的焦磷酸钠溶液注入井管的内、外侧（先管外，后管内，焦磷酸钠溶液的注入量要与含水层或含水段井筒的内体积大致相等），然后继续完成管外的止水回填工作。待静止 $5 \sim 6h$ 后，焦磷酸钠与黏土粒子充分结合后，即可用其他方法洗井。

由于各种多磷酸盐在不同化学性质的水溶液中具有不同的化学活性，因此采用多磷酸盐洗井时，应根据当地地下水的化学性质及土壤中的含盐成分来具体确定选用哪种多磷酸盐类。

第六节 井的验收与管理

一、成井的验收

水井竣工后，当其质量基本符合设计标准时方能交行使用，故应根据各项设计指标进行验收。

1. 水井验收的主要项目

（1）井斜。指井管安装完毕后，其中心线对铅直线的偏斜度。当孔深小于 100m 时，孔斜不大于 1°；当孔深大于 100m 时，孔斜不大于 3°。

（2）滤水管的位置。滤水管安装位置必须与含水层位置相对应，其深度偏差不能超过 0.5～1.0m。

（3）滤料及封闭围填的材料。除滤料的质量应符合规格要求外，其围填数量与设计数量不能相差太大，一般要求填入数量不能少于计算数量的 95%。

（4）出水量。当设计资料与钻孔资料相符时，井的出水量不应低于设计出水量。

（5）含砂量。井水含砂量，在粗砂、砾石、卵石含水层中，其含砂量应小于 1/5000；在细砂、中砂含水层中，其含砂量应小于 1/5000～1/10000。

（6）含盐量。对灌溉井来说，如在咸水地区的钻孔，其水的总含盐量不应超过 3g/L。对生活饮用水及加工副业用水的水质要求：除水的物理性质应是无色、无味、无嗅；化学成分应与附近勘探孔或附近生产井近似外，并应结合设计用水对象的要求验收。

2. 水井验收的主要文件资料

（1）水井竣工说明书。该文件是施工中的技术文件，应简要描述施工情况、变动设计的理由和基本技术资料，如井孔柱状图（其中包括岩石名称、岩性描述、岩层深度及厚度等），电测井曲线，水井竣工结构图，抽水试验数据和水质资料以及水井竣工综合图表等。

（2）水井使用说明书。该文件内容包括：为防止水井结构的破坏和水质的恶化，而提出的维护建议和要求，对水井使用中可能发生的问题提出维修方案和建议，并提出水井最大可能出水量和建议的提水设备等。

二、管井的使用

管井使用的合理与否，将影响其使用年限。生产实践中表明，很多管井由于使用不当，出现水量衰减、漏砂，甚至早期报废。管井使用应注意以下问题：抽水设备的出水量应小于管井的出水能力，建立管井使用卡制度，严格执行必要的管井、机泵的操作规程和维修制度，管井周围应按卫生防护要求保持良好的卫生环境和进行绿化。

三、管井出水量减少的原因和恢复及增加出水量的措施

1. 管井出水量减少的原因及恢复出水量的措施

在管井使用过程中，往往会有出水量减少现象。其原因很多，问题也较复杂，通常有管井本身和水源两方面的原因。属于管井原因，除抽水设备故障外，一般都为过滤器或其

周围填砾、含水层填塞造成的，在采取具体消除故障措施之前，应掌握有关管井构造、施工、运行资料和抽水试验、水质分析资料等，对造成堵塞的原因进行分析、判断，然后根据不同情况采取不同措施，如：更换过滤器、修补封闭漏砂部位、清除过滤器表面的泥沙、洗井等。属于水源方面的原因很多，如长期超量开采引起区域性地下水位下降，或境内矿山涌水及新建水源地的干扰等，使管井出水量减少和吊泵。对此，应开展区域水文地质调查研究，开展地下水位和开采量的长期动态观测，查明地下水水位下降漏斗空间分布的形态、规模及其发展的规律、速度、原因。在此基础上采取下列措施：调整管井的布局，变集中开采为分散开采；调整管井的开采量，必要时关闭一部分位于漏斗中心区的管井；对矿山开展防止水工作，以减少矿坑涌水量，并研究矿坑排水的利用问题；协调并限制新水源地的建设与开发；寻找开发新水源加强地下水的动态监测工作，实行水资源的联合调度和科学管理。

2. 增加管井出水量的措施

增加管井出水量的措施有真空井法、爆破法和酸处理法。真空井法是将井管的全部或部分密闭，抽水时，使管井处于负压状态下进水，已达到增加出水量的目的；爆破法适用于基岩井，通常是将炸药和雷管封置在专用的爆破器内，用钢丝吊入井中预定位置，用电起爆，以增强裂隙、岩溶含水量的透水性；对于石灰岩地区的管井可采用注酸的方法，以增大或串通石灰岩的裂隙或溶洞，增加出水量。

第十章　地下水其他取水工程

第一节　大　口　井

大口井是开采浅层地下水的一种主要取水构筑物，是我国除管井之外的另一种应用比较广泛的地下水取水构筑物。小型大口井构造简单、施工简便易行、取材方便，故在农村及小城镇供水中广泛采用，在城市与工业的取水工程中则多用大型大口井。对于埋藏不深、地下水位较高的含水层，大口井与管井的单位出水能力的投资往往不差上下，这时取水构筑物类型的选择就不能单凭水文地质条件及开采条件，而应综合考虑其他因素。

大口井的优缺点：大口井不存在腐蚀问题，进水条件较好，使用年限较长，对抽水设备型式限制不大，如有一定的场地且具备较好的施工技术条件，可考虑采用大口井。但是，大口井对地下水位变动适应能力很差，在不能保证施工质量的情况下会拖延工期、增加投资，亦易产生涌砂（管涌或流沙现象）、堵塞问题。

一、大口井的结构构造

大口井的主要组成部分是上部结构、井筒及进水部分（图 10-1）。

1. 上部结构

上部结构情况主要与水泵站同大口井分建或合建有关，这点又取决于井水位（动水位与静水位）变化幅度、单井出水量、水源供水规模及水源系统布置。如果井的水位下降值较小、单井出水量大、井的布置分散或者相反、仅 1~2 口井即可达到供水规模要求时，可考虑泵站与井合建。

为便于安装、维修、观测水位，泵房底板多设有开口，开口布置形式有三种：半圆形、中心筒形及进人孔（图 10-2）。开口形式主要应根据泵站工艺布置及建筑、结构方案确定。

当地下水位较低或井水位变化幅度大时，为避免合建泵房埋深过大，使上部结构复杂化，可考虑深井泵取水。泵房与大口井分建，则大口井上部可仅设井房或者只设盖板，后一种情况在低洼地带（河滩或沙洲），可经受洪水冲刷和淹没（需设法密封）。这种情况下，构造简单，但布置不紧凑。

2. 井筒

井筒通常用钢筋混凝土浇筑或用砖、石、预制

图 10-1　大口井的结构构造（单位：m）

1—井筒；2—吸水管；3—井壁进水孔；
4—井底反滤层；5—刃脚；
6—通风管；7—排水坡；
8—黏土层

（a）半圆形　　　　　（b）中心筒形　　　　　（c）进人孔

图 10-2　大口井泵站底板开口形式

混凝土圈砌筑而成，包括井中水上部分和水下部分。其作用是加固井壁、防止井壁坍塌及隔离水质不良的含水层。井筒的直径应根据水量计算、允许流速校核及安装抽水设备的要

（a）圆筒形　　（b）截头圆锥形　（c）阶梯圆筒形

图 10-3　大口井井筒外形

求来确定。井筒的外形通常呈圆筒形、截头圆锥形、阶梯圆筒形等（图 10-3），其中的圆筒形井筒易于保证垂直下沉，节省材料，受力条件好，利于进水。有时在井筒的下半部设有进水孔。在深度较大的井筒中，为克服较大下沉摩擦阻力，常采用变截面结构的阶梯状圆形井筒。

用沉井法施工的大口井，在井筒的最下端应设有刃脚。刃脚一般由钢筋混凝土构成，施工时用以切削地层，便于井筒下沉。为减少井筒下沉时的摩擦力和防止井筒在下沉过程中受障碍物的破坏，刃脚外缘应比井筒凸出 10cm 左右。

3. 进水部分

进水部分包括井壁进水孔（或透水井壁）和井底反滤层。井壁进水孔分水平孔和斜形孔两种形式，水平孔施工容易，采用较多。壁孔一般为 100～200mm 直径的圆孔或 100mm×150mm～200mm×250mm 矩形孔，交错排列于井壁，其孔隙率在 15% 左右。为保持含水层不渗透性，孔内装填一定级配的滤料层，孔的两侧设置不锈钢丝网，以防滤料漏失。水平孔不易按级配分层加填滤料，为此也可应用预先装好滤料的铁丝笼填入进水孔。

斜形孔多为圆形，孔倾斜度不宜超过 45°，孔径为 100～200mm，孔外侧设有格网。斜形孔滤料稳定，易于装填、更换，是一种较好的进水孔形式。

进水孔中滤料可分两层填充，每层为半井壁厚度。与含水层相邻一层的滤料粒径，可按式（10-1）确定：

$$D \leqslant (7{\sim}8)d_i \qquad\qquad (10-1)$$

式中　D——与含水层相邻一层滤料的粒径；

d_i——含水层颗粒的计算粒径，对细、粉砂，$d_i = d_{40}$；中砂，$d_i = d_{30}$；粗砂，$d_i = d_{20}$。d_{40}、d_{30}、d_{20} 分别表示含水层颗粒中某一粒径，小于该粒径的颗粒重量占总重量的 40%、30%、20%。两相邻滤料层粒径比一般为 2～4。

大口井井壁进水孔易于堵塞，多数大口井主要依靠井底进水，故大口井能否达到应有的出水量，井底反滤层质量是重要因素，如反滤层铺设厚度不均匀或滤料不合规格都有可

能导致堵塞和翻砂，使出水量下降。

二、大口井的设计要点

大口井的设计步骤和管井类似，但还应注意以下问题：

（1）大口井应选在地下水补给丰富、含水层透水性良好、埋藏浅的地段。集取河床地下水的大口井，除考虑水文地质条件外，应选在河漫滩或一级冲积阶地上。

（2）适当增加井径是增加水井出水量的途径之一。同时，在相同的出水量条件下，采用较大的直径，也可减小水位降值，降低取水电耗，降低进水流速，延长使用年限。

（3）由于大口井井深不大，地下水位的变化对井的出水量和抽水设备的下沉运行有很大影响。对于开采河床地下水的大口井，因河水位变幅大，更应注意这一情况。为此，在计算井的出水量和确定水泵安装高度时，均应以枯水期最低设计水位为准，抽水试验也以在枯水期进行为宜。此外，还应注意到地下水位区域性下降的可能性以及由此引起的影响。

三、大口井的施工

大口井的施工方法有大开挖施工法和沉井施工法两种。

1. 大开挖施工法

大开挖施工法即在开挖的基槽中进行井筒砌筑或浇筑及铺设反滤层工作。其优点是井壁比沉井施工法薄，且可就地取材，便于井底反滤层施工，可在井壁外围回填滤料层，改善进水条件；但在深度大水位高的大口井中，施工土方量大，排水费用高。因此，此法适用于建造直径小于 4m、井深 9m 以内的大口井，或地质条件不宜采用沉井施工法的大口井。

2. 沉井施工法

沉井施工法是在拟建井位处先开挖基坑，然后在基坑上浇筑带有刃脚井筒，待井筒达到一定强度后，即可在井筒内挖土，这时井筒在自重或靠外加重量切土下沉，随着井内继续挖土，井筒不断下沉，直至设计井深为止。

第二节　辐　射　井

辐射井是由集水井（垂直系统）及水平向或倾斜状的进水管（水平系统）联合构成的一种井型，属于联合系统的范畴。因水平进水管是沿集水井半径方向铺设的辐射状渗入管，故称这种井为辐射井。由于扩大了进水面积，其单井出水量为各类地下取水构筑物之首。高产的辐射井日产水量可达 10 万 m^3 以上。因此，也可作为旧井改造和增大出水量的措施。

一、辐射井的形式

辐射井按集水井本身取水与否分为：集水井井底与辐射管同时进水与集水井井底封闭仅辐射管进水两种形式。前者适用于厚度较大的含水层。

按辐射管铺设方式，辐射井有单层辐射管（图 10-4）和多层辐射管两种。前者适用于只开采一个含水层时；后者在含水层较厚或存在两个以上含水层，且水头相差不大时采用。

辐射井按其集取水源及辐射管平面布置方式的不同，又可分为以下几种形式：集取一般地下水，如图 10-5（a）所示；集取河流或其他地表水体渗透水，如图 10-5（b）、（c）所示；集取岸边地下水和河流渗透水的辐射井，如图 10-5（d）所示；集取岸边和河床地下水的辐射井，如图 10-5（e）所示。

图 10-4　单层辐射管辐射井（单位：m）　　　图 10-5　按补给条件与布置方式分类的辐射井

二、辐射井的结构构造

1. 集水井

集水井又称为竖井，其作用是汇集由辐射管进来的水和安装抽水设备等，对于不封底的集水井还兼有取水井的作用。我国一般采用不封底的集水井，以扩大井的出水量。

集水井的深度视含水层的埋藏条件而定。多数深度在 10～20m 之间，也有深达 30m 者。根据黄土区辐射井的经验，为增大进水水头，施工条件允许时，可尽量增大井深，要求深入含水层深度不小于 15～20m。

2. 辐射孔（管）

松散含水层中的辐射孔中一般均穿入滤水管，而对坚固的裂隙岩层，可只打辐射孔而不加设辐射管。辐射管上的进水孔眼可参照滤水管进行设计。

辐射管的材料多为直径 50～200mm、壁厚 6～9mm 的穿孔钢管，也有用竹管和其他管材的。管材直径大小与施工方法有密切关系。当采用打入法时，管径宜小些；若为钻孔穿管法，管径可大些。

辐射管的长度，视含水层的富水性和施工条件而定。当含水层富水性差、施工容易时，辐射管宜长一些；反之，则短一些。目前生产中，在砂砾卵石层中多为 10～20m；在黄土类土层中多为 100～120m。

辐射管的布置形式和数量多少，直接关系到辐射井出水量的多少与工程造价的高低，因此应密切结合当地水文地质条件与地面水体的分布以及它们之间的联系，因地制宜地加以确定。在平面布置上，如在地形平坦的平原区和黄土平原区，常均匀对称布设 6～8 根；如地下水水面坡度较陡、流速较大时，辐射管多要布置在上游半圆周范围内，下游半圆周少设，甚至不设辐射管；在汇水洼地、河流弯道和河湖库塘岸边，辐射管应设在靠近地表水体一边，以充分集取地下水（图 10-6）。在垂直方面上，当含水层薄但富水性好时，可布设 1 层辐射管；当含水层富水性差但厚度大时，可布设 2～3 层辐射管，各层间距 3～5m，辐射管位置应上下错开。辐射管尽量布置在集水井底部，最底层辐射管一般离集水井底 1～1.5m，以保证在大水位降条件下取得最大的出水量。最顶层辐射管应淹没在动水位以下，至少应保持 3m 以上水头。

（a）漫滩或阶地型　　　（b）河曲型　　　（c）潜水盆地型

图 10-6　辐射管平面布置示意图

三、辐射井的施工

辐射井的集水井和辐射管（孔）的结构不同，施工方法和施工机械也完全不同，下面分别叙述。

1. 集水井的施工方法

集水井的施工方法基本相似于大口井。除人工开挖法和机械开挖法外，还可用钻孔扩孔法施工。钻孔扩孔法是用大口径钻机直接成孔，或用钻机先打一口径较小的井孔，然后用较大钻头一次或数次扩孔，到设计孔径为止。井孔打成之后用漂浮法下井管。此法适宜井径不很大的集水井。

2. 辐射管的施工方法

辐射管的施工方法基本上可分为顶（打）进法和钻进法两种。前者适用于松散含水层，而后者适合于黄土类含水层。

顶进法是采用 1000kN 或更大的油压千斤顶，将长 1.5m 左右的短节穿孔钢管逐节陆续压入含水层中。顶进法需配合水枪作业，所需供水压力 30～80N/cm^2，孔口流速在砂类含水层为 15m/s 左右，在卵石类含水层为 30m/s。

目前，先进的顶进法是在辐射管的最前端装有一个空心铸钢特制的锥形管头，并在辐射管内装置一个清砂管。在辐射管被顶进的过程中，含水层中的细砂砾进入锥头，通过清砂管带到集水井内排走。同时可将含水层中的大颗粒砾石推挤到辐射管的周围，形成一条天然的环形砂砾反滤层。

钻进法用的水平钻机的结构和工作原理与一般循环回转钻进相似，但钻机较轻便且钻进方向不同，目前推广应用的水平钻机有 T_Y 型、SPZ 型和 S_X 型，其性能见有关手册。

第三节　截潜流工程

在河床有大量冲积的卵石、砾石和砂等的山区间歇河流，或一些经常干涸断流，但却有较为丰富的潜流的河流中上游，山前洪积扇溢出带或平原古河床，可采用管道或渗渠来截取潜流，这种截取潜流的建筑物，一般通称为截潜流工程，即地下水截流工程。

截潜流工程的优点是：既可截取浅层地下水，也可集取河床地下水或地表渗水；集取的水经过地层的渗滤作用，悬浮物和细菌含量少，硬度和矿化度低，兼有地表水与地下水的优点；并且可以满足北方山区季节性河段全年取水的要求。其缺点是：施工条件复杂、造价高、易淤塞，常有早期报废的现象，应用受到限制。

一、截潜流工程的结构、形式与构造

（一）截潜流工程的结构

截潜流工程通常由进水部分、输水部分、集水井、检查井和截水墙组成（图 10-7），下面分别叙述各部分。

图 10-7　截潜流工程示意图

1—等高线；2—河槽；3—引水渠；4—截水墙；5—集水井；6—扬水站；
7—干河床；8—集水廊道

1. 进水部分

主要作用是集取地下潜流，多用当地材料砌筑的廊道或管道构成。进水部分留有进水孔，周围填以合格的砾石滤料。

2. 输水部分

将进水部分汇集的水输送往明渠或集水井，以便自流引水或集中抽水。输水管道一般不进水，敷设有一定的坡度。

3. 集水井

用于储存输送来的地下水，通过提水机具，将地下水提到地面上来。若地形条件允许自流时可不设集水井，直接引取地下水储蓄或自流灌溉，可以利用闸门调节水量。

4. 检查井

当输水部分较长时,应在管道转弯处、变径衔接处或每隔 50～70m 设置检查井用以供通风、疏通、清淤、修理及观察管道工作状况等。当输水部分在 100m 之内时,为了防止洪水淹没,在河床中可不设检查井,而只在河岸边输水部分与进水部分衔接处设置。

5. 截水墙

截水墙又称暗坝或地下坝。当含水层小于 10～15m、不透水层浅时,为了增大截潜水量,用当地材料拦河设置不透水墙,将集水管道或廊道埋设于墙脚迎水面一侧,建成完整式截潜工程;如冲积物厚度较大,用截水墙不容易截断潜流时,可视具体条件,不设置截水墙或部分设置截水墙,构成不完整截潜工程。

(二) 截潜流工程形式与构造

1. 按截潜流工程的完整程度的不同分类

(1) 完整式。适用于砂砾石层厚度不大的河床地区。

(2) 非完整式。适用于砂砾石层厚度较大的河床地区。

2. 按截潜流工程结构和流量大小的不同分类

(1) 明沟式。适用于流量较大的地区。

(2) 暗管式。适用于流量较小的地区。

(3) 盲沟式。用卵砾石回填的集水沟,适用于流量较小的地区。

截潜流工程的基本组成部分是水平集水管、集水井、检查井和泵站。

集水井一般为穿孔钢筋混凝土管、混凝土管;水量较小时,可用铸铁管、陶土管;也可采用浆砌块石或装配式混凝土暗渠。

在集水管外须设置人工反滤层,以防止含水层中细小砂粒堵塞进水孔或使集水管产生淤积。人工反滤层对于渗渠十分重要,它的质量将影响渗渠的出水量、水质和使用年限。

铺设在河滩和河床下的渗渠构造如图 10-8 所示。人工反滤层一般为 3～4 层,各层级配最上一层填料粒径是含水层或河砂颗粒粒径的 8～10 倍,第二层填料粒径是第二层的 2～4 倍;依此类推,最下一层填料的粒径应比进水孔略大。

(a) 铺设在河滩下的渗渠　　　　(b) 铺设在河床下的渗渠

图 10-8 渗渠人工反滤层构造

为了避免各层中颗粒出现分层现象,填料颗粒不均匀系数 $\frac{d_{60}}{d_{10}} \leqslant 10$,其中,$d_{60}$、$d_{10}$ 为填料颗粒中按全量计算有 60%、10% 的粒径小于这一粒径。各层填料厚度原则上应大于 $4～5d_{max}$,d_{max} 为填料中最大颗粒的粒径,为安全起见,可取 200～300m。

为便于检修,在集水管直线段每隔 50～100m 及端部、转角处、断面变换处设检查井。洪水期能淹没的检查井井盖应密封,并用螺栓固定,以防洪水冲开井盖,涌入泥沙,淤塞渗渠。

二、截潜流工程的位置选择

截潜流工程的位置选择是其设计中一个重要并且复杂的问题（对集取河床渗透水的渗渠更是如此），有时甚至关系到工程的成败。选择渗渠位置时不仅要考虑水文地质条件，还要考虑河流的水文条件，要预见到取水条件的种种变化，其选择原则有以下几点：

（1）选择在河床冲积层较厚的河段，并且应避免有不透水的夹层（如淤泥夹层之类）。

（2）选择在水力条件良好的河段，如河床冲淤相对平衡河段（靠近主流、流速较急、有一定冲刷力的凹岸，避免河床淤积影响其渗透能力）、河床稳定的河段，（因河床变迁、水流偏离渗渠都将影响其补给，导致出水量降低），这必须通过对长期观测资料进行分析和调查研究确定。

（3）选择具有适当地形的地带，以利于取水系统的布置，减少施工、交通运输、征地及场地整理、防洪等有关费用。

（4）如果考虑建立潜水坝，则应选择河谷（指河床冲积层下的基岩）束窄、基岩地质条件良好的地带。

（5）应避免易被工业废弃物淤积或污染的河段。

三、截潜流工程的布置方式

截潜流工程的布置是发挥其工作效益、降低工程造价与运行维护费用的关键之一，在实际工程中，应根据补给来源、河段地形与水文、施工条件等而定，一般有以下几种布置方式：

（1）平行于河流布置（图10-9）。当河床地下水和岸边地下水均较充沛且河床较稳定时，可采用平行于河流沿河漫滩布置，以便同时集取河床地下水和岸边地下水，施工和检修均较方便。工程通常敷设于距河流 30～50m 处的河漫滩下；如果河水较浑，则以距河流 100～150m 为好。

（2）垂直于河流布置（图10-10）。当岸边地下水补给较差、河床含水层较薄、河床地下水补给较差且河水较浅时，可以采用此种方式集取地表水。这种布置方式以集取地表水为主，施工和检修均较困难，且出水量、水质受河流水位、河水水质影响较大，且其上部含水层极易淤塞，造成出水量迅速减少。

（3）平行和垂直组合布置（图10-11）。此类布置方式能较好地适应河流及水文地质

图 10-9　平行于河流布置

图 10-10　垂直于河流布置

图 10-11　平行和垂直组合布置

条件的多种变化，能充分截取岸边地下水和河床渗透水，出水量比较稳定，如果在冬季枯水期可以得到岸边地下水的补给。

不论采用哪种布置方式，都应经过经济技术比较，因地制宜地确定。

参 考 文 献

［1］ 戚筱俊 . 工程地质水文地质 ［M］. 2 版 . 北京：中国水利水电出版社，1999.

［2］ 麻效祯 . 地下水开发利用 ［M］. 北京：中国水利水电出版社，1999.

［3］ 王大纯，张人权，史毅虹，等 . 水文地质学基础 ［M］. 北京：地质出版社，2003.

［4］ 薛禹群 . 地下水动力学 ［M］. 北京：地质出版社，1997.

［5］ 全达人 . 地下水利用 ［M］. 北京：中国水利水电出版社，1996.

［6］ 刘兆昌，李广贺，朱坤 . 供水水文地质 ［M］. 北京：中国建筑工业出版社，1998.

［7］ 方文藻，李予国，李琳，等 . 瞬变电磁测深法原理 ［M］. 西安：西北工业大学出版社，1993.

［8］ 牛之琏 . 时间域电磁法原理 ［M］. 长沙：中南大学出版社，2007.

［9］ 山东省水利科学研究所 . 电测找水 ［M］. 济南：山东人民出版社，1973.

［10］ 刘春华，李其光，宋中华，等 . 水文地质与电测找水技术 ［M］. 郑州：黄河水利出版社，2008.

［11］ 张保祥，刘春华 . 瞬变电磁法在地下水勘查中的应用综述 ［J］. 地球物理学进展，2004，19（3）：537－542.

［12］ 傅良魁 . 电法勘探文集 ［M］. 北京：地质出版社，1986.

［13］ 刘俊民 . 工程地质及水文地质 ［M］. 北京：中国农业出版社，2004.

［14］ 黄春海，张春华，等 . 水文地质找水 ［Z］. 山东省水利厅农水处，1998.

［15］ 周田福 . 工程物探 ［M］. 北京：中国水利电力出版社，1997.

［16］ 陈仲候，王兴泰，杜世汉 . 工程与环境物探教程 ［M］. 北京：地质出版社，2005.

［17］ 刘福臣 . 水资源开发利用工程 ［M］. 北京：化学工业出版社，2006.

［18］ 王文，刘福臣，等 . 地下水勘探技术与应用 ［M］. 郑州：黄河水利出版社，2006.